U0821227

高职高专教育“十三五”规划建设教材

设施蔬菜栽培

陈杏禹　于红茹　主编

中国农业大学出版社
·北京·

内 容 简 介

设施蔬菜栽培是按照“工作过程系统化”的原则设计的一本工学结合教材。教材内容包括岗前培训、蔬菜栽培设施的应用、设施蔬菜春夏季栽培、设施蔬菜秋延后栽培、设施蔬菜冬春栽培5个模块，选取蔬菜生产实践中典型栽培模式作为学习(工作)项目。本教材首次打破以蔬菜种类划分学习单元的传统模式，而是以生产季节为主线，按照由浅入深、由简到繁的原则设计学习项目，安排工作任务。每个项目的实施，都以学生为主体，通过信息采集、制定生产计划、生产实训、田间调查和考核评价等步骤来完成，教师在整个教学环节中起到指导和监督的作用。目的是通过引导学生自主学习、手脑并用，培养学生的专业能力、方法能力和社会能力，在课程学习中养成职业素质。

图书在版编目(CIP)数据

设施蔬菜栽培/陈杏禹，于红茹主编.—北京：中国农业大学出版社，2015.7
ISBN 978-7-5655-1263-6

Ⅰ.①设…　Ⅱ.①陈…②于…　Ⅲ.①蔬菜园艺-设施农业-高等学校-教材　Ⅳ.①S626

中国版本图书馆CIP数据核字(2015)第123067号

书　　名　设施蔬菜栽培
作　　者　陈杏禹　于红茹　主编

策划编辑　姚慧敏　伍　斌　　**责任编辑**　韩元凤
封面设计　郑　川　　**责任校对**　王晓凤
出版发行　中国农业大学出版社
社　　址　北京市海淀区圆明园西路2号　　**邮政编码**　100193
电　　话　发行部 010-62731190，2620　　读者服务部 010-62732336
编辑部 010-62732617，2618　　出　版　部 010-62733440
网　　址　http://www.cau.edu.cn/caup　　**e-mail** cbsszs@cau.edu.cn
经　　销　新华书店
印　　刷　北京时代华都印刷有限公司
版　　次　2015年7月第1版　2015年7月第1次印刷
规　　格　787×1092　16开本　20.5印张　500千字
定　　价　43.00元

编写人员
CONTRIBUTORS

主　编　陈杏禹（辽宁农业职业技术学院）
于红茹（辽宁农业职业技术学院）

副主编　韦海忠（台州科技职业学院）
刘松虎（信阳农林学院）
郑玉艳（辽宁农业职业技术学院）

参　编　张爱华（辽宁农业职业技术学院）
鲁绪才（黑龙江农业经济职业学院）
王宇博（辽宁职业学院）
白文慧（辽宁特殊教育师范高等专科学校）
付　明（辽宁省农业技术推广总站）

前言 PREFACE

随着农业科学技术的不断进步，我国蔬菜产业得到了长足发展，目前已成为种植业中仅次于粮食产业的第二大产业。特别是设施蔬菜栽培迅猛发展，种植面积逐年增加，新品种、新技术大量涌现，掌握先进设施蔬菜栽培技术已成为农业种植类行业技术人员不可或缺的专业能力，因此，设施蔬菜栽培也成为农业院校种植类专业的必修课程。设施蔬菜栽培课程是一门实践性较强的专业课程，教学目的是使学生掌握设施蔬菜栽培的基础知识和基本技能，能够根据当地蔬菜生产的实际情况，选择品种、安排生产茬次，完成种子播前处理、育苗、整地施肥、定植、植株调整、设施小气候调控、采收等全部工作流程，生产出符合要求的蔬菜商品。

本教材的编写遵循"工作过程系统化"原理，打破以蔬菜种类划分学习单元的传统模式，而是以生产季节为主线，按照由浅入深、由简到繁的原则设计学习项目，安排工作任务。教材内容分为岗前培训、蔬菜栽培设施应用、设施春夏季蔬菜栽培、设施秋冬季蔬菜栽培、设施冬春季蔬菜栽培五个模块，选取不同生产季节的典型蔬菜栽培模式作为学习（工作）项目，项目的安排与生产季节相对应，为理实一体化教学提供了客观保证。项目的实施提倡以学生为主体，按照工作流程提示，完成信息采集、制定生产计划、生产实训、田间调查和考核评价及拓展学习等步骤，教师在整个教学环节中起到指导和监督的作用。目的是通过引导学生自主学习、手脑并用，培养学生的专业能力、方法能力和社会能力，在课程学习中养成职业素质。本课程建议在第1～4学期连续开设，生产季节历经秋—春—秋—春。各院校可根据当地蔬菜生产的实际情况选取重点项目实施教学。

全书编写分工如下：模块一、模块二由陈杏禹编写；模块三中的项目二由张爱华编写；模块四中的项目三，模块五中的项目二、项目三由于红茹编写；模块三中的项目三、项目四和模块四中的项目一由韦海忠、鲁绪才编写；模块四中的项目二、项目四和模块五中的项目一由刘松虎编写；模块三中的项目一和模块五中的项目四由郑玉艳编写；王宇博撰写了本书的部分课外阅读内容；白文慧为本书提供了部分图片并参与了校对工作；付明为本书提供了大量技术材料。全书由陈杏禹统稿。

在教材编写过程中，参考了部分学者和同行研究成果，在此一并表示衷心的感谢。由于编者水平所限，教材中疏漏之处敬请读者批评指正。

编　者

二〇一五年三月五日

目录 CONTENTS

模块一　岗前培训

模块二　蔬菜栽培设施的应用

模块三　设施蔬菜春夏季栽培

模块四　设施蔬菜秋延后栽培

模块五　设施蔬菜冬春栽培

模块一　岗前培训

项目一　蔬菜产业发展现状与前景
项目二　蔬菜的识别及分类
项目三　蔬菜种子识别与播前处理
项目四　设施蔬菜栽培基础知识储备

Project 1

项目一

蔬菜产业发展现状与前景

知识点

蔬菜的定义；蔬菜栽培及其特点；蔬菜产业的重要地位；我国蔬菜产业发展现状及趋势。

【技术资料】

蔬菜是人民生活中不可缺少的副食品，蔬菜生产是农业生产的重要组成部分，是实现农业增效、农民增收的一条重要途径，蔬菜产品是我国出口创汇的重要农产品，在保持农产品国际贸易平衡中发挥重要作用。改革开放以来，我国蔬菜产业取得了长足发展，特别是设施蔬菜栽培面积和产量飞速增长，目前已成为主产区农业农村经济发展的支柱产业。

一、蔬菜的定义

蔬菜是指一切可供佐餐的植物总称，包括一、二年生草本植物，多年生草本植物（图 1-1-1），少数木本植物（图 1-1-2）以及食用菌、藻类、蕨类和某些调味品等，其中栽培较多的是一、二年生草本植物。蔬菜的食用器官包括植物的根、茎、叶、花、果实、种子和子实体等。

图 1-1-1　多年生蔬菜——黄花菜

图 1-1-2　木本蔬菜——竹笋

二、蔬菜栽培及其特点

蔬菜栽培是指根据蔬菜作物的生长发育规律和对环境条件的要求，确定合理的栽培制度和管理措施，创造适宜蔬菜作物生长发育的环境，以获得高产优质、品种多样并能均衡供应市场的蔬菜产品的过程。蔬菜栽培的主要任务就是要保证蔬菜产品数量充足，品质优良，种类多样和均衡供应。与其他农作物栽培相比，蔬菜栽培具有以下特点：

（1）蔬菜含水量大，除薯芋类外，大多含水量 90%以上，不耐贮运，易损伤、萎蔫、腐烂。因此要求生产地应尽量靠近消费者，或靠近贮藏加工业发达、运输方便、批发市场完善的地方。

（2）蔬菜多抗逆性较差，病虫危害多，故栽培的风险性大，易受不良天气条件的影响。

（3）蔬菜栽培的技术性较强，对栽培条件要求高。搞好蔬菜栽培需掌握种子处理、育苗、嫁接、变温管理、植株调整、人工授粉、各种病虫害和生理障害防治等栽培技术，同时进行反季节栽培还需要提供相应的设施设备。

（4）蔬菜生产的集约化程度高，即在单位土地面积上投入较多的生产资料和劳动，进行精耕细作，用提高单位面积产量的方法来获取较高的经济效益。

三、蔬菜产业的重要地位

1. 满足对营养的需求

粮食作物是人体热能的主要来源，而蔬菜则是维生素、矿物质和膳食纤维的主要来源。各类食物必须合理搭配，才能提供人体所需的各种物质，保证人体的正常发育和维持正常的生理功能。我国传统饮食习惯对鲜菜的需求量较大，因此蔬菜在城乡居民的膳食结构中具有重要的地位。蔬菜生产在保障城乡居民基本消费需求和提高生活质量方面发挥了重要作用。

2. 增加农民收入

蔬菜商品率高，比较效益高，是农民收入的重要来源之一。据国家统计局统计，2010 年全国蔬菜播种面积占农作物播种面积的 11.9%，总产值 1.2 万亿元，占种植业总产值的 33%。另据农业部测算，2010 年蔬菜对全国农民人均纯收入贡献 830 多元，占农民人均收入的 14%。

3. 促进城乡居民就业

蔬菜产业属劳动密集型产业，转化了数量众多的城乡劳动力。据不完全统计，2010 年，与蔬菜种植相关的劳动力 1 亿多人，与蔬菜加工、贮运、保鲜和销售等相关的劳动力 8 000 多万人。

4. 平衡农产品国际贸易

加入世界贸易组织后，我国蔬菜比较优势逐步显现，出口增长势头强劲，在平衡农产品国际贸易方面发挥了重要作用。据中国海关统计，2010 年我国出口蔬菜 836.37 万 t，比 2000 年增长 1.61 倍；出口额 96.91 亿美元，比 2000 年增长 3.7 倍；贸易顺差 94.14 亿美元，居农产品之首，比 2000 年增长 3.69 倍，而同期农产品贸易逆差达 231 亿美元。

四、我国蔬菜产业发展现状及前景

(一)取得的成绩

1. 生产持续发展

改革开放 30 年以来，全国蔬菜生产快速发展，播种面积逐年增加，产量大幅增长。数据显示，1980 年，我国蔬菜播种面积为 316.18 万 hm^2，其中设施栽培面积仅为 0.73 万 hm^2，总产量仅为 0.83 亿 t；2000 年，播种面积 1 524 万 hm^2，设施蔬菜面积 179 万 hm^2，总产量 4.24 亿 t。2013 年，我国蔬菜播种面积为 2 233 万 hm^2，其中设施蔬菜栽培面积已达 368 万 hm^2，蔬菜总产量约 7.87 亿 t。目前，我国蔬菜播种面积和总产量均居世界首位。常年生产的蔬菜达 14 大类 150 多个品种，人均鲜菜占有量近 400 kg，约为世界平均水平的 2 倍。目前城乡蔬菜市场供应数量充足、花色品种丰富、质量较高、价格基本稳定。

2. 布局逐步优化

随着工业化、城镇化的推进和交通运输业的发展，蔬菜生产基地逐步向优势区域集中，形成了华南与西南热区冬春蔬菜、长江流域冬春蔬菜、黄土高原夏秋蔬菜、云贵高原夏秋蔬菜、北部高纬度夏秋蔬菜、黄淮海与环渤海设施蔬菜等六大优势区域，呈现栽培品种互补、上市档期不同、区域协调发展的格局，有效缓解了淡季蔬菜供求矛盾。

3. 质量显著提高

自 2001 年“全国无公害食品行动计划”实施以来，农产品质量安全工作得到全面加强，蔬菜质量安全水平明显提高。同时蔬菜商品质量也明显提高，净菜整理、分级、包装、预冷等商品化处理数量逐年增加，商品化处理率提高到 40%。

4. 科技水平不断提高

全国选育各类蔬菜优良品种 3 000 多个，主要蔬菜良种更新 5～6 次，良种覆盖率达 90%以上；高效节能日光温室的设计建造和配套栽培技术研发和集成，可在不加温的条件下越冬生产喜温蔬菜，其节能效果居世界领先水平；蔬菜嫁接育苗、穴盘育苗技术快速发展，蔬菜病虫害综合防治、无土栽培、节水灌溉等技术也在生产中广泛应用；蔬菜加工业发展迅速，特色优势明显，促进了出口贸易，番茄酱、脱水食用菌生产量均居世界首位。

5. 市场流通体系不断完善

随着蔬菜生产业的发展，蔬菜市场建设得到快速发展，经营蔬菜的农产品批发市场 2 000 余家，农贸市场 2 万余家，覆盖全国城乡的市场体系已基本形成，在保障市场供应、促进农民增收、引导生产发展等方面发挥了积极作用。

(二)存在的问题

1. 蔬菜价格波动较大

一是受成本增加等因素影响，蔬菜价格涨幅呈加大趋势。二是受极端天气等因素影响，不同年份间蔬菜价格波动加大。三是受信息不对称影响，时常发生不同区域同一种蔬菜价格差异较大。四是受市场环境等多种因素影响，品种间蔬菜价格差距拉大。此外，大城市近郊蔬菜生产萎缩，一旦出现运输困难等突发情况，难以及时保障蔬菜供应，容易引发市场和价格大幅波动，产区“卖难”和销区“买贵”同时显现。

2. 质量安全隐患突出

我国蔬菜质量总体是安全的、食用是放心的，但局部地区、个别品种农药残留超标问题时有发生。主要原因是安全生产设施设备(如杀虫灯、防虫网)普及率较低，蔬菜标准化生产推进力度不大，监测与追溯体系不健全，监管手段弱，致使部分农残超标蔬菜流入市场。

3. 基础设施建设滞后

温室、大棚设施建设标准低、不规范，抗灾能力弱，容易受雨雪冰冻灾害影响；新建菜田排灌设施不足影响生产；蔬菜采后处理不及时，田头预冷、冷链设施不健全，贮运设施设备落后；产销信息体系不完善，供求信息不对称，造成部分蔬菜结构性、区域性、季节性过剩；市场基础设施薄弱，现代化水平低，城市农贸市场和社区菜店数量不足，造成蔬菜产品流通不畅。

4. 科技创新与转化能力不强

由于投入少、研究资源分散、力量薄弱等原因，蔬菜品种研发、技术创新与成果转化能力不强，难以适应生产发展的需要。同时，栽培技术创新不够、储备不足，基层蔬菜技术推广服务人才短缺、手段落后、经费不足，技术进村入户难，制约了科研成果的转化和新技术推广。

(三)发展对策

1.发展专业化生产,推进产业化经营

根据全国蔬菜产业优势区布局,充分利用当地的气候优势、区位和交通优势、技术优势及独特的品种资源,发展专业化生产,实现资源的优化配置,从而获得高质量和高效益的产品,同时也便于蔬菜产品的交易和集散。引导培育合作经济组织或培育蔬菜生产“龙头”企业,提高农民组织化程度。将分散的农民组织起来,实现有组织、有计划地面向市场、发展生产、进入流通,同时通过规模扩张带来规模收益、产业链延伸,分享工业剩余和商业利润,且能通过组织和制度创新节约交易费用,从而给蔬菜生产经营企业带来丰厚的利润回报。

2.注重提高蔬菜产品的质量

建立健全蔬菜生产和质量标准体系,并与国际通行标准衔接。蔬菜生产过程中严格执行基地环境质量标准、生产操作规程、产品标准、贮藏和运输标准及其他相关标准所构成的完整的质量控制标准体系,真正实现“从田间到餐桌”的全程监控,以确保生产出安全、优质的蔬菜产品。和其他商品一样,蔬菜产品要拥有自己的商标和品牌,通过品牌效应去占领市场,扩大市场份额。

3.改革流通领域,健全市场体系

按照国际市场的要求来规范我国目前蔬菜产业的市场体系,使国内市场逐步与国际市场接轨,为我国的蔬菜产业参与国际市场竞争做准备。

4.依靠科技进步,提高蔬菜产业的整体素质

通过补贴政策、技术扶持等方式,加强蔬菜生产基地的基础设施建设,使之逐步达到标准化、规范化水平;学习和引进国外的先进经验和技术,从栽培设施、栽培技术、品种开发和人才培养等方面入手,迅速提高蔬菜生产的科技含量;加强农技推广体系建设,支持农技人员深入生产一线开展蔬菜生产技术集成创新、展示示范、进村入户指导培训等推广活动,将新技术和新观念普及到农户,带动蔬菜产业整体素质的提升。

【工作流程】

信息采集(独立完成) → 分配任务,收集案例(师生合作) → 小组内讨论(小组合作) → 学习成果汇报(小组合作) → 考核评价(师生合作)

【任务工单】

信息采集单

项目：蔬菜产业发展现状与前景　　　　　　姓名：　　　　　　　　时间：

任务名称	蔬菜产业发展现状与前景信息采集
目的要求	通过认真研读技术资料，收集信息，了解蔬菜的定义、蔬菜栽培的特点及蔬菜产业地位，掌握我国蔬菜产业发展现状和发展对策。
问题一　什么是“蔬菜”？它包含哪些类型？	
问题二　什么是“蔬菜栽培”？与其他作物栽培相比较，蔬菜栽培有哪些特点？	
问题三　简述发展蔬菜产业对国民经济发展的重要意义。	

指导教师签字：

学习成果汇报单

项目：蔬菜产业发展现状与前景　　　　　　　　姓名：　　　　　　　　　　时间：

任务名称	蔬菜产业发展现状与前景学习成果汇报
目的要求	通过学习技术资料，收集相关数据、案例等佐证材料，丰富学习内容，并以小组为单位，向全班同学汇报。
材料用具	网络、图书、期刊等。

方法步骤	相关数据、案例
1. 我国蔬菜产业取得的成绩 (1) (2) (3) (4)	
2. 我国蔬菜产业存在的问题 (1) (2) (3) (4)	
3. 我国蔬菜产业发展对策 (1) (2) (3) (4)	

考核标准	考核项目	分值	得分
	学习态度端正，能认真收集材料	10分	
	数据可靠，案例适当，提纲条理清晰	10分	
	表达流畅，能正确回答老师和同学的问题	40分	
	组内任务分工合理，成员积极配合	10分	
	合　计	70分	

指导教师签字：

拓展学习作业单

项目:蔬菜产业发展现状与前景　　　　　　姓名:　　　　　　　　　　时间:

任务名称	了解“蔬菜的起源与演化”
目的要求	通过查找资料和自主学习,了解蔬菜的起源中心和起源的主要蔬菜,知道我国蔬菜的主要来源和栽培蔬菜与野生种相关的特点。
1.列举世界蔬菜的起源中心及其起源的主要蔬菜。	
2.简述我国蔬菜的主要来源。	
3.与野生种相比较,栽培蔬菜有哪些特点?	

指导教师签字:

【项目评价】

项目完成情况综合评价表

学生姓名：　　　　　　　　　　　　　　　　　　　　　　　　　　　　　　　评价时间：

项目名称	蔬菜产业发展现状与前景			
评价内容	评分标准	分数	得分	备注
信息采集	信息全面、可靠，条理清晰	10		教师评价
成果汇报材料	案例适合，佐证作用强	30		教师评价
成果汇报	准备充分，表达清晰、流畅	40		教师评价
工作态度	态度端正，积极热情	10		自我评价
团结协作	擅于与他人合作	10		组内互评
合　　计		100		

【课外阅读】

蔬菜中的膳食纤维

膳食纤维是一般不易被消化的食物营养素，主要来自于植物的细胞壁，包括纤维素、半纤维素、木质素和果胶等成分。膳食纤维虽不易被人体消化吸收，但它能增进胃肠蠕动，促进食物的吸收和消化，并加速食物中的致癌物质和有毒物质的移除，防止肠道疾病。同时，摄入膳食纤维还可控制进食、抑制胆固醇上升，有利于减肥和防止心脑血管疾病的发生。因此，膳食纤维被称为继糖类、蛋白质、脂肪、维生素和矿物质外的“第六大营养素”。

蔬菜中含有丰富的膳食纤维，如韭菜、蒜苗、空心菜、黄豆芽、苦瓜等的膳食纤维含量都在1%以上，各种嫩豆类和嫩豆荚都是高纤维食物，毛豆中膳食纤维含量为4.0%，嫩豌豆和嫩蚕豆的膳食纤维分别是3.0%和3.1%，金针菜的膳食纤维含量高达6.7%，海带中膳食纤维的含量则高达9.8%。

Project 2

项目二

蔬菜的识别及分类

知识点

植物学分类的依据及优缺点；食用器官分类法的依据及优缺点；农业生物学分类法的依据及优缺点。

技能点

常见蔬菜的识别；掌握常见蔬菜在三种分类方法中的地位。

【技术资料】

蔬菜栽培历史悠久，蔬菜种类繁多。据统计，世界范围内的栽培蔬菜有200多种，在同一种类中，还有许多变种，每一变种中又有许多品种。为了便于研究和学习，就需要对这些蔬菜进行系统的分类。常用蔬菜分类方法有三种，即植物学分类法、食用器官分类法和农业生物学分类法。

一、植物学分类法

根据植物学特征和自然进化系统，把蔬菜作物按照界、门、纲、目、科、属、种、亚种和变种进行分类的方法。我国普遍栽培的蔬菜(除食用菌外)，分别属于种子植物门中双子叶植物纲和单子叶植物纲中的不同科。采用植物学分类可以明确科、属、种间在形态、生理上的关系，以及遗传学、系统进化上的亲缘关系，对于蔬菜的轮作倒茬、病虫害防治、种子繁育和栽培管理等有较好的指导作用。常见蔬菜按科分类如下：

(一)单子叶植物

(1)禾本科(Gramineae)　毛竹笋、麻竹、菜玉米、茭白。

(2)百合科(Liliaceae)　黄花菜、芦笋、卷丹百合、兰州百合、洋葱、韭葱、大蒜、南欧蒜、大葱、分葱、楼葱、胡葱、细香葱、韭菜、薤。

(3)天南星科(Araceae)　芋、魔芋。

(4)薯蓣科(Dioscoreaceae)　普通山药、田薯(大薯)。

(5)姜科 (Zingiberaceae)　姜。

(6)泽泻科(Alismataceae)　慈姑(图1-2-1)。

(7)莎草科(Cyperaceae)　荸荠。

图1-2-1　慈姑产品器官

(二)双子叶植物

(1)藜科(Chenopodiaceae)　根甜菜、叶甜菜、菠菜。

(2)落葵科(Basellaceae)　红落葵、白落葵。

(3)苋科(Amaranthaceae)　苋菜。

(4)睡莲科(Nymphaeaceae)　莲藕、芡实。

(5)十字花科(Cruciferae)　萝卜、芜菁、芜菁甘蓝、芥蓝、结球甘蓝、抱子甘蓝、羽衣甘蓝、花椰菜、青花菜、球茎甘蓝、小白菜、结球白菜、乌塌菜、菜薹、叶用芥菜、茎用芥菜、芽用芥菜、根用芥菜、辣根、豆瓣菜、荠菜。

(6)豆科(Leguminosae)　豆薯、菜豆、豌豆、蚕豆、豇豆、菜用大豆、扁豆、四棱豆、红花菜豆、刀豆、矮刀豆、苜蓿。

(7)伞形科(Umbelliferae)　芹菜、根芹、水芹、芫荽、胡萝卜、茴香、球茎茴香、大叶芹、孜然芹、美国防风。

(8)旋花科(Convolvulaceae)　蕹菜。

(9)唇形科(Labiatae)　薄荷、荆芥、罗勒、紫苏、草石蚕。

(10)茄科(Solanaceae)　马铃薯、茄子、番茄、辣椒、香艳茄、酸浆。

(11)葫芦科(Cucurbitaceae)　黄瓜、甜瓜、南瓜(中国南瓜)、笋瓜(印度南瓜)、西葫芦(美洲南瓜)、黑籽南瓜、西瓜、冬瓜、节瓜、瓠瓜(葫芦)、普通丝瓜、有棱丝瓜、苦瓜、佛手瓜、蛇瓜。

(12)菊科(Compositae)　莴苣(莴笋、散叶莴苣、直立莴苣、皱叶莴苣、结球莴苣)、茼蒿、菊芋、苦苣、紫背天葵、牛蒡、朝鲜蓟、婆罗门参。

(13)锦葵科(Malvaceae)　黄秋葵、冬寒菜。

(14)楝科(Meliaceae)　香椿。

(15)番杏科(Ficoidaceae)　番杏(图 1-2-2)。

(16)菱科(Trapaceae)　四角菱、两角菱、无角菱、乌菱。

图 1-2-2　番杏植株

二、食用器官分类法

按照食用部分的器官形态，可将蔬菜作物分为根、茎、叶、花、果等五类。这种分类方法的特点是同一类蔬菜的食用器官相同，可以了解彼此在形态上及生理上的关系。凡食用器官相同的，其栽培方法及生物学特性，也大体相同，例如根菜类中的萝卜和胡萝卜，虽然它们分别属于十字花科及伞形科，但它们对于外界环境及土壤的要求都很相似；但有的类别，食用器官相同，而生长发育特性及栽培方法却有很大差异，例如根茎类的藕和姜，茎菜类中的莴笋和茭白，花菜类中的花椰菜和黄花菜，它们的栽培方法都相差很远；还有一些蔬菜，在栽培方法上虽然很相似，但食用部分大不相同，例如甘蓝、花椰菜、球茎甘蓝，三者要求的外界环境都相似，但分属于叶菜、花菜、茎菜。

(一)根菜类

(1)肉质根类　以肥大的肉质直根为产品，如萝卜、芜菁、胡萝卜、根甜菜、根芥菜等。

(2)块根类　以肥大的不定根或侧根为产品，如豆薯、葛等。

(二)茎菜类

(1)肉质茎类(肥茎类)　以肥大的地上茎为产品，如莴笋、茭白、茎用芥菜、球茎甘蓝等。

(2)嫩茎类　以萌发的嫩茎为产品，如芦笋、竹笋等。

(3)块茎类　以肥大的地下块茎为产品，如马铃薯、菊芋、草石蚕等。

(4)根茎类　以肥大的地下根茎为产品，如生姜、莲藕等。

(5)球茎类　以地下的球茎为产品，如慈姑、芋等。

(6)鳞茎类　以肥大的鳞茎为产品，如洋葱、大蒜、薤等。

(三)叶菜类

(1)普通散叶菜类　以鲜嫩脆绿的叶或叶丛为产品，如小白菜、乌塌菜、茼蒿、菠菜等。

(2)香辛叶菜类　有香辛味的叶菜，如大葱、分葱、韭菜、芹菜、芫荽、茴香等。

(3)结球叶菜类　以肥大的叶球为产品，如大白菜、结球甘蓝、结球莴苣、抱子甘蓝等。

(四)花菜类

(1)花器类　如黄花菜、朝鲜蓟(图 1-2-3)等。

(2)花枝类　如花椰菜、青花菜、菜薹等。

图 1-2-3　朝鲜蓟花蕾

(五)果菜类

(1)瓠果类　以下位子房和花托发育而成的果实为产品，如黄瓜、南瓜、西瓜等瓜类蔬菜。

(2)浆果类　以胎座发达而充满汁液的果实为产品，如茄子、番茄、辣椒等。

(3)荚果类　以脆嫩荚果或其豆粒为产品的豆类蔬菜，如菜豆、豇豆、蚕豆等。

(4)杂果类　主要指菜玉米、菱角、黄秋葵等上述三种以外的果菜类蔬菜。

三、农业生物学分类法

这个方法系以蔬菜的农业生物学特性作为分类的根据，综合了上面两种方法的优点，比较适合于生产上的要求。具体分类如下：

1. 根菜类

包括萝卜、胡萝卜、根用芥菜、芜菁甘蓝、芜菁、根用甜菜等。以其膨大的直根为食用部分，生长期间喜冷凉气候。在生长的第一年形成肉质根，贮藏大量的水分和糖分，到第二年开花结实。在低温下通过春化阶段，长日照下通过光照阶段。均用种子繁殖。要求疏松而深厚的土壤，以利于形成良好的肉质根。

2. 白菜类

包括白菜、芥菜及甘蓝等，均属于十字花科，以柔嫩的叶丛、叶球、肉质茎或花球（薹）为食用部分。喜冷凉、湿润气候，对水肥要求高，高温干旱条件下生长不良。多为二年生植物，均用种子繁殖，第一年形成叶丛或叶球，第二年才抽薹开花。栽培上，除采收花球及菜薹（花茎）者以外，要避免先期抽薹。

3. 绿叶菜类

包括莴苣、芹菜、菠菜、茼蒿、苋菜、蕹菜等，以幼嫩的绿叶或嫩茎为食用器官。其中的蕹菜、落葵、苋菜等，能耐炎热，而莴苣、芹菜、菠菜等则喜冷凉。多用种子繁殖，除芹菜外，一般不育苗移栽。由于它们大多植株矮小，生长迅速，要求土壤水分及氮肥不断的供应，常与高秆作物进行间、套作。

4. 葱蒜类

包括洋葱、大蒜、大葱、韭菜等，均属于百合科。这类蔬菜叶鞘基部能形成鳞茎，因此又叫“鳞茎类”。其中洋葱及大蒜的叶鞘基部可以发育成为膨大的鳞茎；而韭菜、大葱、分葱等则不特别膨大。性耐寒，春、秋两季为主要栽培季节。在长日照下形成鳞茎，而要求低温通过春化。可用种子繁殖（如洋葱、大葱等），亦可用营养繁殖（如大蒜、分葱及韭菜等）。

5. 茄果类

包括茄子、番茄及辣椒等，均为茄科中以果实为产品器官的蔬菜。它们在生物学特性和栽培技术上都很相似，要求肥沃的土壤及较高的温度，适合育苗移栽。性喜温暖，不耐寒冷，对日照长短要求不严格。

6. 瓜类

包括南瓜、黄瓜、西瓜、甜瓜、瓠瓜、冬瓜、丝瓜、苦瓜等，均属于葫芦科。茎蔓生，雌雄同株异花，要求较高的温度及充足的阳光，不耐寒冷，尤其是西瓜和甜瓜，适于昼夜温差较大的大陆性气候及排水好的土壤。多用种子繁殖，适合育苗移栽，生长期间需整枝搭架。

7. 豆类

包括菜豆、豇豆、毛豆、刀豆、扁豆、豌豆及蚕豆等，多以新鲜的种子及豆荚为食，均属于豆科。除豌豆及蚕豆要求冷凉气候以外，其他豆类都要求温暖的环境，豇豆和扁豆尤耐高温。根系较发达，具根瘤，在根瘤菌的作用下可以固定空气中的氮素，故需氮肥较少。栽培中多采用种子直播，根系不耐移植，蔓生种需搭架。

8. 薯芋类

包括马铃薯、山药、芋、姜等，以地下块根或地下块茎为食用器官的蔬菜。产品内富含淀粉，较耐贮藏。均用营养繁殖，要求肥沃疏松的土壤。除马铃薯生长期较短，不耐过高的温度外，其他的薯芋类，都能耐热，生长期亦较长。

9. 水生蔬菜

包括藕、茭白、慈姑、荸荠、菱和水芹等生长在沼泽地区的蔬菜。在植物学分类上分属于不同的科，但均喜较高的温度及肥沃的土壤，要求在浅水中生长。除菱和芡实以外，都用营养器官繁殖。多分布在长江以南湖沼多的地区。

10. 多年生蔬菜和杂类蔬菜

多年生蔬菜包括竹笋、黄花菜、芦笋、香椿、百合等，一次繁殖以后，可以连续采收数年。杂类蔬菜包括菜玉米、黄秋葵（图 1-2-4）、芽苗类和野生蔬菜。

图 1-2-4　黄秋葵植株

【工作流程】

信息采集（独立完成）→ 绘制思维导图（小组合成）→ 实地调查（师生合作）→ 自查学习成果（小组合作）→ 考核评价（师生合作）

【任务工单】

信息采集单

项目：蔬菜的识别及分类　　　　　　　　　　姓名：　　　　　　　　　　时间：

任务名称	蔬菜的识别及分类信息采集
目的要求	通过教师讲解和自主学习，了解常见蔬菜的形态特征，掌握常见蔬菜在三种分类法中的分类地位。
问题一　蔬菜常用分类方法有哪些？各有何优缺点？	
问题二　列举植物学分类法中常见蔬菜所属的科，并举例。 单子叶植物纲： 双子叶植物纲：	
问题三　绘制蔬菜食用器官分类的二级结构图。	
问题四　举例说明根据农业生物学分类法，常见蔬菜可分为哪几大类？	

指导教师签字：

工作计划单

项目：蔬菜的识别及分类　　　　　　　　姓名：　　　　　　　　　　时间：

任务名称	绘制蔬菜分类的思维导图
目的要求	根据所学知识，以小组为单位，设计并绘制蔬菜三种分类方法的思维导图，并能根据该图熟练讲解各种分类方法的分类依据及优缺点。
绘制草图：	

指导教师签字：

田间调查作业单

项目:蔬菜的识别及分类　　　　　　姓名:　　　　　　　　时间:

任务名称	常见蔬菜的识别及形态特征调查
目的要求	通过图片、浸渍标本和田间调查,熟悉常见蔬菜的形态特征,能快速识别至少20种蔬菜(植株或产品器官),并掌握各种蔬菜的分类地位。
材料用具	各种蔬菜图片、浸渍标本、植株和产品器官。

序号	蔬菜名称	植物学分类法	食用器官分类法	农业生物学分类法	备注
1					
2					
3					
4					
5					
6					
7					
8					
9					
10					
11					
12					
13					
14					
15					
16					
17					
18					
19					
20					

指导教师签字:

学习成果汇报单

项目:蔬菜的识别及分类　　　　　　　　　　姓名:　　　　　　　　　　时间:

<table>
<tr><td colspan="2">考核内容</td><td colspan="3">蔬菜的识别及分类学习成果汇报</td></tr>
<tr><td colspan="2">目的要求</td><td colspan="3">利用幻灯片自动放映各种蔬菜图片 20 种,根据序号写出幻灯片上的蔬菜名称及其分类地位,考核时间 10 分钟。</td></tr>
<tr><td>序号</td><td>蔬菜名称(2 分)</td><td>植物学分类法(1 分)</td><td>食用器官分类法(1 分)</td><td>农业生物学分类法(1 分)</td></tr>
<tr><td>1</td><td></td><td></td><td></td><td></td></tr>
<tr><td>2</td><td></td><td></td><td></td><td></td></tr>
<tr><td>3</td><td></td><td></td><td></td><td></td></tr>
<tr><td>4</td><td></td><td></td><td></td><td></td></tr>
<tr><td>5</td><td></td><td></td><td></td><td></td></tr>
<tr><td>6</td><td></td><td></td><td></td><td></td></tr>
<tr><td>7</td><td></td><td></td><td></td><td></td></tr>
<tr><td>8</td><td></td><td></td><td></td><td></td></tr>
<tr><td>9</td><td></td><td></td><td></td><td></td></tr>
<tr><td>10</td><td></td><td></td><td></td><td></td></tr>
<tr><td>11</td><td></td><td></td><td></td><td></td></tr>
<tr><td>12</td><td></td><td></td><td></td><td></td></tr>
<tr><td>13</td><td></td><td></td><td></td><td></td></tr>
<tr><td>14</td><td></td><td></td><td></td><td></td></tr>
<tr><td>15</td><td></td><td></td><td></td><td></td></tr>
<tr><td>16</td><td></td><td></td><td></td><td></td></tr>
<tr><td>17</td><td></td><td></td><td></td><td></td></tr>
<tr><td>18</td><td></td><td></td><td></td><td></td></tr>
<tr><td>19</td><td></td><td></td><td></td><td></td></tr>
<tr><td>20</td><td></td><td></td><td></td><td></td></tr>
<tr><td colspan="3">分数合计</td><td></td><td></td></tr>
</table>

指导教师签字:

【项目评价】

项目完成情况综合评价表

学生姓名：　　　　　　　　　　　　　　　　　　　　　　　　　　　评价时间：

项目名称	蔬菜的识别及分类			
评价内容	评分标准	分数	得分	备注
信息采集	信息全面、可靠，条理清晰	10		教师评价
思维导图	绘制合理，讲解效果好	30		教师评价
田间调查	调查全面，记录认真	20		教师评价
成果考核	答案正确	20		教师评价
工作态度	态度端正，积极热情	10		自我评价
团结协作	擅于与他人合作	10		组内互评
合　计		100		

【课外阅读】

我国蔬菜的来源

目前我国普遍栽培的蔬菜包括中国原产的蔬菜和从国外引入的蔬菜。中国原产的蔬菜主要有白菜、芥菜、大豆、赤豆、长豇豆、竹笋、山药、萝卜、草石蚕、大头菜、芋、魔芋、荸荠、莲藕、慈姑、茭白、蕹菜、葱、韭菜、薤、茄子、葫芦、丝瓜、茼蒿、紫苏、落葵等。

从国外引入的蔬菜由于不同的时期和交通发展的不同，可分为三条路线。一是从印度和南洋群岛引入的蔬菜，如生姜、冬瓜、茄子、丝瓜、苦瓜等。二是从汉代开始经“丝绸之路”从中亚和近东引入的蔬菜，如菠菜、蚕豆、豌豆、瓠瓜、扁豆、西瓜、甜瓜、黄瓜、胡萝卜、大蒜、大葱、芹菜、芫荽等。三是明清时期从海路引进的蔬菜，如菜豆、豆薯、南瓜、西葫芦、笋瓜、佛手瓜、辣椒、马铃薯、番茄、菊芋、甘蓝、结球莴苣、朝鲜蓟、根甜菜、洋葱等。此外，20 世纪 80 年代以来，随着国民经济的发展和对外贸易的繁荣，我国从世界各地引入了大量稀特蔬菜，如球茎茴香、抱子甘蓝、南美香艳茄、食用羽衣甘蓝、彩色甜椒、芽球菊苣、结球菊苣、白茎千筋京水菜、彩色花椰菜、翡翠塔花椰菜、番杏等，极大地丰富了我国的蔬菜种类和品种。

Project 3

项目三

蔬菜种子识别与播前处理

知识点

种子的含义；种子的形态和结构；种子的寿命和使用年限的区别；常见蔬菜种子的使用年限；种子的萌发过程和萌发条件；蔬菜种子质量检验的内容。

技能点

常见蔬菜种子的识别；温汤浸种；恒温催芽；种子发芽势和发芽率的计算。

【技术资料】

一、蔬菜种子的含义

蔬菜栽培上应用的种子含义很广，概括地说泛指所有的播种材料。主要包括以下四类：

(1)植物学上的种子　由胚珠受精后形成。如瓜类、豆类、茄果类和白菜类蔬菜的种子。

(2)果实　由胚珠和子房共同发育而成。如菊科(瘦果)、伞形科(双悬果)、藜科(聚合果)蔬菜的果实。

(3)营养器官　有些蔬菜用鳞茎(如大蒜、百合)、球茎(芋头、荸荠)、根茎(生姜、莲藕)、块茎(马铃薯、山药)作为播种材料。

(4)菌丝体　真菌的菌丝体，如蘑菇、木耳等。

二、蔬菜种子的特性

(一)形态和结构

1.种子的形态

种子形态指种子的外形、大小、颜色、表面光洁度、种子表面特点如沟、棱、毛刺、网纹、蜡质、突起物等，常见蔬菜种子形态见图 1-3-1。种子形态是鉴别蔬菜种类、判断种子质量的重要依据。如成熟种子色泽较深，具蜡质；欠成熟的种子色泽浅，皱瘪。新种子色泽鲜艳光洁，具香味；陈种子色泽灰暗，具霉味。

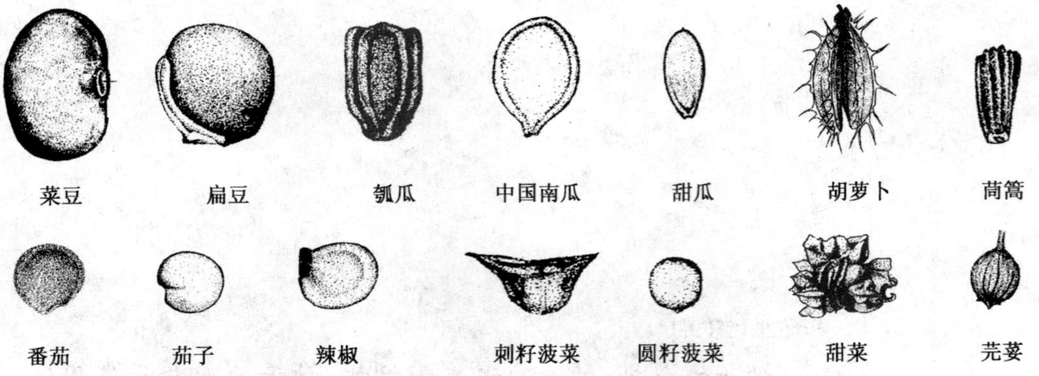

图 1-3-1　常见蔬菜种子形态

(吴志行编著.蔬菜种子大全.1993)

蔬菜种子的大小差别很大，小粒种子的千粒重只有 1 g 左右，大粒种子千粒重却高达 1 000 g 以上。一般瓜类、豆类蔬菜种子较大，绿叶菜类种子相对较小，如荠菜、芹菜、苋菜的种子(图 1-3-2)。种子的大小与营养物质的含量有关，对胚的发育有重要作用，还关系到出苗的难易和秧苗的生长发育速度。种子愈小，播种的技术要求愈高，苗期生长愈缓慢。

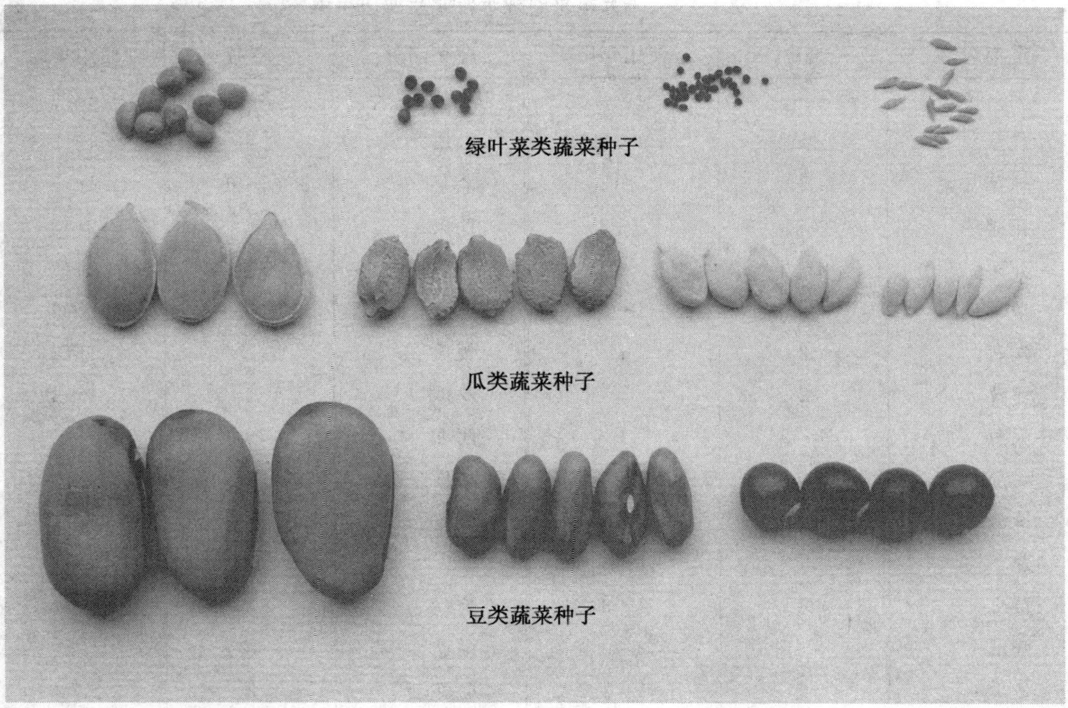

图 1-3-2　蔬菜种子大小比较

2. 种子的结构

蔬菜种子结构包括种皮、胚，胚是种子内幼小的植株，由胚根、胚轴、胚芽和子叶四部分组成，如图 1-3-3 所示。有的蔬菜种子还有胚乳，有的果实型种子还有果皮。根据成熟种子胚乳的有无，可将种子分成有胚乳种子（如番茄、菠菜、芹菜、韭菜的种子）和无胚乳种子（如瓜类、豆类、白菜类的种子）。

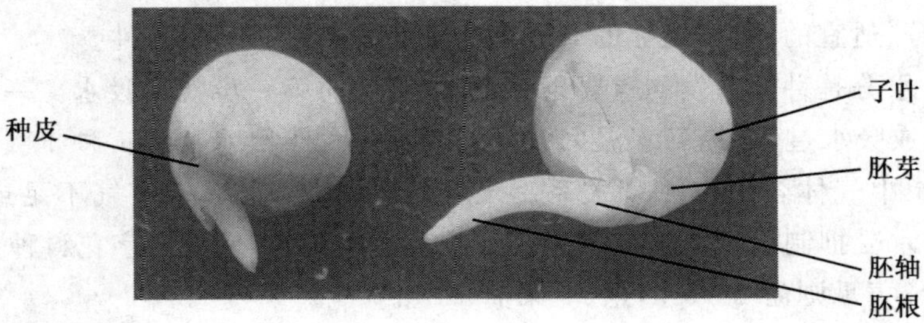

图 1-3-3　无胚乳种子结构

(二)种子寿命和使用年限

种子的寿命又叫发芽年限，指种子保持发芽能力的年数。种子寿命和种子在生产上的使用年限不同。生产上通常以能保持 60%～80%及以上发芽率的最长贮藏年限为使用年限。一般贮藏条件下，蔬菜种子的寿命不过 1～6 年，使用年限只有 1～3 年（表 1-3-1）。

表 1-3-1 主要蔬菜的种子寿命与使用年限 年

蔬菜名称	寿命	使用年限	蔬菜名称	寿命	使用年限
大白菜	4～5	1～2	芜菁	3～4	1～2
甘蓝	5	1～2	根用芥菜	4	1～2
球茎甘蓝	5	1～2	菠菜	5～6	1～2
花椰菜	5	1～2	芹菜	6	2～3
芥菜	4～5	2	胡萝卜	5～6	2～3
萝卜	5	1～2	莴苣	5	2～3
洋葱	2	1	瓠瓜	2	1～2
韭菜	2	1	丝瓜	5	2～3
大葱	1～2	1	西瓜	5	2～3
番茄	4	2～3	甜瓜	5	2～3
辣椒	4	2～3	菜豆	3	1～2
茄子	5	2～3	豇豆	5	1～2
黄瓜	5	2～3	豌豆	3	1～2
南瓜	4～5	2～3	蚕豆	3	2
冬瓜	4	1～2	扁豆	3	2

(三)种子的萌发特性

1. 种子萌发的过程

蔬菜种子的萌发需经历吸水、萌动和出苗的过程。种子吸水可分为吸胀吸水和生理吸水两个阶段。有生命力的种子，随着水分吸收，酶的活动能力加强，贮藏的营养物质开始转化和运输；胚部细胞开始分裂、伸长。胚根首先从发芽孔伸出，这就是种子的萌动，俗称"露白"或"破嘴"。种子露白后，胚根、胚轴、子叶、胚芽的生长加快，胚轴顶着幼芽破土而出。

2. 种子萌发的条件

充足的水分、适宜的温度、足够的氧气是种子萌发的三个基本条件。

(1)水分 水分是种子萌发的重要条件，种子萌发的第一步就是吸水。一般蔬菜种子浸种 12 h 即可完成吸水过程，提高水温(40～60℃)可使种子吸水加快。种子吸水过程与土壤溶液渗透压及水中气体含量有密切关系。土壤溶液浓度高、水中氧气不足或 CO_2 含量增加，可使种子吸水受抑制。种皮的结构也会影响种子的吸水，例如十字花科种皮薄，浸种 4～5 h 可吸足水分，黄瓜则需 4～6 h，葱、韭菜需 12 h。

(2)温度 蔬菜种子发芽要求一定的温度，不同蔬菜种子发芽要求的温度不同。喜温蔬菜种子发芽要求较高的温度，适温一般为 25～30℃；耐寒、半耐寒蔬菜种子发芽适温为 15～20℃。在适温范围内，发芽迅速，发芽率也高。

(3)氧气 种子贮藏期间，呼吸微弱，需氧量极少，但种子一旦吸水萌动，则对氧气的需要急剧增加。种子发芽需氧浓度在 10%以上，无氧或氧不足，种子不能发芽或发芽不良。

(4)光照 光能影响种子发芽，根据种子发芽对光的要求，可将蔬菜种子分为需光种子、嫌光种子和中光种子三类。需光种子发芽需要一定的光，在黑暗条件下发芽不良，如莴苣、紫苏、芹菜、胡萝卜等;嫌光种子要求在黑暗条件下发芽,有光时发芽不良,如苋菜、葱、韭及其他一些百合科蔬菜种子;大多数蔬菜种子为中光种子,在有光或黑暗条件下均能正常发芽。

三、蔬菜种子的质量检验

蔬菜种子质量的优劣,最终表现为播种的出苗速度、整齐度、秧苗纯度和健壮程度等。这些种子的质量标准,应在播种前确定,以便做到播种、育苗准确可靠。种子质量的检验内容包括种子净度、品种纯度、千粒重、发芽势和发芽率等。

1. 种子净度

种子净度指供检样品中净种子的重量百分率,其他植物种子、泥沙、花器残体、果皮等都属于杂质。

2. 品种纯度

品种纯度指品种在特征、特性方面典型一致的程度,是鉴定品种一致性程度高低的指标。用本品种的种子数占供检本作物样品种子数的百分率表示。

3. 千粒重

千粒重是度量蔬菜种子饱满度的指标,用自然干燥状态的 1 000 粒种子的重量(g)表示,称作种子的“千粒重”或“绝对重量”。同一品种的蔬菜种子,千粒重越大,种子越饱满充实,播种质量越高。

4. 发芽势

发芽势指种子发芽试验初期(规定日期内)正常发芽种子数占供试种子的百分率。种子发芽势高,则表示种子活力强、发芽整齐、出苗一致,增产潜力大。种子发芽势的计算公式:

$$种子发芽势=\frac{发芽试验初期(规定日期内)正常发芽种子粒数}{供试种子粒数}\times 100\%$$

5. 发芽率

发芽率指在发芽试验终期(规定日期内)全部正常发芽种子数占供试种子数的百分率。种子发芽率的计算公式:

$$种子发芽率=\frac{发芽试验终期(规定日期内)全部正常发芽种子粒数}{供试种子粒数}\times 100\%$$

统计发芽种子数时,凡是没有幼根、幼根畸形、有根无芽、有芽无根毛及种子腐烂者都不算发芽种子。蔬菜种子发芽势和发芽率的测定条件及规定天数见表 1-3-2。

表 1-3-2　蔬菜种子的发芽技术规定

种名(变种名)	发芽床	温度/℃	初次计数天数/d	末次计数天数/d	附加说明,包括破除休眠的建议
洋葱	TP;BP;S	20;15	6	12	预先冷冻
葱	TP;BP;S	20;15	6	12	预先冷冻
韭菜	TP	20~30;20	6	14	预先冷冻

续表 1-3-2

种名（变种名）	发芽床	温度/℃	初次计数天数/d	末次计数天数/d	附加说明，包括破除休眠的建议
芹菜	TP	20～30;20;15	10	21	预先冷冻;KNO_3
冬瓜	TP;BP	21～30;30	7	14	
结球甘蓝	TP	15～25;20	5	10	预先冷冻;KNO_3
花椰菜	TP	15～25;20	5	10	预先冷冻;KNO_3
青花菜	TP	15～25;20	5	10	预先冷冻;KNO_3
结球白菜	TP	15～25;20	5	7	预先冷冻
辣椒	TP;BP;S	20～30;30	7	14	KNO_3
甜椒	TP;BP;S	20～30;30	7	14	KNO_3
芫荽	TP;BP	20～30;20	7	21	
甜瓜	BP;S	20～30;25	4	8	
黄瓜	TP;BP;S	20～30;25	4	8	
笋瓜	BP;S	20～30;25	4	8	
南瓜	BP;S	20～30;25	4	8	
西葫芦	BP;S	20～30;25	4	8	
胡萝卜	TP;BP	20～30;20	7	14	
瓠瓜	BP;S	20～30	4	14	
普通丝瓜	BP;S	20～30;30	4	14	
番茄	TP;BP;S	20～30;25	5	14	KNO_3
苦瓜	BP;S	20～30;30	4	14	
菜豆	BP;S	20～30;25;20	5	9	
豌豆	BP;S	20	5	8	
萝卜	TP;BP;S	20～30;20	4	10	预先冷冻
茄子	TP;BP;S	20～30;30	7	14	
菠菜	TP;BP	15～10	7	21	预先冷冻
蚕豆	BP;S	20	4	14	预先冷冻
长豇豆	BP;S	20～30;25	5	8	
矮豇豆	BP;S	20～30;25	5	8	

注：①表中符号 TP 为纸上，BP 为纸间，S 为沙，TS 为沙上。

②表中数据来源于《1995 国家种子检验规程》。

四、种子播前处理

种子播前处理包括浸种、催芽、种子消毒、机械处理等。播前处理能促进种子迅速整齐地萌发、出苗，消灭种子内外附着的病原菌，增强幼胚和秧苗的抗性。

(一)浸种

浸种是将种子浸泡在一定温度的水中，使其在短时间充分吸水，达到萌芽所需的基本水量。水温和时间是浸种的重要条件。

(1)一般浸种　指用温度与种子发芽适温(20～30℃)相同的水浸泡种子。一般浸种法对种子只起供水作用，无灭菌和促进种子吸水作用，适用于种皮薄、吸水快的种子。

(2)温汤浸种　将种子投入到55～60℃的热水中，保持恒温15 min，然后自然冷却，转入一般浸种。由于55℃是大多数病原菌的致死温度，15 min是在致死温度下的致死时间，因此，温汤浸种对种子具有灭菌作用。适用于种皮较薄、吸水较快的种子。

(3)热水烫种　将充分干燥的种子投入到75～85℃的热水中，然后用两个容器来回倾倒搅动，直至水温降至室温，转入一般浸种。热水烫种有利于提高种皮透性，加速种子吸水，兼起到灭菌消毒的作用。适用于一些种皮坚硬、革质或附有蜡质、吸水困难的种子，如西瓜、丝瓜、苦瓜、蛇瓜等种子。种皮薄的种子不宜采用此法，避免烫伤种胚。

浸种前应将种子充分淘洗干净，除去果肉物质和种皮上的黏液，以利于种子迅速充分地吸水。浸种水量以种子量的5～6倍为宜，浸种过程中要保持水质清新，可在中间换1次水。主要蔬菜的适宜浸种水温与时间见表1-3-3。

表1-3-3　主要蔬菜浸种催芽的适宜温度与时间

蔬菜种类	浸种		催芽		蔬菜种类	浸种		催芽	
	水温/℃	时间/h	温度/℃	时间/d		水温/℃	时间/h	温度/℃	时间/d
黄瓜	25～30	4～8	25～30	1～1.5	甘蓝	20	3～4	18～20	1.5
西葫芦	25～30	8～12	25～30	2	花椰菜	20	3～4	18～20	1.5
番茄	25～30	10～12	25～28	2～3	芹菜	20	24	20～22	2～3
辣椒	25～30	10～12	25～30	4～5	菠菜	20	24	15～20	2～3
茄子	30	20～24	28～30	6～7	冬瓜	25～30	12+12*	28～30	3～4

注：* 浸种12 h后，将种子捞出晾10～12 h，再浸12 h。

(二)催芽

催芽是将已吸足水的种子，置于黑暗或弱光环境里，并给予适宜温度、湿度和氧气条件，促使其迅速发芽。具体方法是将已经吸足水的种子用保水透气的材料(如湿纱布、毛巾等)包好，种子包呈松散状态，置于适温条件下。催芽期间，一般每4～5 h翻动种子包1次，以保证种子萌动期间有充足的氧气供给。每天用清水投1～2次，除去黏液、呼吸热、补充水分。也可将吸足水的种子和湿沙按1∶1混拌催芽。催芽期间要用温度计随时监测温度。当大部分种子露白时，停止催芽，准备播种。若遇恶劣天气不能及时播种时，应将种子放在5～10℃低温环境下，保湿待播。主要蔬菜的催芽适宜温度和时间见表1-3-3。

催芽过程中，采用胚芽锻炼和变温处理有利于提高幼苗的抗寒力和种子的发芽整齐度。胚芽锻炼是将萌动的种子放到0℃环境中冷冻12～18 h，然后用凉水缓冻，置于18～22℃条件下处理6～12 h，最后放到适温条件下催芽。锻炼过程中要保持种子湿润，变温要缓慢。经锻炼后，胚芽原生质黏性增强，糖分增高，对低温的适应性增强，幼苗的抗寒力增强，适用于瓜类和茄果类的种子。变温处理是在催芽过程中，每天给予12～18 h的高温(28～30℃)和6～12 h的低温(16～18℃)交替处理，直至出芽。

(三)种子消毒

(1)高温灭菌　结合浸种,利用55℃以上的热水进行烫种,杀死种子表面和内部的病菌。或将干燥(含水量低于2.5%)的种子置于60～80℃的高温下处理几小时至几天,以杀死种子内外的病原菌和病毒。

(2)药液浸种　先将种子在清水中浸泡4～6 h,捞出后沥干水,再浸到一定浓度的药液里,经一定时间后取出,清洗后播种,以达到杀菌消毒的目的。浸种的药剂必须是溶液或乳浊液,浓度、时间要严格掌握。药液浸种后必须用清水投洗干净后才能继续催芽、播种,否则易产生药害或影响药效。药液用量一般为种子的2倍左右。常用浸种药液有800倍的50%多菌灵溶液、800倍的托布津溶液、100倍的福尔马林溶液、10%的磷酸三钠溶液、1%的硫酸铜溶液、0.1%的高锰酸钾溶液等。

(3)药剂拌种　将药剂和种子拌在一起,种子表面附着均匀的药粉,以达到杀死种子表面的病原菌和防止土壤中病菌侵入的目的。拌种的药粉、种子都必须是干燥的,否则会引起药害和影响种子沾药的均匀度,用药量一般为种子重量的0.2%～0.5%,药粉需精确称量。操作时先把种子放入罐内或瓶内,加入药粉,加盖后摇动5 min,可使药粉充分且均匀地粘在种子表面。拌种常用药剂有克菌丹、敌克松、福美双等。

(四)其他处理方法

(1)微量元素处理　微量元素是酶的组成部分,参与酶的活化作用。播前用微量元素溶液浸泡种子,可使胚的细胞质发生内在变化,使之长成健壮、生命力强、产量较高的植株。目前生产上应用的有0.02%的硼酸溶液浸泡番茄、茄子、辣椒种子5～6 h,0.02%硫酸铜、0.02% 硫酸锌、0.02%硫酸锰溶液浸泡瓜类、茄果类种子5～6 h,有促进早熟、增加产量的作用。

(2)激素处理　用150～200 mg/L的赤霉素溶液浸种12～24 h,有助于打破休眠,促进发芽。

(3)机械处理　有些种子因种皮太厚,需要播前进行机械处理才能正常发芽。如对胡萝卜、芫荽、菠菜等种子播前搓去刺毛,磨薄果皮,苦瓜、蛇瓜种子催芽前嗑开种喙,均有利于种子的萌发和迅速出苗。

【工作流程】

信息采集(独立完成) → 种子识别(小组合作) → 种子质量检验和播前处理(小组合作) → 考核评价(师生合作)

【任务工单】

信息采集单

项目:蔬菜种子识别与播前处理　　　　　　　　姓名:　　　　　　　　　　　时间:

任务名称	蔬菜种子识别与播前处理信息采集
目的要求	通过认真研读技术资料,收集信息,掌握蔬菜种子的含义、形态结构、寿命与使用年限及质量检验内容。
问题一　从蔬菜栽培的角度,简述蔬菜种子的含义。	
问题二　绘图并说明种子的结构。	
问题三　种子的寿命和使用年限有什么区别?分别列举1～3个使用年限较长和较短的蔬菜种子。	
问题四　种子质量检验包括哪些内容?	

指导教师签字:

田间调查作业单

项目：蔬菜种子识别与播前处理　　　　　　姓名：　　　　　　　　时间：

任务名称	蔬菜种子识别	
目的要求	仔细观察蔬菜种子标本，掌握常见蔬菜种子的外部特征，并绘制简图、进行简单描述。能迅速识别常见蔬菜种子至少10种。通过解剖镜观察无胚乳种子和有胚乳种子的内容结构。	
材料用具	蔬菜种子标本40种以上；浸泡后的菜豆种子，菠菜种子，解剖镜，刀片。	
种子名称	绘制简图	特征描述

指导教师签字：

生产实训技能单

项目：蔬菜种子识别与播前处理　　　　姓名：　　　　时间：

任务名称	种子质量检验和播前处理
目的要求	掌握蔬菜种子检验的主要内容和方法，学会种子消毒、浸种催芽等播前处理基本方法，能正确测定种子的发芽势和发芽率。
材料用具	黄瓜种子若干（每小组至少100粒），培养皿、滤纸，大小烧杯、搅拌棒，恒温箱等。

方法步骤	注意事项
1. 温汤浸种 (1)准备温水、水量 (2)投入种子、搅拌 (3)保持恒温 (4)常温浸种	
2. 恒温催芽 (1)准备培养皿、滤纸发芽床或纱布发芽床 (2)摆放种子或包种子 (3)放入恒温箱 (4)发芽过程管理	
3. 测定发芽势和发芽率 (1)第4天，测定发芽种子数 (2)第8天，测定最终发芽种子数 (3)计算发芽势 (4)计算发芽率	

考核标准	考核项目	分值	得分
	正确完成温汤浸种的操作步骤	30分	
	按要求完成催芽前期工作	10分	
	催芽期间认真管理并调查	40分	
	正确计算发芽势和发芽率	20分	
	合　　计	100分	

备注：可根据生产周期连续考核

指导教师签字：

【项目评价】

项目完成情况综合评价表

学生姓名：　　　　　　　　　　　　　　　　　　　　　　　　　　　　评价时间：

项目名称	蔬菜种子识别与播前处理			
评价内容	评分标准	分数	得分	备注
信息采集	信息全面、可靠，条理清晰	10		教师评价
种子识别	识别10种以上常见蔬菜种子	30		教师评价
播前处理和质量检验	正确完成温汤浸种和催芽任务 正确计算发芽势和发芽率	40		教师评价
工作态度	态度端正，积极热情	10		自我评价
团结协作	擅于与他人合作	10		组内互评
	合　　计	100		

【课外阅读】

购买蔬菜种子应注意的问题

1. 到合法种子经营单位购买种子。合法经营单位应有种子经营许可证、委托代理书、工商营业执照，消费者在购种时应注意查看；购买种子后向经营单位索要正式发票，妥善保存包装物，以确保日后出现质量纠纷有投诉凭证。

2. 注意检查种子包装是否规范，标签内容是否齐全。合格种子其外包装都比较正规、规范；种子标签内容包括种子类别、品种名称、产地、质量指标、检疫证明编号、种子生产及经营许可证编号或审批文号，标签标注内容应当与销售的种子相符。

3. 购种时应先对种子的光泽、饱满、纯度以及霉变情况逐项检查，有疑问的要及时查询。对宣传有夸大效果的，最好不要购买。

4. 避免购买过期种子。选购时注意查看种子的生产日期，并根据蔬菜种子的使用年限决定是否购买。如葱蒜类等短命种子必须选购当年的新种子，对于黄瓜、白菜等使用年限较长的种子，也应购买三年以内生产的种子。

5. 要求售种者讲明所购种子生产特征及栽培技术。按照《中华人民共和国种子法》第三十二条之规定：种子经营者应当向种子使用者提供种子的简要性状、主要栽培措施、使用条件的说明与咨询服务，并对种子质量负责。

Project 4

项目四

设施蔬菜栽培基础知识储备

知识点

蔬菜生长发育周期的划分及各时期特点；不同种类蔬菜对温度、光照、水分的要求；温周期现象及应用；春化现象及应用；光周期现象及应用；蔬菜生长对土壤条件和土壤营养的要求；连作及其危害；轮作及其原则；间作、混作、套种的含义及实施原则；设施蔬菜的茬口安排。

技能点

判断蔬菜的生育时期；合理安排某种蔬菜周年生产茬口。

【技术资料】

一、蔬菜的生长发育周期

蔬菜的生育周期是指蔬菜由种子萌发到再形成新的种子的整个过程。根据蔬菜生育周期的长短可将蔬菜作物分为四类,即一年生蔬菜(如番茄、黄瓜等)、二年生蔬菜(如萝卜、大白菜等)、多年生蔬菜(如黄花菜、芦笋等)和无性繁殖蔬菜(如马铃薯等)。就某种蔬菜的一个生育周期而言,可以分为种子时期、营养生长时期和生殖生长时期三个时期,每个时期又可细分为不同的阶段。图 1-4-1 是黄瓜生长发育周期示意图。

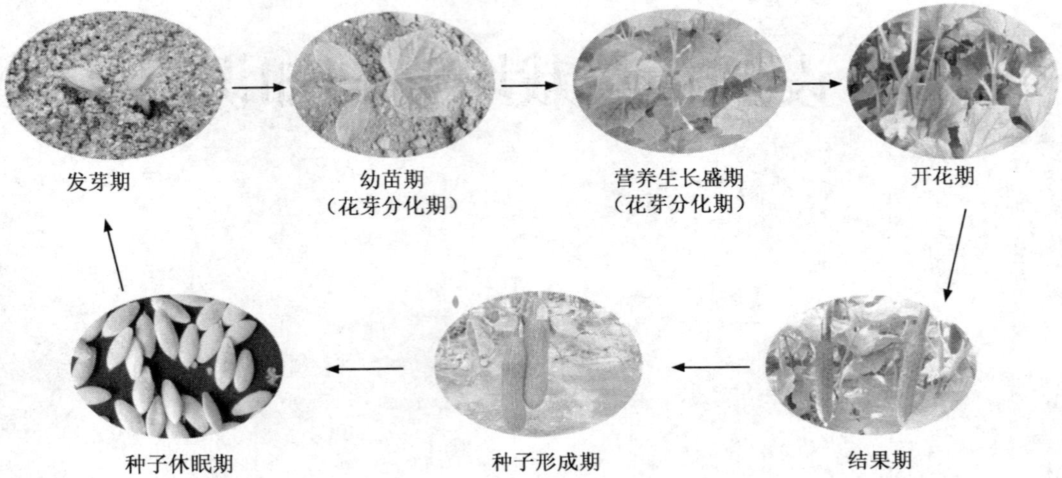

图 1-4-1 黄瓜生长发育周期示意图

(一)种子时期

从母体卵细胞受精形成合子开始到种子发芽为止,经历种子形成期和种子休眠期。

(1)种子形成期 从卵细胞受精形成合子开始到种子成熟为止。这一时期种子在母体上,有显著的营养物质合成和积累过程。所以栽培上要为种株提供良好的营养和光照等环境条件,以提高种子的质量和生活力。

(2)种子休眠期 种子成熟后大多都有不同程度的休眠期。处于休眠状态的种子,代谢水平很低,需低温干燥的环境条件,以减少养分消耗,维持更长的寿命。种子经一段休眠以后,遇到适宜的环境便萌发。

(二)营养生长时期

从种子发芽开始至营养生长完成,开始花芽分化为止。具体又可划分为以下四个阶段:

(1)发芽期 从种子萌动开始到真叶出现为止。此期所需要的能量及各种物质均由种子本身提供,因此,在生产上要求选用发芽能力强而饱满的种子,并创造适宜的发芽条件,保证种子迅速发芽,幼苗尽早出土。

(2)幼苗期 从真叶出现即进入幼苗期,其结束的标志因蔬菜种类而异。幼苗期开始植株进入自养阶段，靠自身光合作用制造的养分及根系吸收的水分和矿物质进行生长，幼苗生长代谢旺盛，光合作用所制造的营养物质大部分用于根茎叶的生长，很少有积累。果菜类蔬菜大多在此期开始花芽分化。此期绝对生长量很小，但生长迅速；对土壤水分和养分吸收的绝对量不多，但要求严格。此期对温度的适应性较强，具有一定的可塑性，是进行秧苗锻炼的依据。这一时期环境条件的优劣，还影响到一年生蔬菜的花芽分化以及结果数量和质量，直接关系到早熟性、丰产性。所以生产上要创造良好的环境条件，培育壮苗，为丰产打好基础。

(3)营养生长盛期　幼苗期结束即进入营养生长旺盛期。此期的中心内容是根、茎、叶的生长，植株形成强大的吸收和同化体系。对于一年生果菜类来说，通过旺盛的营养生长，形成健壮的枝叶和根系，积累一定养分，为下一步开花、结实奠定良好基础；对于二年生的蔬菜来说，通过旺盛的营养生长，形成特定的营养器官，积累并贮藏大量养分。因此，营养生长盛期也是养分积累期。

(4)营养休眠期　二年生或多年生蔬菜在进行旺盛营养生长之后，随着贮藏器官的形成即开始进入休眠期。休眠包括生理休眠和被迫休眠两种。生理休眠是由本身的遗传性决定的，即无论外界环境是否适宜生长，产品器官形成后必须经过一段休眠后，才能继续生长，如马铃薯。被迫休眠是营养器官形成后，由于不良的季节或环境导致无法继续生长，是适应不良条件的一种被动反应，如大白菜、萝卜等。休眠中的植株个体内仍进行着缓慢的生理活动，同时消耗着贮存的营养，活动强度与环境密切相关。因此，应注意控制贮存环境条件，尽量减少营养物质消耗，使之安全度过不适季节，有充足的营养进行再次生长。

(三)生殖生长时期

从植株开始花芽分化至形成新的种子为止。可细分为以下三个阶段：

(1)花芽分化期　从花芽开始分化至开花前的一段时间。花芽分化是植物由营养生长过渡到生殖生长的形态标志。果菜类蔬菜一般在苗期就开始花芽分化，二年生蔬菜一般在产品器官形成，并通过春化后，在生长点开始花芽分化，通过光周期后抽薹、开花。

(2)开花期　从开花至完成授粉受精过程为止。此期是生殖生长的一个重要时期，植株对外界环境条件的抗性较弱，特别是对温度、光照及水分的反应敏感。温度过高或过低，水分过多或过少，光照不足等都会影响授粉受精，引起落蕾、落花。

(3)结果期　结果期是果菜类形成产量的关键时期，经授粉受精作用，子房发育为果实，胚珠发育为种子。果实的膨大生长，依靠叶片制造的光合产物不断向其中运输。而对于一年生的果菜类在开花结实的同时，仍要进行旺盛的营养生长，因此要供给充足的水分和养分，以利于果实和营养器官的正常生长发育。对于采收营养器官为产品的蔬菜种类，在非采种时期，应抑制生殖生长，促进产品器官的形成。

以上所述是蔬菜的一般生长发育过程。对于以营养体为繁殖材料的蔬菜，如薯芋类、部分葱蒜类和水生蔬菜等，栽培上则不经过种子时期。

二、蔬菜的栽培环境

蔬菜的生长发育及产品器官的形成，一方面取决于植物本身的遗传特性，另一方面取决于外界环境条件。各种蔬菜作物及其不同的生育期对外界环境条件的要求各不相同，因此，了解各种环境因子对蔬菜作物生长发育的影响，才能正确运用优良的栽培技术，创造适宜的环境条件，来控制它们的生长发育，达到高产优质的目的。

环境条件包括温度、光照、水分、土壤和气体等，这些环境因子不是孤立存在的，而是相互联系，对于蔬菜作物生长发育的影响往往是综合作用的结果。

(一)温度

影响蔬菜生长发育的环境条件中以温度最敏感，各种蔬菜都有其生长发育的温度三基点，即最低温度、最适温度和最高温度。

1. 不同蔬菜种类对温度的要求

根据各种蔬菜对温度条件的不同要求及能耐受的温度，可将蔬菜植物分为五类(表 1-4-1)，这是安排蔬菜栽培季节的重要依据。

表 1-4-1　不同蔬菜种类对温度的要求　　℃

类别	主要蔬菜	最高温度	适宜温度	最低温度	特点
多年生宿根蔬菜	韭菜、黄花菜、芦笋等	35	20～30	－10	地上部能耐高温，冬季地上部枯死，以地下宿根(茎)越冬
耐寒蔬菜	芫荽、菠菜、大葱、洋葱、大蒜等	30	15～20	－5	较耐低温，大部分可露地越冬
半耐寒蔬菜	大白菜、甘蓝、萝卜、胡萝卜、豌豆、蚕豆、结球莴苣等	30	17～25	－2	耐寒力稍差，产品器官形成期温度超过 21℃生长不良
喜温蔬菜	黄瓜、番茄、辣椒、菜豆、茄子等	35	20～30	10	不耐低温，15℃以下开花结果不良
耐热蔬菜	冬瓜、苦瓜、西瓜、豇豆、苋菜、蕹菜等	40	30	15	喜高温，有较强的耐热能力

2. 不同生育期对温度的要求

蔬菜在不同生育期对温度要求不同。大多数蔬菜在种子萌发期要求较高的温度，耐寒及半耐寒蔬菜一般在 15～20℃，喜温及耐热蔬菜一般在 20～30℃。进入幼苗期，由于幼苗对温度适应的可塑性较大，根据需要温度可稍高或稍低。叶菜类的营养生长盛期要形成产品器官，是决定产量的关键时期，应尽可能安排在温度适宜的季节。营养休眠期都要求低温。蔬菜生殖生长期间要求较高的温度。果菜类花芽分化期(一般从苗期开始)，日温应接近花芽分化的最适温度，夜温应略高于花芽分化的最低温度，夜温过高，花芽分化质量差。开花期对温度要求严格，温度过高或过低都会影响授粉、受精。结果期要求较高的温度。

3. 温周期对蔬菜生育的影响

蔬菜作物要求白天有较高温度以利于光合作用，制造更多的同化物质，而夜间则需要较低的温度，减少呼吸消耗。适宜的昼夜温差在 10～15℃，因蔬菜夜间仍进行生长，吸收水分和营养，同时还进行着同化产物的运输与贮藏。因此，夜温也不能过低。蔬菜作物对这种昼夜温度周期性变化的适应性，称为温周期现象。

设施蔬菜栽培时，可把一天分几段进行调控，如四段变温管理；还可根据天气阴晴等状况进行调控，如晴天的日温比阴天的高 2～5℃，晴天的夜温比阴天的高 1～4℃，午后的温度比午前温度低 2～5℃，日落后 3～4 h 保持较高温度，以利养分运转，其后温度继续下降，使养分消耗维持最低限度。

4. 土壤温度对蔬菜生长的影响

土壤温度的高低直接影响蔬菜的根系发育及对土壤养分的吸收。一般蔬菜根系生长的适宜温度为 24～28℃。土温过低，根系生长受抑制，蔬菜易感病；土温过高，根系生长细弱，吸收能力减弱，植株易早衰。蔬菜冬春生产土温较低时，宜控制浇水，通过中耕松土或覆盖地膜等措施提高土温和保墒。夏季土温偏高，宜采用小水勤浇、培土和畦面覆盖等办法降低地温，保护根系。此外要避免在中午温度较高时突然浇水，否则会导致根际温度骤然下降而使植株萎蔫，甚至死亡。

5. 温度与春化现象

二年生蔬菜花芽分化需要一定时间的低温诱导，这种现象称为“春化现象”。通过春化阶段后在长日照和较高的温度下抽薹开花。根据感受低温的时期不同，蔬菜作物可分为两种类型：

(1)种子春化型　从种子萌动开始即可感受低温通过春化阶段，如白菜、萝卜、芥菜、菠菜等。所需温度在 0～10℃，以 2～5℃为宜，低温持续时间为 10～30 d。栽培中如果提前遇到低温条件，容易在产品器官形成以前或形成过程中就抽薹开花，称为“先期抽薹”或“未熟抽薹”。

(2)绿体春化型　幼苗长到一定大小后才能感受低温而通过春化阶段，如洋葱、芹菜、甘蓝等。不同的品种通过春化阶段时要求苗龄大小、低温程度和低温持续时间不完全相同。对低温条件要求不太严格，比较容易通过春化阶段的品种称冬性弱的品种；春化时要求条件比较严格，不太容易抽薹开花的品种称冬性强的品种。这类蔬菜春季作为商品蔬菜栽培时，宜选用冬性强的品种，安排好适宜的播种期，避免幼苗长到符合春化大小要求时，遭受长期的低温而发生先期抽薹。

(二)光照

光照对蔬菜作物生长的影响是多方面的，其作用主要是通过光照、光质和光周期等来实现。

1. 光照强度对蔬菜生长的影响

不同蔬菜对光照强度都有一定的要求，一般用光补偿点、光饱和点、光合强度(同化率)来表示。大多数蔬菜的光饱和点为 50 klx 左右，光补偿点为 1.5～2.0 klx。生产中可以根据蔬菜对光照强度的不同要求，在早春或晚秋采取适宜措施，增加光照，促进蔬菜生长。在夏季强光时节，选择不同规格的遮阳网覆盖措施降低光照强度，保证蔬菜正常生长。根据蔬菜对光照强度要求的不同可将其分为三类：

(1)喜强光蔬菜　包括西瓜、甜瓜等大部分瓜类和番茄、茄子、芋头、豆薯等，此类蔬菜喜强光，遇阴雨天气，产量低、品质差。

(2)喜中等光强蔬菜　包括大部分白菜类、萝卜、胡萝卜和葱蒜类，此类蔬菜生长期间不要求很强光照，但光照太弱时生长不良。

(3)耐弱光蔬菜　包括生姜和莴苣、芹菜、菠菜等大部分绿叶菜类蔬菜。此类蔬菜在中等光强下生长良好，强光下生长不良，耐荫能力较强。

蔬菜设施栽培上，光照强弱必须与温度的高低相配合，才能有利于植株生长和产品器官的形成。光照增强，温度也要相应提高，才有利于光合产物的积累；而弱光条件下，温度过高会引起呼吸作用的增强以及能量的消耗。因此，温室果菜类栽培过程中，如遇阴雪天气必须采取低温管理，才能有利于植株生长和结实。

2.光质对蔬菜生长发育的影响

光质即不同波长的光谱组成。不同波长的光对作物的光合速率影响不同，如红橙光的光合作用效率相对较高，蓝紫光次之，绿光最差。一般长波光（如远红光）对促进细胞的伸长生长有效，短波光（紫外光）则抑制细胞过分伸长生长。光质还会影响蔬菜的品质，紫外光有利于维生素C的合成和花青素的形成。设施栽培的蔬菜易发生徒长，生产番茄、黄瓜等其果实维生素C的含量往往没有露地栽培的高，栽培的紫茄子紫色较浅，就是因为玻璃、薄膜阻隔紫外光的透过造成的。

3.光周期对蔬菜生长发育的影响

蔬菜作物生长和发育对昼夜相对长度的反应称为“光周期现象”。根据蔬菜作物花芽分化对日照长度的要求可将其分为三类：

(1)长日性蔬菜　日照长度长于一定时数（一般为12～14 h）能促进植株开花，否则延迟开花或不开花。代表蔬菜有白菜、芥菜、萝卜、胡萝卜、芹菜、菠菜、豌豆、大葱等。这类蔬菜都在春季开花，多为二年生蔬菜。

(2)短日性蔬菜　日照长度短于一定时数（一般为12 h）能促进植株开花，否则不开花或延迟开花。代表蔬菜有豇豆、扁豆、苋菜、丝瓜、蕹菜、落葵等。

(3)日中性蔬菜　开花对日照长短要求不严，在较长或较短的日照条件下都能开花。代表蔬菜有黄瓜、番茄、菜豆等。

了解蔬菜对光周期的反应，对蔬菜栽培和新品种引进具有重要的指导意义。长日性蔬菜由南向北引种，夏季日照加长，会加速发育，但由北向南引种时，会延迟发育甚至不能开花结实。短日性蔬菜由南向北引种，夏季日照较长，延迟发育，营养生长旺盛，由北向南引种则提前开花结实。生产上采用适于本地日照变化的品种，才能获得较高的产量。在选择适宜的播种期上，要考虑蔬菜对光周期的反应，将其生育期安排在温度和光周期最适宜的季节，则容易获得高产。如扁豆、刀豆等短日性蔬菜宜在春末夏初播种，如过早播种，营养生长期加长，易造成茎叶徒长，过晚播种则使营养生长期缩短，植株不能充分生长，同样影响产量。

此外，一些蔬菜的产品形成与日照长度有关。如马铃薯、菊芋、芋及许多水生蔬菜的产品器官在较短的日照条件下形成，而洋葱、大蒜等一些鳞茎类蔬菜，形成鳞茎则要求较长日照。

(三)水分

水是绿色植物进行光合作用的主要原料，也是植物细胞的主要成分，尤其是蔬菜作物，其产品大多数是柔嫩多汁的器官，含水量在90%以上，各种营养元素只有在水溶液的状态下才能被植物吸收。因此水分供应尤为重要。

1.不同蔬菜种类对水分的要求

根据蔬菜作物需水特性不同，可将其分为五类（表1-4-2）。

表 1-4-2　不同蔬菜种类对水分的要求

类别	代表蔬菜	形态特征	需水特点	要求及管理
耐旱蔬菜	西瓜、甜瓜、胡萝卜等	叶片多缺刻、有茸毛或被蜡质，蒸腾量小，根系强大、入土深	消耗水分少，吸收力强大	对空气湿度要求较低，能吸收深层水分，不需多灌水
半耐旱蔬菜	茄果类、豆类、马铃薯等	叶面积中等、组织较硬，多绒毛、水分蒸腾量较小，根系较发达	消耗水分较多，吸收力较强	对土壤和空气湿度要求不太高，适度灌溉
半湿润蔬菜	葱蒜类、芦笋等	叶面积小、表面有蜡质，根系分布范围小、根毛少	消耗水分少，吸收力弱	耐较低空气湿度，对土壤湿度要求较高，应经常保持土壤湿润
湿润蔬菜	黄瓜、白菜、甘蓝、多数绿叶菜等	叶面积大、组织柔嫩、根系浅而弱	消耗水分多，吸收力弱	要求土壤和空气湿度均较高，应加强水分管理
水生蔬菜	藕、茭白等	叶面积大、组织柔嫩、根群不发达、根毛退化、吸收力很弱	消耗水分最多，吸收力最弱	要求较高的空气湿度，需在水中栽培

2. 不同生育期的需水特点

(1)发芽期　要求充足的水分，以供吸水膨胀。胡萝卜、葱等需吸收种子本身重量 100% 的水分才能萌发，豌豆甚至需要吸收 150% 的水分才能萌发。播种后尤其是播种浅的蔬菜，容易缺水，播后保墒是关键。

(2)幼苗期　此期叶面积小、蒸腾量小，需水量不大，但由于根初生、分布浅、吸收力弱，因而要求加强水分管理，保持土壤湿润。

(3)营养生长盛期　此期进行营养器官的形成和养分的大量积累，细胞、组织迅速增大，养分的制造、运转、积累、贮藏等，都需要大量的水分。栽培上这一时期满足水分供应，但也要防止水分过多导致营养生长过旺。

(4)生殖生长期　开花期缺水影响花器生长，水分过多时引起茎叶徒长，所以此期不管是缺水还是水分过多，均易导致落花落蕾。进入结果期，特别是结果盛期，果实膨大需较多的水分，应充足供应。

(四)土壤

蔬菜作物种类品种繁多，供食部位和生长特性各异，对土壤条件要求也各不相同。

1. 蔬菜生长与土壤条件

(1)土壤质地　不同蔬菜对土壤质地的要求不同，土壤质地是构成蔬菜特产区的基本条件。沙壤土土质疏松，通气排水好，不易板结、开裂，耕作方便，地温上升快，适于栽培吸收力强的耐旱性蔬菜，如南瓜、西瓜、甜瓜等；壤土土质松细适中、结构好，保水保肥能力较强，含有效养分多，适于绝大部分蔬菜生长；黏壤土的土质细密、保水保肥力强、养分含量高、有丰产的潜力，但排水不良、土表易板结开裂、耕作不方便、地温上升慢，适于晚熟栽培及水生蔬菜栽培。

(2)土壤溶液浓度和酸碱度　不同蔬菜对土壤溶液浓度的适应性不同。适应性强的有瓜类(除黄瓜)、菠菜、甘蓝类,在0.25%~0.3%的盐碱土中生长良好;适应性中等的有葱蒜类(除大葱)、小白菜、芹菜、芥菜等,能耐0.2%~0.25%的盐碱度;适应性弱的有茄果类、豆类(除蚕豆、菜豆)、大白菜、萝卜、黄瓜等,能耐0.1%~0.2%的盐碱度;适应性最弱的菜豆,只能在0.1%盐碱度以下的土壤中生长。蔬菜在不同生育时期耐盐能力不同,随着植株长大,细胞浓度增加,耐盐力也随着增加,一般是成株比幼苗大2~2.5倍。所以在苗期不能用浓度太高的肥料,配制营养土时,要注意选用富含有机质的土壤。

大多数蔬菜在中性至弱酸性的条件下生长良好(pH 6~6.8)。不同蔬菜种类也有所不同,韭菜、菠菜、菜豆、黄瓜、花椰菜等要求中性土壤;番茄、南瓜、萝卜、胡萝卜等能在弱酸性土壤中生长;茄子、甘蓝、芹菜等较能耐盐碱性土壤。

2.蔬菜生长与土壤营养

与禾谷类作物相比,蔬菜作物需肥量较大。在三要素中,对钾的需求量最大,其次为氮,磷的需求量最小。蔬菜种类不同,对不同养分的需求量也不同。叶菜类对氮的需求量较大,根、茎类和叶球类蔬菜对钾的需求量相对较大,而果菜类需磷较多。此外,蔬菜作物对钙和硼的需求量也较大。

不同种类蔬菜对营养元素的吸收量不同。一般是生长期长、产量高的需肥多,如大白菜、胡萝卜、马铃薯等;而生长快、产量低的速生性蔬菜需肥量较小。同种蔬菜在不同生长期对养分的需求也不同。发芽期主要是利用种子本身贮藏的养分,吸收外界养分极少;幼苗期个体小,吸收量也小,但在集中育苗条件下,秧苗密集、生长迅速,且根系较弱,因此对土壤养分要求较高;随着植株不断生长,所需各种营养不断增加;到产品器官形成期,吸收营养最多,需肥量达到最大,且对磷钾的需求量增加。

(五)气体

影响蔬菜生长发育的气体条件主要是O_2和CO_2。大气中的O_2浓度相对稳定,因此对地上部分的生长影响不大。但根际往往会由于水涝或土壤板结而缺氧。生产中可通过中耕松土、覆盖地膜等方式来防止土壤板结。此外,设施蔬菜栽培在封闭或半封闭条件下进行的,设施内外气体交换差,易出现CO_2不足和有害气体危害等现象,生产中需加以注意。

三、蔬菜的栽培制度

蔬菜的栽培制度是指在一定时间内,在一定土地面积上,各种蔬菜安排布局的制度。它包括扩大复种面积,采用轮作、间、混、套作等技术来安排蔬菜栽培的次序并配合以合理的施肥、灌溉制度,土壤耕作与休闲制度,即通常所说的"茬口安排"。蔬菜栽培制度充分体现了我国农业精耕细作的优良传统,其优点在于广泛采用间套作,复种次数增加,日光能和土壤肥力利用率提高;重视轮作、倒茬、冻地、晒垡等制度来减轻病虫为害,恢复与提高土壤肥力。

(一)连作和轮作

1.连作及其危害

连作又称"重茬",是指在同一块土地上,不同茬次或者是不同年份连续栽培同一种蔬菜。主茬隔小茬亦为连作。

同类蔬菜连续种植,造成土壤中某一种或某几种养分吸收过多或过少,使土壤中养分不平衡;同类蔬菜根系深浅相同,致使土壤各层次养分利用不合理;同类蔬菜有共同的病虫害,病原菌或虫卵越冬后翌年发病严重；某些蔬菜的根系能分泌出有机酸和某种有毒物质，改变土壤结构和性质，不利于保持土壤肥力，导致土壤酸碱度的变化。

2. 轮作

轮作是指在同一块土地上，按照一定年限轮换种植几种不同性质的蔬菜，通称"换茬"或"倒茬"。轮作可有效地避免连作的危害，是合理利用土壤肥力、减轻病虫害的有效措施。

由于蔬菜的种类很多，可将白菜类、根菜类、葱蒜类、茄果类、瓜类、豆类、薯芋类等各种蔬菜按类分年轮流栽培。因为同类蔬菜对于营养的要求和病虫害大致相同，在轮作中可作为一种作物处理。但是不同类而同科的蔬菜不宜互相轮作。多数绿叶菜类蔬菜生长期短，应配合在其他作物的轮作区中栽培，不独自占一轮作区。

3. 轮作的原则

(1)吸收土壤营养不同，根系深浅不同互相轮作。例如，叶菜类吸收氮肥较多，根茎类吸收钾肥较多，果菜类吸收磷肥较多，可轮流栽培。再如深根性的根菜类、茄果类，应与浅根性的叶菜类、葱蒜类轮作。

(2)互不传染病虫害。同科蔬菜常感染相同的病虫害，制订轮作计划时，应避免将同科蔬菜连作。每年调换种植性质不同的蔬菜，可使病虫害失去寄主或改变生活条件，达到减轻或消灭病虫害的目的。粮菜轮作，水旱轮作对于控制土壤传染性病害是行之有效的措施。

(3)改善土壤结构。在轮作制度中适当配合豆科、禾本科蔬菜，可增加有机质，改良土壤团粒结构。

(4)注意不同蔬菜对土壤酸碱度的要求。如种植甘蓝、马铃薯后能增加土壤酸度，而种植玉米、南瓜后，能降低土壤酸度，故对土壤酸度敏感的洋葱等作为玉米、南瓜后作可获较高产量，作为甘蓝的后作则减产。豆类的根瘤菌给土壤遗留较多的有机酸，连作常导致减产。

(5)考虑前茬作物对杂草的抑制作用。前后作物配置时，要注意前作对杂草的抑制作用，为后作创造有利的生产条件。一般胡萝卜、芹菜等生长缓慢，抑制杂草的作用较弱，葱蒜类、根菜类也易遭杂草危害，而南瓜、冬瓜、甘蓝、马铃薯等抑制杂草的能力较强。

(二)间混套作

将两种或两种以上蔬菜隔畦(行、株)同时有规律地种植在同一块地上称为间作(图 1-4-2)。将两种或两种以上蔬菜同时不规则地混合种植的方式，称为混作。利用某种蔬菜在田间生长的前期或后期，于畦(行)间种植另一种蔬菜的方式，称为套作。合理的间混套作，就是将两种或两种以上的蔬菜，根据其不同的栽培习性，组成一个复合群体，通过合理的群体结构，使单位面积内植株总数增加，并能有效地利用光能与地力、时间与空间，造成"相互有利"的环境，甚至减轻病虫杂草为害。间混套作是我国蔬菜栽培制度的一个显著特点，它能够增加复种指数，提高蔬菜的单位面积产量和总产量，是实行排开播种，增加花色品种和淡季供应的一个重要措施。实施间混套作，宜掌握以下原则：

(1)合理搭配蔬菜种类和品种。在选择蔬菜种类与品种时，应注意高秆作物与矮秆作物结合，叶片直立型与水平型的种类结合，深根性蔬菜与浅根性蔬菜结合，早熟品种与晚熟品种结合，喜强光蔬菜和耐弱光蔬菜搭配种植。保证两种蔬菜生长期间互不抑制，且对养分的吸收要互补。

(2)安排合理的田间群体结构。主副作物的配置比例合理，在保证主作蔬菜密度与产量的条件下，适当提高副作蔬菜的密度与产量。田间种植时加宽行距，缩小株距，在保证主作

图 1-4-2　蔬菜间作

密度和产量的前提下改善通风透光条件。实行套作时使前茬的后期和后茬的苗期共生，互不影响生长，尽量缩短两者的共生期。

(3)采取相应的技术措施。间套作要求较高的劳力、土壤肥力和技术条件，同时从种到收，要随时采取相应农业技术措施，防止主副作之间的相互影响。

(三)设施蔬菜栽培季节与茬次安排

1.栽培季节的确定

蔬菜的栽培季节是指该蔬菜从播种或定植开始，到产品收获完毕为止的全部占地时间。露地蔬菜以优质高产为目的，因此将产品器官形成期安排在温度最适宜的季节里。设施蔬菜又称反季节蔬菜，是以提高效益为主要目的，因此应将产品器官形成期安排在产品供应的淡季里。设施蔬菜栽培季节的确定应以设施类型和市场需求为依据。

(1)设施类型　对于冬季可以越冬生产的高效节能日光温室，主要以秋冬春三季生产为主，盛夏季节可休闲或培肥以保持地力。对于保温性能稍差的普通日光温室、塑料拱棚、阳畦等，栽培喜温蔬菜时，多用于春提前和秋延后栽培，作物生长期一般仅较露地提早和延后15～40 d。

(2)市场需求　设施蔬菜栽培为提高经济效益，应尽量把产品上市期安排在露地蔬菜产品上市的淡季，避免与露地蔬菜产品同时上市。通常温室蔬菜应以1～2月份为主要上市期，普通日光温室与塑料大拱棚应以5～6月份和9～11月份为主要的上市期。

2.茬口安排的原则

(1)考虑生产成本。要以当地的主要栽培茬口为主，充分利用有利的自然环境，创造高产和优质蔬菜，同时降低生产成本。

(2)考虑产品均衡供应。同一种或同一类蔬菜应通过排开播种，将全年的种植任务分配到不同的栽培季节里进行周年生产，保证蔬菜产品年均衡供应。要避免栽培茬口过于单调，生产和供应过于集中。

(3)考虑提高栽培效益。设施蔬菜生产投资大，成本高，在茬口安排上，应根据当地的蔬菜市场供应情况，适当增加一些高效蔬菜茬口以及淡季供应茬口，提高栽培效益。

(4)考虑提高土地的利用率。设施蔬菜生产成本高，应通过合理的间、套作，以及育苗移栽等措施，尽量充分利用时间和土地资源。

(5)考虑控制蔬菜的病虫草害。设施蔬菜换茬时，要充分考虑前茬作物对后茬作物在病虫草害上造成的影响，应通过合理配置前后茬作物，尽可能控制病虫草害，减少农药的使用。

3.设施蔬菜茬口安排

(1)冬春茬　是日光温室栽培常用茬口。一般于"十一"前后播种或定植，入冬后开始收获，翌年春结束生产，主要栽培喜温性果菜类。在冬季不甚严寒的地区，也可以利用普通日光温室、塑料拱棚和阳畦，进行韭菜、芹菜等耐寒性较强的蔬菜的冬春茬栽培。冬春茬的主要供应期为1～4月份。

(2)春早熟栽培　是日光温室、塑料拱棚和阳畦的主要栽培茬口，以栽培喜温性果菜类为主。前期均利用温室育苗，保温性能较好的日光温室可于2～3月份定植，塑料拱棚和阳畦可于3～4月定植，产品始收期可比露地提早30～60 d。此茬口的主要供应期为4～6月份。

(3)越夏栽培　利用温室大棚骨架覆盖遮阳网或防虫网，栽培一些夏季露地栽培难度较大的果菜类或喜冷凉的叶菜类(如白菜、菠菜等)，于春末夏初播种或定植，7～9月份收获上市。

(4)秋延后栽培　是塑料大棚的主要栽培茬口。一般于7～8月份播种或定植，生产番茄、黄瓜、菜豆等喜温性果菜类蔬菜，供应早霜后的市场，也有相当一部分叶菜等的延后生产。此茬的主要供应期为9～12月份。

(5)秋冬茬　是日光温室生产的主要茬口之一，一般于8月前后播种或育苗，9月份定植，10月份开始收获直到春节前后。以栽培喜温性果菜类为主，前期高温强光，植株易旺长，后期低温寡照，植株易早衰，栽培难度较大。

(6)越冬茬　包括风障畦越冬茬和温室越冬茬两种类型。风障畦越冬茬栽培指晚秋播种耐寒性叶菜类(菠菜、韭菜、芹菜等)，冬季进行简单保护，翌年春提早恢复生长并于早春供应市场的栽培茬口。日光温室越冬茬栽培也称一年一大茬栽培，是当前北方设施栽培难度较大、效益较高的茬口。通常夏秋季培育喜温性果菜类幼苗(黄瓜、番茄、茄子、辣椒等)，8～9月份定植于保温性能较好的日光温室，10月份开始采收，冬季加强管理，生长一直持续到翌年6月末，一次定植，采收期可长达8个月。

以上是设施蔬菜栽培的季节茬口。各地可根据当地的气候条件安排茬口。在无霜期较短的地区，塑料大棚多采取一年单种单收茬口模式。在无霜期较长的地区，塑料大棚可采用"春早熟＋秋延后"一年两种两收栽培模式。对于冬季保温性能稍差的普通日光温室选用春秋两茬栽培，而对于可越冬生产的高效节能日光温室则可采用一年一大茬的栽培模式。

【工作流程】

信息采集(独立完成) → 蔬菜生育期调查(小组合作) → 蔬菜栽培环境思维导图讲解(小组合作) → 设施蔬菜栽培茬口设计(小组合作) → 考核评价(师生合作)

【任务工单】

信息采集单 1

项目：设施蔬菜栽培基础知识储备　　姓名：　　时间：

任务名称	蔬菜生长发育周期信息采集
目的要求	通过教师讲解和自主学习，了解常见蔬菜生育周期的划分情况及每个阶段的栽培注意事项。
问题一　什么叫蔬菜的生长发育周期？	
问题二　根据蔬菜生育周期的长短，可将蔬菜分为哪几大类？并举例。	
问题三　绘制蔬菜生长发育周期的结构简图。	

指导教师签字：

田间调查作业单 1

项目：设施蔬菜栽培基础知识储备　　　　　　　　姓名：　　　　　　　　时间：

任务名称	蔬菜生育周期及特性调查	
目的要求	田间实地调查正在生长(或贮藏)的各种蔬菜(至少 5 种)，判断其所处的生长发育周期，并说出该阶段的特性和栽培注意事项。	
材料用具	蔬菜生产基地，栽培至少 5 种蔬菜。	
蔬菜名称	所处生育期	生长特性及栽培注意事项
黄瓜	种子形成期 (结果期)	加强田间管理，为种株提供良好的营养和光照等环境条件，以提高种子的质量和生命力

指导教师签字：

信息采集单 2

项目：设施蔬菜栽培基础知识储备　　　　　　姓名：　　　　　　　　　　时间：

任务名称	蔬菜栽培环境信息采集
目的要求	通过自主学习，了解蔬菜生长发育对温光水肥气等环境条件的要求，掌握温周期现象、春化现象、光周期现象及其在生产中的应用。
问题一　绘制简图说明根据蔬菜作物对温度、光照和水分要求的不同，可将蔬菜分为哪些类型？ 例： 对温度的要求 { 多年生宿根蔬菜	
问题二　举例说明温周期现象及其在设施蔬菜栽培中的应用。	
问题三　举例说明春化现象及其在设施蔬菜栽培中的应用。	
问题四　举例说明光周期现象及其在设施蔬菜栽培中的应用。	

指导教师签字：

工作计划单

项目：设施蔬菜栽培基础知识储备　　　　姓名：　　　　时间：

任务名称	绘制蔬菜的栽培环境思维导图
目的要求	根据所学知识，以小组为单位，设计并绘制蔬菜栽培环境的思维导图，并能根据该图熟练讲解蔬菜作物对环境条件的要求。
绘制草图：	

指导教师签字：

信息采集单 3

项目:设施蔬菜栽培基础知识储备　　　　姓名:　　　　时间:

任务名称	蔬菜栽培制度信息采集
目的要求	通过教师讲解、自主学习和收集资料,了解蔬菜连作及其危害,掌握蔬菜轮作、间混套作的含义及其实施原则,学会根据蔬菜生育特性安排设施蔬菜栽培茬口。
问题一　什么叫连作?连作有哪些危害?	
问题二　什么叫轮作?轮作的基本原则是什么?	
问题三　什么叫间作、混作和套种?合理间混套种的原则是什么?	
问题四　蔬菜设施栽培包括哪些茬口?	

指导教师签字:

田间调查作业单 2

项目：设施蔬菜栽培基础知识储备　　　　姓名：　　　　时间：

任务名称	设施蔬菜栽培茬口调查				
目的要求	田间实地调查 5 种设施主栽蔬菜的栽培方式和育苗方式以及播种期、定植期、采收期的安排。				
材料用具	设施蔬菜生产基地。				
蔬菜名称	栽培茬口	育苗方式	播种期	定植期	采收期

指导教师签字：

生产实训技能单

项目：设施蔬菜栽培基础知识储备　　　　姓名：　　　　时间：

任务名称	某种蔬菜周年生产茬口安排	
目的要求	掌握蔬菜季节茬口安排的基本原则，根据当地气候条件和设施应用类型，设计某种主栽蔬菜的周年生产茬口。	
材料用具	相关技术资料。	
方法步骤		注意事项
1.确定蔬菜种类，了解其生物学特性 (1)基本情况 (2)生育周期 (3)对环境条件的要求		
2.调查当地可使用的设施类型 (1) (2) (3) (4)		
3.周年生产作业历设计		

考核标准	考核项目	分值	得分
	充分了解所选蔬菜的生物学特性	30分	
	充分了解当地可使用的设施类型及应用季节	20分	
	制定较为合理的某种蔬菜周年生产作业历	40分	
	能合理应用轮作和间混套作等栽培模式	10分	
	合　　计	100分	

指导教师签字：

拓展学习作业单

项目：设施蔬菜栽培基础知识储备　　　　姓名：　　　　　　　　时间：

任务名称	无公害蔬菜生产相关知识
目的要求	通过查找资料和自主学习，了解无公害农产品、绿色食品、有机食品的含义及其相同点和不同点。
1. 简述无公害农产品、绿色食品和有机食品的含义。	
2. 无公害农产品、绿色食品、有机食品在目标定位、运作模式和技术要求上有何不同？	
3. 说出下列标识的含义和认证机构。	

指导教师签字：

【项目评价】

项目完成情况综合评价表

学生姓名：　　　　　　　　　　　　　　　　　　　　　　　　　　　评价时间：

项目名称	设施蔬菜栽培基础知识储备			
评价内容	评分标准	分数	得分	备注
信息采集	信息全面、可靠，条理清晰	30		教师评价
生育周期调查	完成调查任务，调查结果合理	10		教师评价
栽培环境思维导图讲解	思维导图绘制合理，讲解效果好	20		教师评价
栽培茬口调查	完成调查任务，调查结果合理	10		教师评价
周年生产作业历制定	制定的蔬菜周年生产作业历科学合理	10		教师评价
工作态度	态度端正，积极热情	10		自我评价
团结协作	擅于与他人合作	10		组内互评
合　计		100		

【课外阅读】

蔬菜与其他作物轮作

1. 粮菜轮作　包括玉米等与蔬菜旱地轮作和水稻与蔬菜水旱轮作。特别是水旱轮作对土传病害防治效果很好。

2. 花菜轮作　万寿菊、切花菊、郁金香、菊花、玫瑰、百合等花卉与蔬菜进行轮作。

3. 药菜轮作　中草药在蔬菜病虫防治中效果越来越明显，利用中草药参与蔬菜的轮作倒茬很有发展潜力。

4. 菌菜轮作　用简易棚进行香菇、平菇生产，可参与蔬菜作物的轮作。

5. 草生栽培　在作物的轮作期种植各种牧草或绿肥作物，以增加生物的多样性，减少蒸发，保护天敌，培肥土壤，防治病虫杂草等。

6. 超常规轮作　要求大片农田内，所有可互惠互利的农作物，包括蔬菜、粮食、饲料、药用植物及一些果树、经济林木等，轮作的作物不是几种，是十几种到几十种，轮作的年限也较长。

模块二　蔬菜栽培设施的应用

项目一　简易设施的应用
项目二　越夏栽培设施的应用
项目三　塑料大棚的应用
项目四　日光温室的应用
项目五　现代化温室的应用

Project 1

项目一

简易设施的应用

知识点

电热温床的结构和性能；地膜覆盖的方式；地膜覆盖的性能与应用；小拱棚的结构和性能。

技能点

电热温床的设计与安装；覆盖地膜；小拱棚的建造。

【技术资料】

一、电热温床的应用

电热温床是指育苗时将电热线布设在苗床床土下 8～10 cm 处，对床土进行加温的育苗设施。

(一)电热温床的基本结构

完整的电热温床由育苗畦(栽培畦)、隔热层、散热层、床土及保温覆盖物等几部分组成。如图 2-1-1 所示。

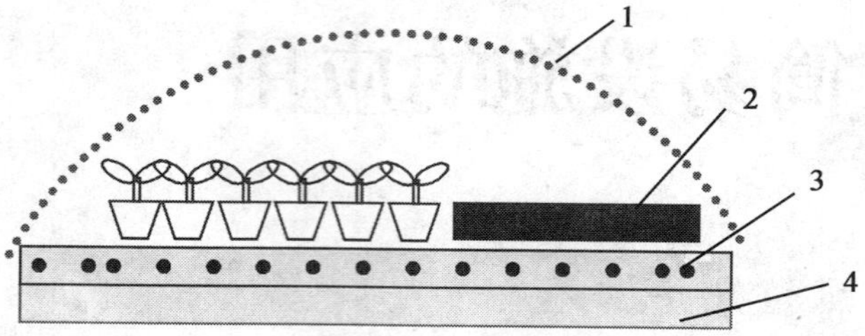

图 2-1-1　电热温床结构示意图

1.薄膜　2.床土　3.电热线　4.隔热层

(二)电热加温设备

(1)电热线　电热线由电热丝、引出线和接头三部分组成。电热丝为发热元件，外面包有塑料绝缘层，具有良好的绝缘和导热作用。国内各厂家生产的电热线长度在 30～100 m，功率 250～1 000 W 不等。

(2)控温仪　为避免人工控制温度出现误差，可使用控温仪自动调节土壤温度。将电热线和控温仪连接好后，将感温触头插入苗床中，当温度低于设定值时，继电器接通，进行加温；当苗床内温度高于或等于设定值时，继电器断开，停止加温。

(3)交流接触器　其主要作用是扩大控温仪的控温容量，见图 2-1-2。当电热线的总功率小于 2 000 W(电流 10 A 以下)时，可不用交流接触器，当电热线总功率大于 2 000 W(电流 10 A 以上)时，应将电热线连接到交流接触器上，由交流接触器与控温仪相连接。

图 2-1-2　交流接触器

(4)电源　主要使用 220 V 交流电源。当功率电压较大时，也可用 380 V 电源，并选择与负载电压相同的交流接触器连接电热线。

(三)电热温床的设计

(1)功率密度　单位苗床或栽培床面积上需要铺设电热线的功率称为功率密度。功率密度的确定应根据作物对温度的要求所设定的地温和应用季节的基础地温以及设施的保温能力而决定。一般早春喜温性果菜育苗功率密度为 80～120 W/m^2。

(2)总功率　即铺设电热温床所使用电热线的功率总和。计算公式为：

$$总功率=苗床总面积\times功率密度$$

每根电热线的额定功率是固定的，根据总功率就可计算出需要几根电热线，计算所得数值应取整数。

$$所需电热线根数=\frac{总功率}{每根电热线的额定功率}$$

(3)计算布线间距　布线前应先根据公式计算电热线的布线行数和布线间距。

$$电热温床面积(1根电热线)=\frac{1根电热线的额定功率(W)}{功率密度(W/m^2)}$$

$$布线行数=\frac{线长(m)-苗床宽度(m)}{苗床长度(m)}$$

$$布线间距=\frac{苗床宽度(m)}{布线行数-1}$$

例如用一根 100 m 长，额定功率为 800 W 的电热线铺设电热温床，选择功率密度 80 W/m^2，则

$$可铺设电热温床面积=\frac{800\ W}{80\ W/m^2}=10\ m^2$$

假设苗床长为 5 m，宽为 2 m，则

$$布线行数=\frac{100-2}{5}\approx20行$$

注：布线行数最好为偶数，以便电热线的引线能在一侧，便于连接。

$$布线间距=\frac{2}{20-1}=0.105(m)=10.5(cm)$$

(四)电热温床的安装步骤

(1)做苗床　温室或大棚中设置电热温床，应选择光照、温度最佳部位。根据计算所得苗床面积，温室在中柱前做东西延长的床，大棚在中间部位做苗床，延长方向与大棚延长方向一致。苗床不要做得太宽，以便于扣小拱棚。床面低于畦埂 10 cm，要求床面平整。无坚硬的土块或碎石。如地温低于 10℃，应在床面上铺 5 cm 厚的腐熟马粪、碎稻草、细炉渣等作隔热层，压少量细土，用脚踩实。

(2)布线　布线前，先在温床两头按计算好的距离钉上长 25 cm 左右的小木棍，地面上留 5 cm 左右挂线。布线一般由 3 人共同操作，1 人持线往返于温床的两端放线，其余 2 人各在温床的一端将电热线绕在木棍上，注意拉紧调整距离，防止电热线松动、交叉或打结(图 2-1-3)。为使苗床内温度均匀，苗床两侧布线距离应略小于中间。电热线要紧贴地面，线的两端最后在同一侧，以便于连接其他电加热设备，还应将电热线与外接导线的

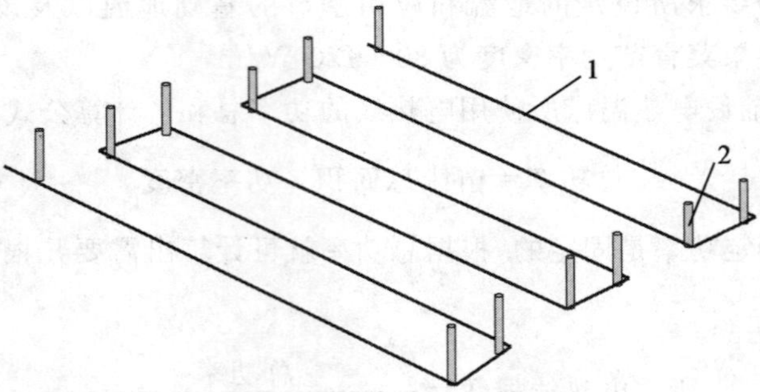

图 2-1-3　电热线绕线示意图

1.电热线　2.小木棍

接头埋入土中。

(3)连接自动控温仪、交流接触器等　当功率<2 000 W(10 A 以下)时，可采用单项接法，直接接入电源或加控温仪，如图 2-1-4a 所示；当功率>2 000 W(10 A 以上)时，采用单项加接触器和控温仪的接法，并装置配电盘(箱)，如图 2-1-4b 所示；如果功率电压较大时可用 380 V 电源，并选用与负载电压相符的交流接触器。为了保持电压宜采用三相四线法。连接时应注意 3 根火线与电热线均匀匹配，见图 2-1-4c 所示。

(4)通电测试　整床电热线布设完毕，通电后各设备正常工作后再断电，准备铺床土。

(5)铺床土　电热线铺好后，根据用途不同，上面铺床土的厚度也不同。如用作播种床，铺 5 cm 厚的床土；移植床，铺 10 cm 厚床土；育苗盘或营养钵直接摆在电热线上。上面扣小拱棚，夜间可加盖草苫、纸被保温，保温效果更好。

(五)电热温床使用注意事项

(1)电热线只用于苗床上加温，可长期在土中使用，不允许整盘做通电试验用。

(2)电热线的功率是额定的，严禁截短或加长使用。

(3)使用一根电热线时，可直接用 220 V 电源，如使用两根或两根以上电热线需用 380 V 电压。多根电热线连接需并联，不可串联。

(4)为确保安全，在电热温床上作业时需切断电源，不能带电作业。

(5)从土中取出电热线时，严禁用力拉扯或铲刨，以防损坏绝缘层。

(6)不用的电热线要擦拭干净放到阴凉处，防止鼠虫咬坏。旧电热线使用时要做绝缘检查。

(六)电热温床的性能及应用

使用电热温床能够提高地温，并可使近地面温度提高 3～4℃。由于地温适宜，幼苗根系发达，生长速度快，可缩短日历苗龄 7～10 d。与其他温床相比，电热温床结构简单，使用方便，省工、省力，一根电热线可使用多年。如与控温仪配合使用，还可实现温度的自动控制，避免地温过高造成的危害。缺点是较为费电。电热温床主要用于冬春园艺植物育苗，以果菜类蔬菜常规育苗和嫁接育苗应用较多。也有少量用于塑料大棚黄瓜、番茄的早熟生产中的临时加温。

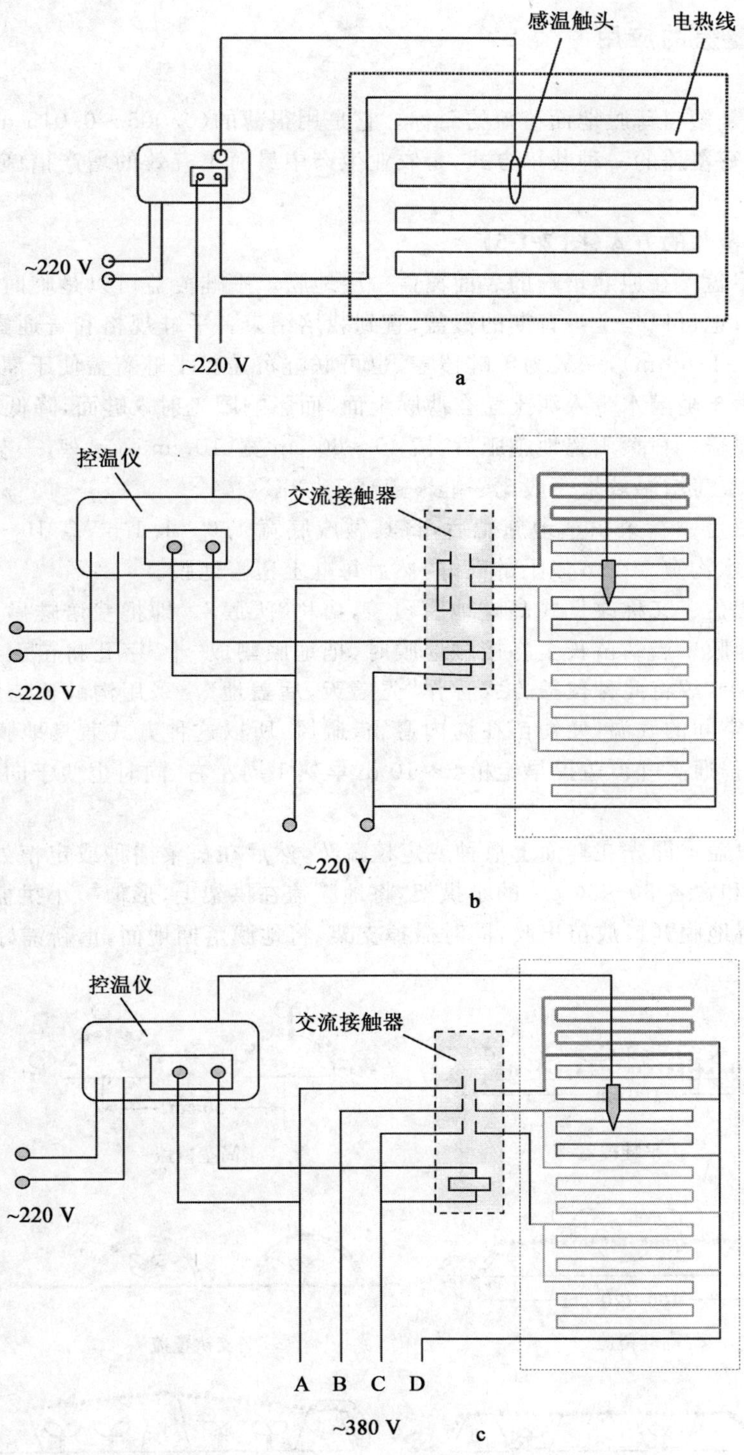

图 2-1-4 电热温床布线示意图

a. 单相加控温仪接线图 b. 单相加控温仪和交流接触器接线图 c. 三相四线接线法

二、地膜覆盖的应用

地膜覆盖是塑料薄膜地面覆盖的简称。它是用很薄的(0.005～0.015 mm)塑料薄膜紧贴在地面上进行覆盖的一种栽培方式，是农业生产中最简单有效的增产措施之一，在世界各国广泛应用。

(一)地膜覆盖的方式(图 2-1-5)

(1)平畦覆盖　在原栽培畦的表面覆盖一层地膜。平畦覆盖可以是临时性的覆盖，出苗后将薄膜揭去；也可以是全生育期的覆盖，直到栽培结束。平畦规格和普通露地生产用畦相同(畦宽 1.00～1.65 m)，一般为单畦覆盖，也可联畦覆盖。平畦覆盖便于灌水，初期增温效果好，但后期由于随灌水带入泥土盖在薄膜上面，而影响阳光射入畦面，降低增温效果。

(2)高垄覆盖　在菜田整地施肥后，按 45～60 cm 宽，10 cm 高起垄，一垄或两垄覆盖一条地膜。高垄覆盖增温效果一般比平畦覆盖高 1～2℃。

(3)高畦覆盖　在菜田整地施肥后，将其做成底宽 1.0～1.1 m，高 10～12 cm，畦面宽 65～70 cm，灌水沟宽 30 cm 以上的高畦，然后每畦上覆盖地膜。

(4)沟畦覆盖　又称改良式高畦地膜覆盖，俗称“天膜”。即把栽培畦做成沟，在沟内栽苗，然后覆盖地膜。当幼苗长至将接触地膜时，把地膜割成“十”字孔将苗引出，使沟上地膜落到沟内地面上，故将此种覆盖方式称作“先盖天，后盖地”。采用沟畦覆盖既能提高地温，也能增高沟内空间的气温，使幼苗在沟内避霜、避风，所以这种方式兼具地膜与小拱棚的双重作用。可比普通高畦覆盖提早定植 5～10 d，早熟 1 周左右，同时也便于向沟内直接追肥、灌水。

(5)支拱覆盖　即先在畦面上播种或定植蔬菜，然后在蔬菜播种或定植处用 8 号铁丝或细竹竿支一高和宽各 30～50 cm 的小拱架，将地膜盖在拱架上，形似一小拱棚。待蔬菜长高顶到膜上后，将地膜开口放苗出膜，同时撤掉支架，将地膜落回地面，重新铺好压紧。

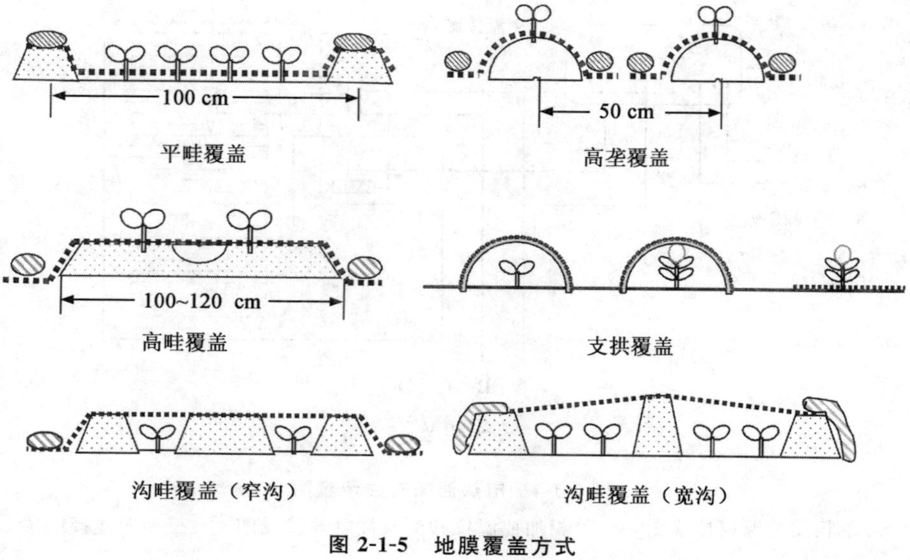

图 2-1-5　地膜覆盖方式

(二)地膜覆盖的方法步骤

(1)覆膜时间。春季地温低,通常在蔬菜定植前 7～10 d 将地膜覆盖好,以促地温回升,这种方法覆膜质量高,定植时打孔(开穴),穴内浇少量水,以防地温降低过多。秋冬、冬春茬温室生产,地温较高,可先定植后盖膜,以保证定植质量。

(2)细致整地,施足底肥。定植前每 667 m^2 撒施优质农家肥 2 000 kg,深耕 40 cm,耙细整平。

(3)造底墒。按照定植行距在定植行下开施肥沟,沟内施入有机肥,用量为 3 000 kg/667 m^2。覆膜前 1 周内逐沟灌水,水渗下后,以施肥灌水沟为中心,起垄或做畦。

(4)做畦。畦面要疏松平整,无大土块、杂草及残枝落叶,用小木板刮光。畦的高度与增温效果有关,高畦增温效果好,但易发生干旱。通常畦高 10～15 cm 为宜。如采用明水沟灌时,应适当缩小畦面,加宽畦沟;如实行膜下软管滴灌时,可适当加宽畦面,加大畦高。

(5)覆膜。露地覆膜(图 2-1-6a)应选无风天气,微风天气应从上风头开始放膜。放膜时,先在畦一端的外侧挖沟,将膜的起端埋住、踩紧,然后向畦的另一端展膜。边展膜,边拉紧、抻平、紧贴畦面,同时在畦肩的下部挖沟,把地膜的两边压入沟内。膜面上间隔压土,压住地膜,防止风害。地膜放到畦的另一端时,剪割断地膜,并在畦外挖沟将膜端埋住。定植后将苗孔四周用土压严,防止风吹揭开。

a. 先覆地膜后定植　　b. 先定植后覆地膜

图 2-1-6　地膜覆盖的方法

也可先定植后覆膜(图 2-1-6b)。定植缓苗后,用木板将畦面刮平刮光,在垄的北端用两个倒放的方木凳将地膜卷架起来,由两个人从垄的两侧把地膜同时拉向温室前底脚,并埋入垄南端土中,返回来在垄北端把地膜割断也埋入土中。最后在每株秧苗处开纵口,把秧苗引出膜外,并固定好地膜,用湿土封严定植口。采用这种先定植后盖地膜的方法,有利于提高定植质量和浇足定植水,还能避免定植处膜孔过大,影响地膜的增温保墒效果。

(三)地膜覆盖性能及应用

(1)提高地温。由于透明地膜易透过短波辐射,而不易透过长波辐射,同时由于地膜的气密性可以减少土壤水分蒸发时的热损耗,因此,白天太阳光大量透过地膜而使膜下地温升高,并不断向下传导而使下层土壤增温。夜间土壤长波辐射不易透过地膜而比露地土壤放热少,所以,地温高于露地。

(2)保墒防涝降湿。地膜覆盖可减少土壤水分蒸发,可较长时间地保持土壤水分的稳定。露地雨季覆盖,由于地膜的阻碍,使雨水渗透较慢,且便于排水,在一定程度上有防涝作用。温室大棚生产中,由于地膜覆盖减少了地面水分蒸发和浇水次数,使棚内空气湿度降低,大大减轻了病害的发生与传播。

(3)改善土壤的理化性状。由于地膜覆盖后能避免因土壤表面风吹、雨淋的冲击,减少了中耕、除草、施肥、浇水等人工和机械操作而造成的土壤板结现象,使土壤通透性良好,孔隙度增加,利于根系的生长。同时,地膜覆盖减少了土壤水分的蒸发量,从而也减少了随水分带到土壤表面的盐分,能防止土壤返盐。

(4)提高土壤肥力。由于地膜覆盖阻隔了降雨,减少了灌溉,减轻了土壤中养分的流失和淋溶。加之所具有的增温保墒和保持土壤通透性作用,因而有利于微生物的增殖,加速腐殖质的分解,使有机质转化成无机质,氨态氮硝化加快,有利于根系吸收。但生育后期和下茬应注意补肥。

(5)增加近地面光照。地膜本身具有反射光的作用,另外由于热气蒸腾的作用在膜下形成一层微细的水滴膜,反光增强,从而增加了近地面光照,有利于植株的光合作用。

(6)防除杂草。目前广泛应用黑色地膜,由于透光率低,膜下杂草因少光而黄化死亡。但黑色地膜增温效果较差,适于夏秋季节覆盖。

鉴于以上优良性能,地膜覆盖广泛应用于露地蔬菜春早熟栽培、地膜小拱棚双膜覆盖栽培和温室大棚冬春栽培,增温保墒作用明显,同时降低棚内空气湿度,减少病虫害的发生。正常情况下,地膜覆盖后直到拉秧。如生育后期遇高温或土壤干旱而无灌溉条件时,应揭开或划破地膜,以充分利用降雨,确保后期产量。连年地膜覆盖,残存的旧膜会造成严重污染,影响下茬作物的耕作和生长。因此,生产结束后,应尽量清除旧膜,运出田外,集中销毁。

三、小拱棚的应用

小拱棚是以竹竿、竹片、钢筋等材料作拱架,塑料薄膜作覆盖物的简易栽培设施。由于其结构简单,取材方便,建造容易,造价低廉,在生产中可根据需要灵活应用,是全国各地应用最普遍、面积最大的保护地设施。

(一)小拱棚的结构类型

小拱棚的拱架可就地取材,用细竹竿、竹片等做拱杆,弯成拱形,两端插入土中。一般宽度1～2 m,高度0.6～0.8 m,长度10 m,两拱间距为0.6～0.8 m,上面覆盖一整块薄膜,四周埋入土中。1 m跨度的小拱棚不设立柱。2 m跨度的小拱棚用细竹竿作拱杆,由于强度低,顶部用一道细木杆作横梁由立柱支撑。小拱棚骨架也可以利用钢筋弯成拱形,两端插入土中,钢筋间距1 m。1 m跨度的小拱棚用ϕ12钢筋,2 m跨度小拱棚用ϕ14钢筋。跨度较大的小拱棚,还应在棚外设压膜线,防止大风揭开棚膜。

(二)小拱棚的建造步骤

(1)选择棚址,确定方位。经过实地调查,根据温室的实际情况选择温光条件较好的位置建造小拱棚;露地则应选择地势平坦、背风向阳、无遮阳的耕地建小拱棚。根据周围环境确定小拱棚的方位和走向。

(2)计算和预算。根据拟建造小拱棚的规格，确定小拱棚的拱高、拱架间距等参数，绘出草图；计算所需骨架材料和棚膜用量；调查市场，做出资金预算。

(3)骨架安装。安装前整理检查所需材料，将竹片或木杆上的枝杈等去除，防止损伤棚膜。然后根据草图在地上划好施工线，然后将拱杆两端插入或挖坑埋入地下，以牢固为度，拱的大小和高度要一致。2 m跨度的小拱棚支好拱架后，要在中间设一排立柱，用铁丝将立柱和拱架绑牢。最后将所有锋利的接头处都用布包好。

(4)扣棚膜。选择晴暖无风的上午扣棚膜，先固定小拱棚的一端，然后拉紧棚膜向前平铺，同时两侧将棚膜埋入土中。露地扣的小拱棚应在拱架两侧设地锚，用于拴压膜线，如图 2-1-7 所示。

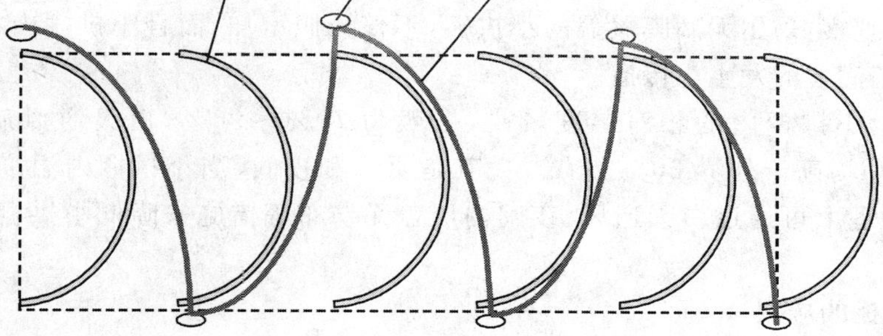

图 2-1-7 小拱棚压膜线的安装

(三)小拱棚的性能

(1)温度　小拱棚的增温能力受到外界温度变化和棚膜特性的影响。通常，早春季节小拱棚的增温能力只有3～6℃。但如果外界光照充足，气温升高时，小拱棚的最大增温能力可达15～20℃。阴天和夜间棚内最低温度仅比露地提高1～3℃。由于小拱棚内空间小，缓冲能力差，温度变化剧烈。一般情况下，昼夜温差可达20℃以上。晴天的中午，小拱棚内的温度可达40℃以上，易发生“烤苗”现象。早春如遇寒流天气，棚内夜间极易发生冻害。小拱棚内温度分布不均匀，无论气温还是地温，都表现为两侧温度低，中间温度高，地温尤其明显。因此，往往造成靠两侧作物矮小、中间又容易徒长的结果。

为防止小拱棚内温度过高，应适时通风。由两侧揭棚膜更容易使边行温度下降，所以必须采取放顶风的方法，才能使棚内温度分布均匀，作物生长整齐。小拱棚放顶风，首先要改进覆盖薄膜方法，用两幅薄膜烙合，每米留出30 cm不烙合，覆盖时烙合缝放在中部。放顶风时，用一根高粱秸把未烙合处支成一个菱形口，闭风时撤掉高粱秸，如图 2-1-8 所示。当外界温度升高后再放底风。放底风先由背风一侧开通风口，经过几天放风后再从迎风一侧开放风口，放几次对流风以后，选好天气大放风。撤膜前先进行几次大放风，使小拱棚内作物逐渐适应外界环境。

冬春用于生产的小拱棚，可通过夜间加盖无纺布、纸被、草苫等外保温覆盖物来提高温度。

(2)光照　由于小拱棚内覆盖的多为普通棚膜，甚至是使用多年的旧棚膜，故透光率较低，棚内光照远远低于露地。为增强小拱棚内的光照，应选用优质棚膜，并经常擦拭，保持其

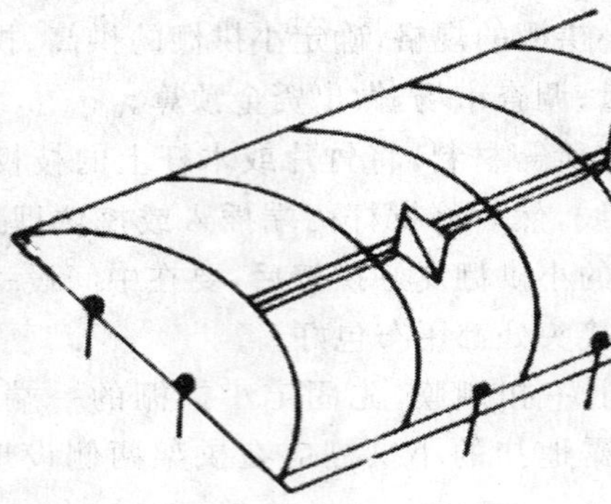

图 2-1-8　小拱棚顶部通风示意图

清洁透光。据观察，采用无滴膜覆盖的小拱棚，不仅光照增加，而且小拱棚内相对湿度大幅度下降，减少了病害的发生与传播。

(3)湿度　小拱棚内的相对湿度较高，一般为 70%～90%，白天通风后湿度可降到 40%～60%，平均高于外界 20%左右。尤其是阴天和夜间，当小拱棚内温度较低时，相对湿度较高。管理上可通过白天通风、夜间内层盖无纺布等措施来降低小拱棚内的湿度，减少病害的发生。

(四)小拱棚的应用

(1)育苗　小拱棚夜间覆盖草苫、纸被等保温材料，可用于早春蔬菜、花卉育苗。也可用于保护建于温室大棚中的苗床，提高苗床温度。

(2)保护越冬蔬菜　在小拱棚保护下进行耐寒性蔬菜越冬栽培，翌年春可提早收获。

(3)短期覆盖栽培　春季提早定植喜温蔬菜幼苗 15～ 20 d，待露地温度适宜后，可将棚膜卷起，当作遮雨棚使用。广泛应用于西瓜、甜瓜、西葫芦、辣椒等蔬菜春提早栽培。

(4)多层覆盖　与温室大棚等大型设施结合使用，冬春季节温度较低时，可在大棚内套小拱棚，起到增温保温的作用。

【工作流程】

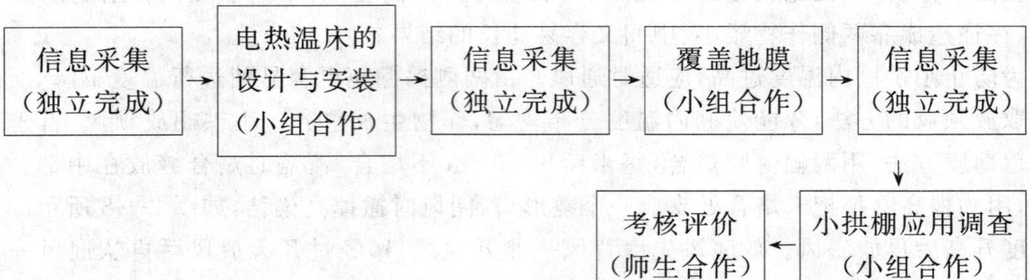

【任务工单】

信息采集单 1

项目：简易设施的应用　　　　　　　　　　姓名：　　　　　　　　　　时间：

任务名称	电热温床信息采集
目的要求	通过学生自主学习和教师讲解答疑，了解电热温床的结构和性能，掌握电热温床的设计和安装方法。
问题一　绘图说明电热温床的结构。	
问题二　使用电热温床应注意哪些问题？	
问题三　现有一根长 100 m，额定功率为 1 000 W 的电热线，设定功率为 100 W/m^2，计算其可铺设的苗床面积，设苗床宽度为 1.0 m，计算出布线行数及布线间距。	

指导教师签字：

生产实训技能单1

项目：简易设施的应用　　　　　　　　姓名：　　　　　　　　时间：

任务名称	电热温床的设计与安装
目的要求	熟悉电热温床的工作原理，能够独立设计并合作安装电热温床，熟练掌握自动控温仪和电热线的连接方法，会使用和连接交流接触器。根据信息采集单中问题三所给出的任务，设计并安装一个电热温床。
材料用具	100 m长的电热线、自动控温仪、交流接触器、电源、配电盘、电工工具(每组1套)；马粪、炉渣、营养土、细沙、常用农具等。

方法步骤	注意事项
1. 电热温床的设计 根据问题三的计算结果，绘制电热温床布线示意图。 (另附绘图纸)	
2. 做苗床 (1)选址 (2)做畦埂，整平畦面 (3)铺隔热层	
3. 布线和连接控温仪等设备 (1)插木棍 (2)绕线 (3)连接控温仪等设备	
4. 通电、铺床土 (1)通电检测 (2)铺床土	

	考核项目	分值	得分
考核标准	电热温床技术参数的计算和布线图绘制	30分	
	按规格制作苗床，畦埂整齐，床面平整	10分	
	正确安装电热线，松紧适度，无缠绕、打结	20分	
	正确连接电源、控制仪、交流接触器等设备	20分	
	按要求完成通电检测、铺床土任务	20分	
	合　计	100分	

指导教师签字：

信息采集单 2

项目：简易设施的应用　　　　姓名：　　　　时间：

任务名称	地膜覆盖信息采集
目的要求	通过学生自主学习和教师讲解答疑，了解地膜覆盖的方式和性能，掌握常用地膜覆盖的方法和应用注意事项。
问题一　绘图说明地膜覆盖常用的几种方式。	
问题二　地膜覆盖有哪些作用？	
问题三　怎样确定覆膜时间？	

指导教师签字：

生产实训技能单 2

项目：简易设施的应用　　　　姓名：　　　　时间：

任务名称	覆盖地膜	
目的要求	了解地膜覆盖的基本方式和性能，能根据生产实际情况确定覆膜时间，能根据要求小组合作完成地膜覆盖任务。	
材料用具	待覆膜的栽培畦；地膜；刀片、常用农具等。	
方法步骤		注意事项
1. 确定覆膜时间 (1)先覆膜，后定植 (2)先定植，后覆膜		
2. 先覆膜，后定植 (1)修理畦面 (2)展膜、平铺 (3)压实		
3. 先定植，后覆膜 (1)修理畦面 (2)展膜、平铺、两端固定 (3)割口引苗 (4)固定地膜两侧并封闭定植口		

考核标准	考核项目	分值	得分
	根据实际情况，确定覆膜时间	20 分	
	按要求在无苗的畦面上覆地膜，膜面平整，压实牢固	30 分	
	按要求在定植后的畦上覆地膜，覆盖整齐、迅速	30 分	
	幼苗无损伤，定植孔小，且封闭严实	20 分	
	合　计	100 分	

指导教师签字：

信息采集单 3

项目：简易设施的应用　　　　姓名：　　　　时间：

任务名称	小拱棚信息采集
目的要求	熟悉小拱棚的结构类型和性能，掌握小拱棚的设计建造方法，能在生产中正确应用小拱棚进行育苗或反季节栽培。
问题一　简要说明小拱棚的结构尺寸和主要类型。	
问题二　简述小拱棚的建造步骤。	
问题三　小拱棚内的小气候环境有何特点？生产应用中怎样扬长避短？	

指导教师签字：

田间调查作业单

项目：简易设施的应用　　　　　　　　姓名：　　　　　　　　时间：

<table>
<tr><td>任务名称</td><td colspan="3">小拱棚应用情况调查</td></tr>
<tr><td>目的要求</td><td colspan="3">考察学校周边的无公害蔬菜生产基地或农户，调查小拱棚的类型、应用面积及用途。</td></tr>
<tr><td>材料用具</td><td colspan="3">无公害蔬菜生产基地。</td></tr>
<tr><td>基地名称</td><td></td><td>地　址</td><td></td></tr>
<tr><td>小拱棚应用面积</td><td></td><td>小拱棚骨架材料</td><td></td></tr>
<tr><td>小拱棚规格尺寸</td><td colspan="3"></td></tr>
<tr><td>小拱棚用途</td><td colspan="3"></td></tr>
<tr><td>基地名称</td><td></td><td>地　址</td><td></td></tr>
<tr><td>小拱棚应用面积</td><td></td><td>小拱棚骨架材料</td><td></td></tr>
<tr><td>小拱棚规格尺寸</td><td colspan="3"></td></tr>
<tr><td>小拱棚用途</td><td colspan="3"></td></tr>
<tr><td>基地名称</td><td></td><td>地　址</td><td></td></tr>
<tr><td>小拱棚应用面积</td><td></td><td>小拱棚骨架材料</td><td></td></tr>
<tr><td>小拱棚规格尺寸</td><td colspan="3"></td></tr>
<tr><td>小拱棚用途</td><td colspan="3"></td></tr>
</table>

指导教师签字：

拓展学习作业单

项目：简易设施的应用　　　　　　　　　　　　姓名：　　　　　　　　　　　　时间：

任务名称	农用无纺布的应用
目的要求	通过查找资料和自主学习，了解农用无纺布的特性及其在蔬菜生产中的应用情况。
1. 什么是农用无纺布？	
2. 农用无纺布有哪些种类和规格？	
3. 简述农用无纺布的性能。	
4. 简述农用无纺布在蔬菜生产中的应用情况。	

指导教师签字：

【项目评价】

项目完成情况综合评价表

学生姓名：　　　　　　　　　　　　　　　　　　　　　　　　　　　　评价时间：

项目名称	简易设施的应用			
评价内容	评分标准	分数	得分	备注
信息采集	信息全面、可靠，条理清晰	30		教师评价
电热温床的设计与安装	正确设计电热温床，熟练安装并正确连接电加热设备	20		教师评价
覆盖地膜	按要求完成地膜覆盖任务，做到膜面平整、固定坚实	20		教师评价
小拱棚应用调查	按要求完成调查任务并完成作业单	10		教师评价
工作态度	态度端正，积极热情	10		自我评价
团结协作	擅于与他人合作	10		组内互评
合　　计		100		

【课外阅读】

多功能地膜

1. 防虫杀草地膜

防虫膜：将环保型杀虫剂制成的高效、广谱、缓释型杀虫塑料助剂，按一定比例添加混合于聚乙烯原料中，生产出环保多功能防虫膜。该农膜覆盖于田间接触空气后，即释放出驱虫杀虫分子，采用触杀和熏蒸达到预防和减少虫害的目的。

杀草膜：薄膜制作过程中掺入除草剂，覆盖后，凝结水溶解膜内的除草剂，而后滴入土壤，或在杂草触及薄膜时被除草剂杀死。此种地膜国外有应用，我国仍处于试制阶段。由于蔬菜专用除草剂少，因此受到限制。

2. 反光避蚜膜

银色膜：将铝粉薄薄地镀在膜两面或在树脂中掺入2%～3%的铝粉，制成含铝膜。具有隔热反光作用，反光强，增温效果差。

双面膜：一面是银灰色，另一面是黑色的地膜。覆盖时银灰色朝上，黑色朝下，可同时起到避蚜和抑草的作用。

3. 环保地膜

耐候易清除地膜：地膜强度高，寿命长，耐候性好，使用后80%可清除，对防止残留有显著效果。

降解地膜：包括光降解、生物降解及光—生物降解地膜。在光和土壤微生物等自然条件下可自行崩坏降解成碎片。但尚存在一些缺点，如使用期短，增温效果差等。

液态地膜：液态地膜是在沥青中加入了特殊的添加剂混合而成的一种乳剂。使用时将液态地膜的水溶液用压力喷雾器喷施于地表，干燥后即可形成多分子层化学保护膜，既能固结表土，又能抑制土壤水分的蒸发，达到保墒和增温的效果。液态地膜成膜后，植物幼苗可直接破膜而出，不必人工破膜，生长期结束后可自然降解。

Project 2

项目二

越夏栽培设施的应用

知识点

遮阳网的构造和规格；遮阳网的覆盖方式；遮阳网的应用效果和应注意事项；防虫网的构造和规格；防虫网覆盖的方式；防虫网的应用效果和应注意事项；防雨棚的结构和应用效果。

技能点

覆盖遮阳网；覆盖防虫网；防雨棚建造。

【技术资料】

一、遮阳网覆盖

遮阳网又称寒冷纱或凉爽纱，夏秋高温季节利用遮阳网覆盖进行蔬菜生产或育苗，具有遮光、降温、抗暴风雨、减轻病虫害等功能，是蔬菜生产中克服高温的一种有效的栽培设施。

(一)遮阳网的构造和规格

遮阳网是以优质聚烯烃树脂为原料，并加入防老化剂和各种色料，溶化后经拉丝编织成的一种重量轻、强度高、耐老化、体积小、使用寿命长的网状农用覆盖材料。遮阳网以纬经25 mm(一个密区)编丝根数为依据，可分为以下五种：8 根网，10 根网，12 根网，14 根网和 16根网。编丝根数越多，遮光率越大，纬向拉伸强度也越强，但经向拉伸强度差别不大。编织的质量、厚薄、颜色也会影响遮光率。

目前生产中使用的遮阳网有黑、银灰、白、黑绿等颜色，遮光率在 30%～90%，应用较多的是 35%～65%的黑网和 40%～55%的银灰网。遮阳网的幅宽有 90 cm、150 cm、160 cm、200 cm、220 cm 和 250 cm 等规格。使用寿命一般在 3～5 年。

(二)覆盖方式(图 2-2-1)

(1)浮面覆盖　主要用于高温季节叶菜类播种后或果菜类定植后，将遮阳网直接盖在播种畦或作物上，避免中午前后强光直射，又能获得傍晚短时间的“全光照”，出苗后不徒长，有利于齐苗和壮苗，出苗率和成苗率可提高 20%～60%。

(2)小拱棚覆盖　利用小拱棚架，或临时用竹片(竹竿)做拱架，上用遮阳网全封闭或半

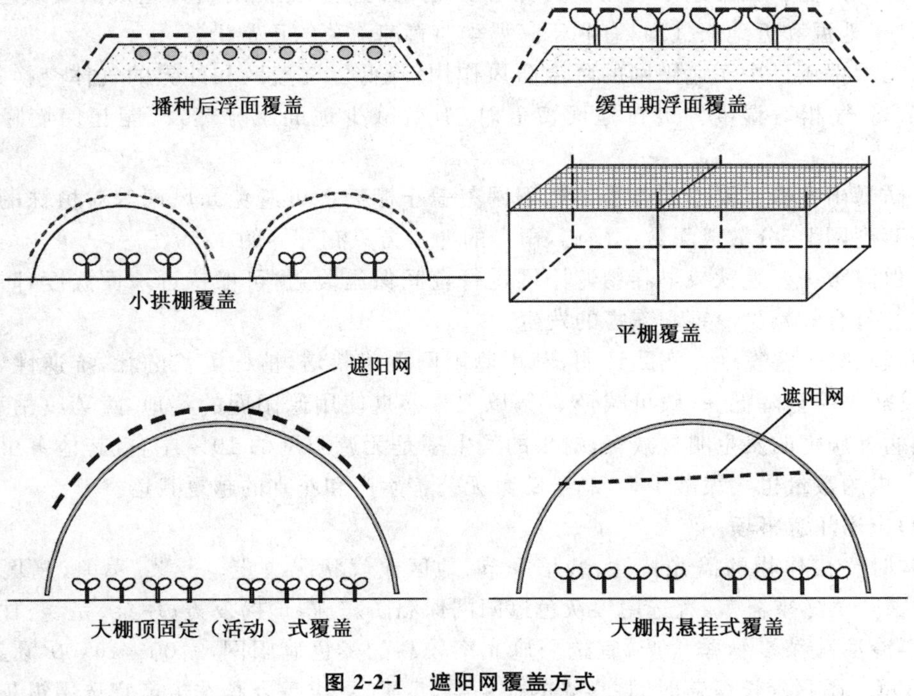

图 2-2-1　遮阳网覆盖方式

封闭覆盖，根据天气情况合理揭盖。可用于芹菜、甘蓝、花菜等出苗后防暴雨遮强光栽培，或茄果类、瓜类等蔬菜越夏栽培、育苗，及萝卜、大白菜、葱蒜类蔬菜的早熟栽培。

（3）平棚覆盖　用角铁、木桩、竹竿、绳子搭成简易的水平棚架，上用小竹竿、绳子或铁丝固定遮阳网，棚架高度和栽培畦宽度可依需要而定。早、晚阳光直射畦面，有利于光合作用，防徒长，中午防止强光，多为全天候覆盖，可用于各种蔬菜的越夏栽培。

（4）大（中）棚覆盖　通常利用 6 m 跨度的棚架，保留大棚顶部棚膜，拆除底脚围裙，将遮阳网按覆盖宽度缝合好，直接盖在棚顶上。可将遮阳网两侧均固定于骨架进行固定式覆盖或一侧固定进行活动式覆盖(图 2-2-2)，也可在棚内进行悬挂式覆盖。这种覆盖方式多用于甘蓝、芹菜等的夏季覆盖育苗。

图 2-2-2　塑料大棚覆盖遮阳网

（三）遮阳网的应用效果

（1）遮光降温。覆盖遮阳网能够削弱光强，有效防止强光照对蔬菜造成的负效应。同时显著降低了地温和近地面气温，有利于高温季节喜凉蔬菜的正常生长。

（2）增湿保墒。由于遮阳网的降温防风作用，降低了覆盖区和外界的气体交换速度，明显提高了空气相对湿度。进行地面覆盖时，有效减少地面水分蒸发，能起保墒降地温的作用。

（3）防暴雨冲击。夏季高温季节遮阳网覆盖于棚架上可避免暴风雨等对植株的冲击损害，暴雨落到网上，分散成无数小雨滴，雨点的冲击力只有外界的 1/50。

（4）保温防霜。晚秋或早春用遮阳网进行夜间保温覆盖，可保持近地面温度，防止和减轻霜冻危害，有效减少冷害和冻害的发生。

（5）减轻病虫害发生。实践证明，利用遮阳网覆盖栽培，植株生长健壮，抗逆性增强，病毒病的发病率明显降低，一般可减轻 50%以上。盛夏使用遮阳网的菜地，蔬菜纹枯病、病毒病、青枯病等病害的发生明显减轻，蚜虫的发生率是无遮阳网的 10%左右，其他害虫特别是迁飞性害虫的数量也大大减少，有利于蔬菜无公害生产和花卉的越夏栽培。

（四）应用注意事项

选购时要按作物的需光特性、栽培季节、地区天气状况决定。菠菜、莴笋、乌塌菜等耐寒、半耐寒叶菜冬季覆盖，宜选用银灰色遮阳网保温防霜冻，日揭夜盖；芹菜、芫荽、甘蓝及葱蒜类等喜冷凉蔬菜夏秋季生产，宜选用遮光率较高的黑色遮阳网，9:00—16:00 覆盖，如气温高于 35℃，还可延长覆盖时间；喜光的茄果类、瓜类、豆类等夏秋季生产宜选用银灰色遮阳网；防蚜虫、病毒病，最好选银灰网或黑灰配色遮阳网覆盖；全天候覆盖的，宜选用遮光率低于40%的遮阳网或黑、灰配色网；夏秋季育苗或缓苗短期覆盖，多选用黑色遮阳网覆盖，育苗后期要卷起网炼苗。

当需将窄幅网拼接使用时，应用尼龙线缝合，切勿用棉线或市售包扎塑料绳，防止使用过程中因老化而断裂。

二、防虫网覆盖

利用防虫网覆盖栽培能有效地将害虫阻隔在网外，防止虫害的发生，大幅度减少化学农药的使用量，是实现夏季蔬菜无公害栽培的有效措施之一。

(一)防虫网的构造和规格

防虫网是以高密度聚乙烯为主要原料，经拉丝编织而成的一种形似窗纱的新型覆盖材料，具有抗拉强度大，抗紫外线，耐腐蚀、耐老化等性能。目前防虫网按网格大小有20目、24目、30目、40目，幅宽有100 cm、120 cm、150 cm等规格。蔬菜生产中为防止害虫迁飞以20目、24目最为常用。使用寿命3～4年，色泽有白色、黑色和银灰色等。

(二)覆盖方式

(1)完全覆盖　完全覆盖是指利用温室、大中棚、平棚、小拱棚骨架，用防虫网将其完全封闭的一种覆盖方式。

(2)局部覆盖　局部覆盖只在通风口门窗等部位设置防虫网；或在大棚顶部用塑料薄膜覆盖，四周裙边用防虫网的覆盖栽培。

(三)防虫网的应用效果

(1)调节温度和湿度。防虫网为半透明覆盖物，具有一定的增温保温作用。早春季节，防虫网覆盖棚内比露地气温高1～2℃，5 cm地温比露地气温高0.5～1℃，能有效防止霜冻。覆盖防虫网，在一定程度上降低了棚内水蒸气的逸散，使得网内相对湿度比露地高5%左右，浇水后高近10%。

(2)遮光作用。防虫网具有一定的遮光效果，如25目白色防虫网的遮光率15%～25%，银灰色防虫网为37%，灰色防虫网可达45%，夏季选用银灰色灰色防虫网可同时起到遮阴和防虫的作用。

(3)防雨抗风。覆盖防虫网后，由于其网眼小、强度高，暴雨经防虫网撞击后，降到网内已成蒙蒙细雨，冲击力减弱，有利于蔬菜的生长。据测定，25目防虫网下，大棚中风速比露地降低15%～20%。30目防虫网下，风速降低20%～25%，因而防虫网覆盖可减轻天气灾害对蔬菜的损伤。

(4)保护天敌。防虫网构成的生活空间，为天敌的活动提供了较理想的环境，又不会使天敌逃逸到外围空间去，这为应用推广生物治虫技术创造了有利条件。

(四)应用注意事项

(1)覆盖前棚内彻底消毒。防虫网覆盖前应对棚室进行彻底消毒，杀死残留在土壤中的病菌和害虫，切断设施内的虫源，同时清除杂草。

(2)选择适宜的种类和规格。根据蔬菜地的情况和不同作物、季节的需要来选择防虫网的幅宽、孔径、丝径、颜色等。孔径目数过少，网眼过大，起不到应有的防虫效果；孔径目数过多，网眼过小，防虫效果好，但遮光多，对蔬菜的生长不利。目前较为适宜的是20～25目，丝径0.18 mm，幅宽1.2～3.6 m，白色。如果需加强防虫网的遮光效果，可选用银灰色或灰色及黑色的防虫网。

(3)采用适当覆盖方式。全网覆盖和网膜覆盖均有避虫、防病、增产等作用，但对各种异常天气适应能力不同，应灵活运用。在高温、少雨、多风或强台风频发的夏秋天，应采用全网覆盖栽培。在梅雨季节或连续阴雨天气可采用网膜覆盖栽培。

(4)全程封闭管理。安装防虫网时四周要用土压严实，防止害虫潜入产卵；为防止暴风雨将防虫网吹开，安装时最好用压膜线固定；安装后要仔细检查整幅防虫网有无破损，发现防虫网上有孔洞和缝隙要及时修补；防虫网遮光率低，可全程覆盖，生产结束前不能随意揭开；管理人员出入时，一定要迅速关闭入口，防止害虫迁飞；加强管理，防止植株生长旺盛期叶面接触防虫网，导致网外害虫取食和产卵。

(5)防高温危害。高温季节生产，网内温度容易偏高，可通过加盖遮阳网遮阴降温。也可通过增加浇水次数，保持网内湿度，以湿降温。

(6)妥善保管防虫网。防虫网田间使用结束后，应及时收下，洗净，吹干，卷好，以延长使用寿命，减少折旧成本，增加经济效益。

三、防雨棚

防雨棚是指雨季利用塑料薄膜等覆盖材料，扣在大棚或小棚顶部，使棚内蔬菜作物免受雨水直接淋洗的栽培设施。高温雨季为病虫多发季节，蔬菜作物很难正常生长，利用防雨棚栽培能有效地防止高温涝害，避免土壤养分流失和土壤板结，促进根系发育，防止作物倒伏。同时，可有效地防止土壤和空气湿度过大而造成的病害流行，从而使蔬菜作物获得优质高产。

根据所利用的棚架不同，防雨棚可分为大棚型、小拱棚型和温室型防雨棚。大棚型防雨棚即夏季不拆除棚顶薄膜，只拆除四周围裙，以利通风，四周也可挂防虫网防虫，可用于各种蔬菜的越夏栽培。小拱棚型防雨棚主要用作西瓜、甜瓜的早熟栽培，前期闭棚保温进行促成栽培，后期两侧通风，保留顶部棚膜遮雨，避免花期遭受雨淋，可有效提高坐果率。广州等南方地区多台风、暴雨，可建立玻璃温室状防雨棚，顶部为玻璃屋面，四周玻璃开启通风，用作夏菜育苗或栽培。

【工作流程】

信息采集（独立完成）→ 越夏栽培设施思维导图（小组合作）→ 遮阳网遮阳效果调查（小组合作）→ 考核评价（师生合作）

【任务工单】

信息采集单

项目：越夏栽培设施的应用　　　　姓名：　　　　时间：

任务名称	遮阳网、防虫网和防雨棚信息采集
目的要求	了解遮阳网、防虫网的规格和应用效果，掌握三种越夏栽培设施的覆盖方式和应用注意事项。
问题一　简述遮阳网、防虫网和防雨棚的应用效果。	
问题二　应用遮阳网应注意哪些问题？	
问题三　应用防虫网应注意哪些问题？	

指导教师签字：

工作计划单

项目:越夏栽培设施的应用　　　　　　　　　　姓名:　　　　　　　　　　时间:

任务名称	绘制越夏栽培设施思维导图
目的要求	根据所学知识,以小组为单位,设计并绘制越夏栽培设施思维导图,并能根据该图熟练讲解越夏栽培设施的应用的相关内容。
绘制草图:	

指导教师签字:

田间调查作业单

项目:越夏栽培设施的应用　　　　　　　　姓名:　　　　　　　　时间:

任务名称	遮阳网应用效果调查		
目的要求	考察遮阳网覆盖的温室大棚,调查所有遮阳网的规格、类型、价格、覆盖方式和使用年限等信息,并测量覆盖条件下光照、温度、湿度等环境条件的变化(隔天测 1 次,连续测量 3 次)。		
材料用具	遮阳网,照度计,酒精温度计,套管地温计,干湿球温度计。		
遮阳网规格型号			
生产厂家		价格	
使用年限		覆盖方式	

遮阳网应用效果调查

测量指标	遮阳网内	遮阳网外	内外差值	测量指标	遮阳网内	遮阳网外	内外差值
光照度				空气湿度			
气温				10 cm 地温			
测量指标	遮阳网内	遮阳网外	内外差值	测量指标	遮阳网内	遮阳网外	内外差值
光照度				空气湿度			
气温				10 cm 地温			
测量指标	遮阳网内	遮阳网外	内外差值	测量指标	遮阳网内	遮阳网外	内外差值
光照度				空气湿度			
气温				10 cm 地温			

指导教师签字:

【项目评价】

项目完成情况综合评价表

学生姓名：　　　　　　　　　　　　　　　　　　　　　　　　　　评价时间：

项目名称	越夏栽培设施的应用			
评价内容	评分标准	分数	得分	备注
信息采集	信息全面、可靠，条理清晰	20		教师评价
思维导图设计与讲解	思维导图绘制合理，讲解效果好	30		教师评价
遮阳网应用效果调查	按要求完成调查任务并完成作业单	30		教师评价
工作态度	态度端正，积极热情	10		自我评价
团结协作	擅于与他人合作	10		组内互评
	合　计	100		

【课外阅读】

遮阳降温涂料

近年来，为避免夏季高温对蔬菜生长造成的伤害，一种遮阳降温涂料开始在温室大棚上推广使用。该产品使用方便，用喷雾器喷洒在大棚的外表面后，可形成白色涂层，将不利于作物生长的直射光转变为散射光，使作物生长环境明显改善。大棚的遮光率和降温程度可通过涂料的浓度来调节。一般遮阳率在20%～80%，降温幅度在5～12℃。实践证明，温室大棚表面喷洒遮阳降温涂料后，有效降低了棚内的光照强度和温度，缓解了高温强光对蔬菜生长的不良作用，大大减轻了病毒病的发生。如图2-2-3所示。

图2-2-3　喷布降温涂料的温室

高温期过后，棚膜上的涂料会逐渐降解，被雨水冲淋干净。如果需要提前去除涂料，也可用刷子刷净。

Project 3

项目三

塑料大棚的应用

知识点

塑料大棚的骨架结构和规格尺寸；塑料大棚的常见类型；塑料大棚的小气候环境特点。

技能点

棚膜的安装与固定；塑料大棚小气候环境调控。

【技术资料】

塑料大棚，又称冷棚，20 世纪 60 年代中后期发展起来的蔬菜栽培设施。用竹木、钢筋、钢管等材料支成拱形或屋脊形骨架覆盖薄膜而成，一般高 2～3 m，宽 8～15 m，长 30～60 m，占地 300 m^2 以上。由于其造价低、见效快，在全国各地广泛应用。主要用于蔬菜早春育苗和反季节栽培。在北方寒冷地区，大棚没有外保温设备，不能越冬生产，但是可进行蔬菜的提前延后栽培，经济效益较高。在南方气候温暖的地区，利用塑料大棚可进行蔬菜越冬栽培。

一、塑料大棚的结构规格

(一)骨架结构

大棚的骨架是由立柱、拱杆(架)、拉杆、压杆(压膜线)等部件构成，俗称“三杆一柱”(图 2-3-1)。立柱是竹木大棚的主要支柱，承受棚架、棚膜的重量及雨雪荷载及风压，由于棚顶重量较轻，使用的支柱不必太粗(可选用直径 6～7 cm 的杂木杆)，但立柱的基部要以砖、石等作柱脚石，或用“横木”，以防大棚下沉或被拔起。立柱埋置深度 50 cm 左右。钢铁骨架的大棚可取消立柱而采用拱架。拱杆(架)是支撑棚膜的骨架，横向固定在立柱上，呈自然拱形。两端插入地下，两个拱杆的间距为 1 m 左右。拉杆又称“纵梁”，其作用是纵向连接立柱，固定拱杆，使整个大棚拱架连成一体。钢架结构大棚以钢筋作拉杆，连接拱架下弦。竹木大棚可在拉杆上设小立柱支撑拱架，以减少立柱数量，称“悬梁吊柱”。棚架覆盖薄膜之后，在两根拱杆之间加上一根压杆或压膜线，压成瓦垄状，以利抗风排水。大棚两端设门，作为出入口及通风口。

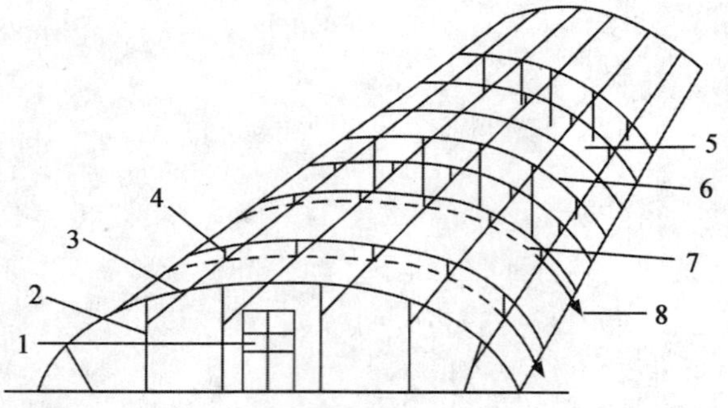

图 2-3-1　竹木结构大棚示意图

1. 门　2. 立柱　3. 拉杆(纵梁)　4. 吊柱　5. 棚膜　6. 拱杆　7. 压杆(压膜线)　8. 地锚

(二)规格尺寸

(1)面积　单栋大棚的面积以 300～600 m^2 为宜，一般不超过 1 000 m^2。

(2)跨度　塑料大棚的跨度多为 8～15 m。跨度太大通风换气不良，并增加了设计和建棚的难度。大棚跨度越小，棚两侧的低效区面积比例越大，因为北方地区外界温度较低，棚的边缘影响大，故大棚跨度较大，以降低低效区比例；南方地区因为温度不是很低，跨度较小，棚面弧度较大，有利于排水。一般黄淮地区多为 6～8 m，北京地区 8～10 m，东北地区 10～12 m。

(3)长度　以 30～60 m 为宜。太长运输管理不便。通常认为长宽比等于或大于 5 比较适宜。

(4)高度　以 2.2～3.0 m 为宜。棚越高,承受的风荷载越大,越易损坏。

(5)高跨比　大棚高跨比即大棚的矢高与跨度的比值(f/l),计算方法如图 2-3-2 所示。高跨比的大小影响拱架强度。大棚的高跨比以 0.25～0.3 为宜。低于 0.25 则棚面平坦,薄膜绷不紧,压不牢,易被风吹坏;同时,积雪也不能下滑,降雨易在棚顶形成"水兜",造成超载塌棚或压坏薄膜。超过 0.3,棚体高大,需建材较多,相对提高造价。

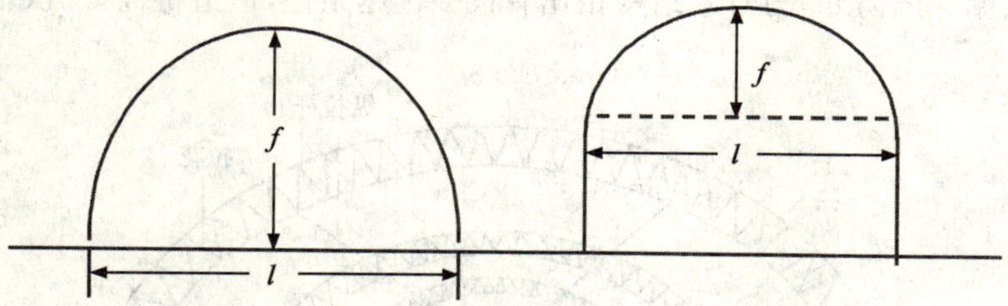

图 2-3-2　大棚高跨比的计算方法

f.矢高　l.跨度

(6)拱架间距　两排拱架间距一般以 1～1.2 m 为宜,竹木结构 1 m 为宜,钢架结构 1.2 m。这样的间距不仅有利于保证拱架强度,还有利于在棚内相应做成 1～1.2 m 宽的畦,充分利用土地。钢管大棚由于没有下弦,强度小,所以拱架间距多在 50～60 cm。

二、塑料大棚的类型

按照大棚的骨架材料划分,塑料大棚可以包括以下几种类型。

(一)竹木结构大棚

跨度 12～14 m,高 2.2～2.4 m,长 50～60 m,以直径 3～6 cm 的竹竿作拱杆,拱杆间距 1 m,6 排立柱支撑,柱间距 2～3 m,棚面呈拱圆形,两边立柱向外倾斜呈 60°～70°角,以增加支撑力。立柱下边 20 cm 处用拉杆纵向连接。扣膜后两个拱架之间用 8 号线作压膜线。这种大棚的优点是取材方便,造价低,易建造。缺点是立柱太多,遮光严重,作业不便。为减少立柱,可改每排拱杆设 6 根立柱为每 3～5 排拱杆设 6 根立柱,不设立柱的拱杆在拱杆与拉杆之间设小吊柱支撑。悬梁吊柱大棚与多柱大棚的棚面形状、结构基本相同,不同处是减少了 2/3～4/5 立柱,减少了遮光部分,又便于作业(图 2-3-3)。这种类型的大棚应用较为普遍。

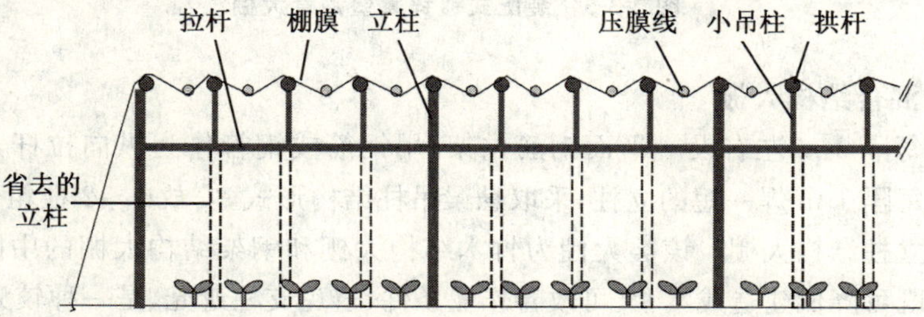

图 2-3-3　悬梁吊柱结构大棚纵切面示意图

(二)钢架无柱大棚

跨度 8～15 m,高度 2.5～3.0 m,拱架间距 1 m。拱架是用钢筋、钢管或两者焊接而成的平面桁架。拱架上弦用 ϕ16 钢筋或 6 分钢管,下弦用 ϕ12 钢筋,腹杆用 ϕ10 钢筋。骨架底脚焊接在地梁上,下弦处用 ϕ14 钢筋作拉杆,将拱架连成整体。为了节省钢材,每 3 m 设一带下弦的拱架,中间用 6 分镀锌钢管作拱杆,用两根 ϕ10 钢筋作斜撑,钢筋上端焊接在 6 分镀锌管上,下端焊接在纵向拉筋上。这种大棚骨架坚固耐用,遮光部分少,作业方便,可增设天幕或扣小拱棚保温防寒,与竹木结构相比有很多优越条件,但造价高,一次性投资较大(图 2-3-4)。

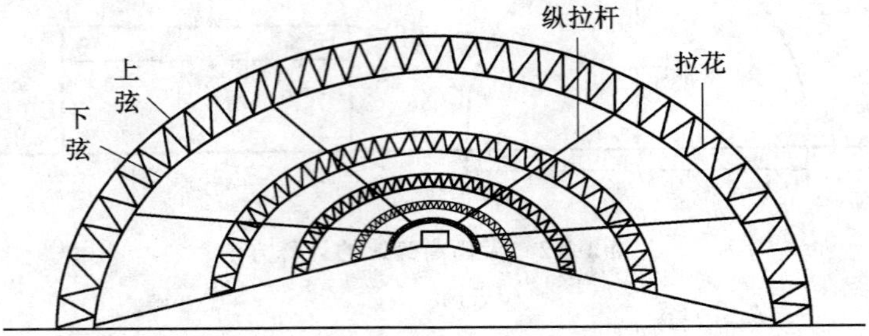

图 2-3-4 钢架无柱大棚

(三)钢管装配式大棚

具有一定的规格标准。一般跨度 6～8 m,高度 2.5～3.0 m,长 30～60 m,拱架是用两根薄壁镀锌管对接弯曲而成,拱架间距 50～60 cm,纵向用薄壁镀锌钢管连接。骨架所有连接处都是用特制卡具固定连接(图 2-3-5)。这种大棚除具有重量轻、强度好、耐锈蚀、中间无柱、采光好、作业方便等优点外,还可根据需要自由拆装,移动位置,改善土壤环境,同时其结构规范标准,可大批量工厂化生产。缺点是造价高。

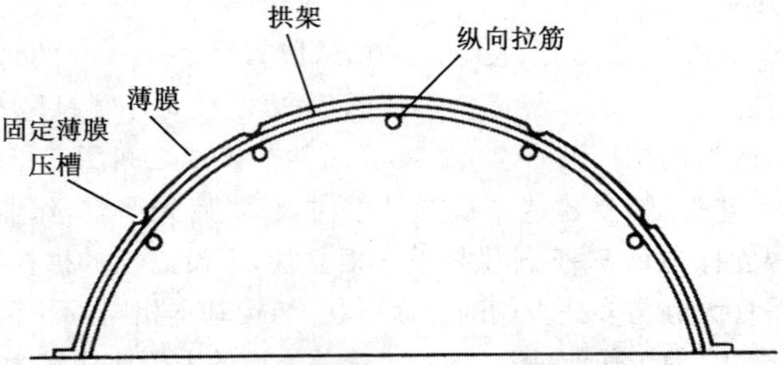

图 2-3-5 装配式镀锌薄壁钢管大棚

(四)钢竹混合结构大棚

这种大棚每隔 3 m 左右设一平面钢筋拱架,用钢筋或钢管作为纵向拉杆,将拱架连成一体。在拉杆上每隔 1 m 焊一短的立柱,采取悬梁吊柱结构形式,安放 1～2 根粗竹竿作拱架,建成无立柱或少立柱结构大棚。该类大棚为竹木结构大棚和钢架结构大棚的中间类型,用钢量少,棚内无柱,既可降低建造成本,又可改善作业条件,避免支柱遮光,是一种较为实用的结构。

(五)拉筋吊柱大棚

一般跨度 12 m 左右,长 40～60 m,矢高 2.2 m,肩高 1.5 m。水泥柱间距 2.5～3 m,水泥柱

用6号钢筋或钢丝绳纵向连接成一个整体，在拉筋上穿设长吊柱支撑拱杆，拱杆用直径3 cm的竹竿或竹片，间距1 m。优点是建造简单，用钢量少，支柱少，作业也比较方便。由于骨架坚固，夜间可以在棚上面盖草帘覆盖保温，提早和延迟栽培果菜类效果好。如图2-3-6所示。

图 2-3-6　水泥柱钢丝绳拉筋悬梁吊柱大棚

三、塑料大棚棚膜的安装

用于春季生产的大棚，扣膜时间越早越好，也可扣越冬棚，这样翌年春季棚内土壤化冻早，升温快。入冬土壤封冻前，大棚周围挖好埋塑料薄膜的沟，取出土堆放在沟外侧，冬季降雪后要清除积雪，以免再扣薄膜作业不方便，还会因积雪融化后造成棚内土壤湿度太大，影响生产的进行。扣棚膜时，应选无风或微风的晴天进行。

目前我国生产的棚膜类型较多，按生产薄膜树脂原料分为聚乙烯(PE)薄膜，聚氯乙烯(PVC)薄膜和乙烯－醋酸乙烯(EVA)薄膜。生产中可根据需要选用不同类型的棚膜。塑料大棚通常覆盖三幅棚膜。即两侧设1.5 m高的围裙，上部再盖一整块薄膜，两边延过围裙30～40 cm，然后上压膜线。具体工作步骤如下。

(一)确定棚膜用量

覆膜前先对大棚骨架的高度、长度、跨度、拱架长度等参数进行测量，根据测量结果，计算出能够完全覆盖大棚表面所需棚膜的长和宽(包括埋入土中部分)。每幅底裙宽度1.5 m，长度略长于大棚长度即可。顶部整块薄膜的长度为大棚长度加棚高的2倍再加上2 m(两端埋入土中的长度)，宽度等于拱杆弧长减去围裙高的2倍再加上60 cm，这样的宽度，覆盖后顶部棚膜两侧可延过底脚围裙30 cm。然后根据所用棚膜的单位面积质量，计算出所要扣的大棚应需多少棚膜，并根据棚膜价格，做出资金预算。

(二)剪裁和连接

(1)棚膜的剪裁　根据风口的位置确定剪裁几幅棚膜，长宽分别是多少。测好尺寸后用剪刀裁好，准备焊接。剪裁前考虑棚膜的延展性。

(2)棚膜的连接　可采用热黏合法或化学黏合法。热黏合法适用于各种类型的棚膜。首先将需要粘在一起的两块薄膜的两个边重叠置于木棱上，两边抻平。再把硫酸纸条平铺在重合的薄膜上，手持加热好的电熨斗平稳、匀速地在铺好的纸条上熨烫，然后将纸条揭起，检查黏合效果。如此一段接一段地重复，将两幅薄膜粘在一起。化学黏合法适用于聚氯乙烯(PVC)棚膜，将棚膜剪裁好后，把需要黏合的棚膜在干净地面和桌面上铺好，边缘用小毛刷涂一薄层黏合剂(环己酮)，刷胶的宽度与毛刷等宽；然后将另一幅薄膜对齐盖在已刷过胶的棚膜上，用干净棉布抹平擦净。两幅棚膜即黏合在一起。

除根据需要黏合整幅棚膜外，注意风口的上下边应卷入塑料绳黏合在一起，以防今后通风时被撕裂。将焊接好的棚膜卷好后妥善保管，防止虫鼠咬坏。

(三)扣棚前的准备

(1)大棚的清理检修　扣棚前对棚架进行清理和检查，对已损坏的部位进行维修，对不牢固的地方进行加固；对骨架的所有锐利接头进行包缠；检查地锚是否完好。如有缺失，需及时修补。可在两排拱架之间，离棚 0.5 m 处，挖 50 cm 深的坑，埋入石块、砖或木棒，上面绑 1 根 8 号线，铁丝拧圈露在外面，把埋入土中的地锚夯实，留在外面的线圈拴压膜线。

(2)准备好各种用具　准备好压膜线，塑料绳、钳子、紧线器等用具。如安装卡槽的大棚，清理好卡槽和卡簧。

(3)挖棚沟　将大棚四周挖出小沟，扣棚时将大棚膜的四边埋在沟里并准备好压膜四周用的土。

(四)棚膜的安装

(1)确定正反面　如果使用的是 PE 或 EVA 无滴膜，需先确定正反面。

(2)安装底裙　如大棚两侧设通风口，要先上底裙。用塑料绳或卡簧将底裙上端固定在拱架上，下端埋入土中踩实。

(3)安装顶棚　将已焊接好、捆好的大棚膜，顺着大棚延长方向，放在上风头一侧。先将棚头一侧底边压住，再把棚膜运至棚顶，向大棚另一侧拉。拉的时候要求进度一致，速度不要太快，避免弄破棚膜。棚架顶端盖好后，校正棚膜位置。

(4)固定棚膜　先将顶棚的棚膜在棚头的一端埋入事先挖好的沟内固定，把棚膜纵向充分拉紧，再把另一端埋好。

(五)安装压膜线

在两个拱架之间上一压膜线，充分压紧或拉紧后，固定地锚上。如果扣棚过程中突然起风，不要急于拉紧棚膜，应先上压膜线，防止棚膜被风刮起，待风停后或以后选择好天，再重新将压膜线松开拉紧棚膜。

四、塑料大棚的小气候环境

(一)光照环境

大棚内光照时间与露地相同，光照强度始终比露地低。由于棚膜的反射和吸收，拱杆、拉杆、立柱的遮光，竹木结构的大棚透光率只有 60%左右，钢架无柱大棚太阳光透过率也只有 70%左右。大棚的光照强度随外界天气和季节的变化而变化。大棚光照在水平分布上有差异，南北延长大棚，上午东部光照强于西部，下午西部高于东部，全天两侧差异不大，但在两侧与中部之间各有一个弱光带，其光照度比两侧和中间都低。东西延长的大棚，光照强度高于南北延长的大棚，但棚内光照分布不均匀，南部明显高于北部，最多差 20%。利用塑料大棚栽培蔬菜，进入夏季后，由于光照强度过高，影响作物生长发育，需要覆盖遮阳网，降低光照强度。也可在棚膜上喷专用涂料来遮光降温。

(二)温度环境

大棚内的地温和气温始终比露地高。

1. 地温

塑料大棚春季10 cm地温比露地高5～6℃,而且比较稳定。浅层地温随气温而改变,白天光照充足,地表温度可达30℃以上,夜间由于向棚内散热,温度下降较快。故大棚栽培辣椒地温未升高前不宜定植。大棚内地温随季节变化。进入春季,随着光照增强,大棚内气温、地温都随着升高。夏季作物遮蔽地面,薄膜透光率下降或覆盖遮阳网等原因,大棚内地温比露地低,充分显示大棚越夏栽培的优越性。进入晚秋,大棚内地温开始下降,但下降速度比露地慢,有利于延晚生长。进入初冬以后,地温降到作物生长发育的临界温度以下,停止生产。

2. 气温

大棚内气温变化以太阳辐射为转移。晴天白天太阳光充足,棚内气温上升快,最高气温出现在14时,比露地高12～13℃。最低温出现在凌晨4时,棚内外温差3～4℃。棚内外的最高温差因天气而有所不同。晴天温差大,阴天温差小。大棚内最低气温与扣膜时间有关。扣膜早的,土壤早化冻,升温快,土壤贮热量多,气温下降土壤放热补充,气温下降相对较慢,最低温度出现晚,持续时间也短。

大棚内不同部位的气温有差异,南北延长的大棚,上午东部气温高于西部,下午西部高于东部,温差在1～3℃,夜间四周气温比中部低。

大棚的温度调节包括防寒保温、遮阳降温。防寒保温应根据当地气候条件,确定生产时间。遇到灾害天气,采取覆盖地膜,扣小拱棚等方法防寒。提早扣棚,增施有机肥,使土壤增加蓄热量,也能起到防寒保温的作用。外界气温升高后,则可通过灌大水、昼夜通风、棚顶遮阴等措施来降低棚内地温和气温。

(三)湿度环境

塑料大棚密闭性强,因此,棚内空气相对湿度较高。其变化规律为气温升高相对湿度下降,气温降低相对湿度升高。晴天及有风天气降低,阴天升高。春天日出后随温度升高,土壤蒸发和作物蒸腾加剧,如果不通风水汽大量增加,通风后相对湿度下降,停止通风前空气相对湿度最低。夜间温度下降相对湿度往往达到饱和状态。

大棚的土壤水分来自扣棚前土壤贮存的水分和人工灌溉,不受降水影响。可根据作物需要来满足水分供应,达到既不缺水,也不过量,对生育极为有利。需要注意的是,覆盖普通薄膜,内表面凝聚大量水珠,聚集到一定程度,形成"冷雨"降落地面,深层水分不断通过毛细管上升到地表,使地面呈湿润状态,土壤水分已经不足,还表现不缺水的假象,容易使缺水不能及时得到补充。

大棚内湿度环境的调节以降低空气湿度和合理灌溉为主。主要措施是采用高垄、高畦,覆盖地膜,合理通风排湿,进行滴灌或膜下暗灌。

【工作流程】

信息采集(独立完成) → 塑料大棚结构规格调查(小组合作) → 安装大棚膜(小组合作) → 塑料大棚小气候环境观测(小组合作) → 考核评价(师生合作)

【任务工单】

信息采集单

项目：塑料大棚的应用　　　　　　　　　　　姓名：　　　　　　　　　　时间：

任务名称	塑料大棚信息采集
目的要求	了解常见塑料大棚类型，掌握塑料大棚的基本结构和规格尺寸，知道安装棚膜的步骤，学会观测塑料大棚小气候环境并根据需要进行调控。
问题一　绘图说明塑料大棚的骨架结构。	
问题二　塑料大棚有哪些常见类型？	
问题三　塑料大棚小气候环境有什么特点？	

指导教师签字：

田间调查作业单 1

项目：塑料大棚的应用　　　　　　　　　　姓名：　　　　　　　　　　时间：

<table>
<tr><td>任务名称</td><td colspan="20">塑料大棚骨架结构和规格尺寸调查</td></tr>
<tr><td>目的要求</td><td colspan="20">实地考察竹木结构大棚和钢架结构大棚，调查其骨架材料，并测量大棚的规格尺寸。</td></tr>
<tr><td>材料用具</td><td colspan="20">竹木结构大棚和钢架结构大棚，米尺，钢卷尺，游标卡尺。</td></tr>
<tr><td colspan="21">竹木结构大棚调查数据</td></tr>
<tr><td>长度(m)</td><td colspan="4"></td><td colspan="4">跨度(m)</td><td colspan="4"></td><td colspan="4">高度(m)</td><td colspan="4"></td></tr>
<tr><td>面积(m²)</td><td colspan="4"></td><td colspan="4">拱架间距(m)</td><td colspan="4"></td><td colspan="4">棚型</td><td colspan="4"></td></tr>
<tr><td rowspan="2">立柱</td><td colspan="5">材料</td><td colspan="5">高度(m)</td><td colspan="5">直径(cm)</td><td colspan="5">数量</td></tr>
<tr><td colspan="5">中柱：
腰柱：
边柱：</td><td colspan="5">中柱：
腰柱：
边柱：</td><td colspan="5">中柱：
腰柱：
边柱：</td><td colspan="5">中柱：
腰柱：
边柱：</td></tr>
<tr><td rowspan="2">拱杆</td><td colspan="5">材料</td><td colspan="5">长度(m)</td><td colspan="5">直径/宽度(cm)</td><td colspan="5">数量</td></tr>
<tr><td colspan="5"></td><td colspan="5"></td><td colspan="5"></td><td colspan="5"></td></tr>
<tr><td rowspan="2">拉杆</td><td colspan="5">材料</td><td colspan="5">长度(m)</td><td colspan="5">直径(cm)</td><td colspan="5">数量</td></tr>
<tr><td colspan="5"></td><td colspan="5"></td><td colspan="5"></td><td colspan="5"></td></tr>
<tr><td rowspan="2">压膜线</td><td colspan="5">材料</td><td colspan="5">长度(m)</td><td colspan="5">直径/宽度(cm)</td><td colspan="5">数量</td></tr>
<tr><td colspan="5"></td><td colspan="5"></td><td colspan="5"></td><td colspan="5"></td></tr>
<tr><td colspan="21">钢架结构大棚调查数据</td></tr>
<tr><td>长度(m)</td><td colspan="4"></td><td colspan="4">跨度(m)</td><td colspan="4"></td><td colspan="4">高度(m)</td><td colspan="4"></td></tr>
<tr><td>面积(m²)</td><td colspan="4"></td><td colspan="4">拱架间距(m)</td><td colspan="4"></td><td colspan="4">棚型</td><td colspan="4"></td></tr>
<tr><td rowspan="2">拱架</td><td colspan="5">材料</td><td colspan="5">长度(m)</td><td colspan="5">直径(cm)</td><td colspan="5">数量</td></tr>
<tr><td colspan="5">上弦：
下弦：
腹杆：</td><td colspan="5">上弦：
下弦：
腹杆：</td><td colspan="5">上弦：
下弦：
腹杆：</td><td colspan="5">上弦：
下弦：
腹杆：</td></tr>
<tr><td rowspan="2">拉筋</td><td colspan="5">材料</td><td colspan="5">长度(m)</td><td colspan="5">直径(mm)</td><td colspan="5">数量</td></tr>
<tr><td colspan="5"></td><td colspan="5"></td><td colspan="5"></td><td colspan="5"></td></tr>
<tr><td rowspan="2">压膜线</td><td colspan="5">材料</td><td colspan="5">长度(m)</td><td colspan="5">直径/宽度(cm)</td><td colspan="5">数量</td></tr>
<tr><td colspan="5"></td><td colspan="5"></td><td colspan="5"></td><td colspan="5"></td></tr>
</table>

指导教师签字：

生产实训技能单

项目：塑料大棚的应用　　　　姓名：　　　　时间：

<table>
<tr><td>任务名称</td><td colspan="3">塑料大棚膜的安装与固定</td></tr>
<tr><td>目的要求</td><td colspan="3">能正确计算给定塑料大棚的薄膜用量，掌握大棚膜剪裁、安装和固定的方法和步骤。</td></tr>
<tr><td>材料用具</td><td colspan="3">大棚骨架；塑料薄膜；压膜线；铁丝和剪刀、钳子等工具。</td></tr>
<tr><td colspan="3">方法步骤</td><td>注意事项</td></tr>
<tr><td colspan="3">1. 棚膜用量和价格计算
(1)棚膜面积和重量
(2)棚膜价格计算</td><td></td></tr>
<tr><td colspan="3">2. 扣膜前准备
(1)棚膜剪裁和连接
(2)大棚清理整修
(3)准备用具</td><td></td></tr>
<tr><td colspan="3">3. 棚膜的安装与固定
(1)确定正反面
(2)安装底裙
(3)安装顶棚
(4)固定棚膜
(5)安装压膜线</td><td></td></tr>
<tr><td rowspan="6">考核标准</td><td>考核项目</td><td>分值</td><td>得分</td></tr>
<tr><td>能正确计算棚膜的用量并根据需要剪裁和连接棚膜</td><td>30 分</td><td></td></tr>
<tr><td>按要求做好扣膜前的准备工作</td><td>20 分</td><td></td></tr>
<tr><td>合作完成棚膜的安装并用压膜线固定</td><td>30 分</td><td></td></tr>
<tr><td>棚膜安装平整，压膜线固定坚实牢固，棚膜无破损</td><td>20 分</td><td></td></tr>
<tr><td>合　　计</td><td>100 分</td><td></td></tr>
</table>

指导教师签字：

田间调查作业单 2

项目：塑料大棚的应用　　　　　　　　姓名：　　　　　　　　时间：

任务名称	塑料大棚小气候环境观测与调控
目的要求	上午 8 时，各小组进入大棚，关闭各通风口，分别在大棚中央、东西两侧和南北两端选择不同的观测点进行观测，每个测量结果读数三次，取平均值。同时收集各组观测数据填入表中。了解塑料大棚小气候环境特点，能够按要求测量各环境因子指标，学会各种测量仪器的使用方法。并能通过调控前后的测量数据比较，体会调控效果。
材料用具	照度计、温度计、干湿球温度计；遮阳网等。

塑料大棚内不同部位的小气候环境比较

观测点 1	观测点 2	观测点 3	观测点 4	观测点 5
光照度： 气温： 地表温度： 空气湿度：	光照度： 气温： 地表温度： 空气湿度：	光照度： 气温： 地表温度： 空气湿度：	光照度： 气温： 地表温度： 空气湿度：	光照度： 气温： 地表温度： 空气湿度：
结论：				

调控对小气候环境的影响

悬挂遮阳网前	悬挂遮阳网 0.5 h 后
光照度： 气温： 地表温度： 空气湿度：	光照度： 气温： 地表温度： 空气湿度：
通风前	通风 0.5 h 后
光照度： 气温： 地表温度： 空气湿度：	光照度： 气温： 地表温度： 空气湿度：
结论：	

指导教师签字：

【项目评价】

项目完成情况综合评价表

学生姓名：　　　　　　　　　　　　　　　　　　　　　　评价时间：

项目名称	塑料大棚的应用			
评价内容	评分标准	分数	得分	备注
信息采集	信息全面、可靠，条理清晰	20		教师评价
大棚结构规格调查	认真记录调查结果，数据真实可靠	20		教师评价
安装棚膜	在规定时间内按要求完成安装和固定任务	20		教师评价
大棚小气候环境调查	认真记录调查结果，数据真实可靠	20		教师评价
工作态度	态度端正，积极热情	10		自我评价
团结协作	擅于与他人合作	10		组内互评
	合　　计	100		

【课外阅读】

巨型大棚

巨型大棚是我国中原地区农民根据多年的种植经验，在塑料拱棚的基础上，独创的一种新型园艺设施。巨型大棚多为竹木结构，以水泥预制柱作柱脚。占地面积1～1.5 hm^2，棚体高且宽大，操作方便，单位面积土地投资最少，容易形成规模种植、实行专业化生产。

巨型大棚具备以下特点：占地面积大，并且不受地块走向限制，土地利用率高，便于规模化和产业化生产；棚体高大，棚内空间大操作方便；可以进行多层覆盖，保温性能优于普通大棚，延长了采收期，从而增加效益；由于边沿地区所占比例较小，小气候环境条件稳定；坚固耐用，建棚采用武夷山的竹竿和风钩相结合，棚体抗风、抗压能力较强，可抵御8级阵风。

巨型大棚的结构多采用取材广泛的竹竿，每个棚的跨度20～90 m不等，长度因地块而定，高度2.6～3.5 m。立柱间距1.2～1.3 m，立柱行距1.9～2.2 m不等，拱杆搭建在立柱之上，立柱用纵横竹竿连接，使之成为一个整体，立柱固定于下部预制好的水泥柱脚上。膜外用8～10# 钢丝压膜，早春多采用二膜、三膜或四膜覆盖，外膜多采用聚乙烯防老化无滴膜，内膜采用无滴膜。

Project 4

项目四

日光温室的应用

知识点

日光温室的结构组成和规格尺寸；日光温室常见类型；日光温室的辅助设施；日光温室小气候环境特点及调控。

技能点

滴灌系统的安装与应用；日光温室小气候环境调控。

【技术资料】

日光温室是我国特有的园艺植物栽培设施，具有结构简单、造价较低，节省能源等特点，自 20 世纪 80 年代以来，在我国蔬菜生产中广泛应用。日光温室以太阳辐射能为热源，通过前屋面透明覆盖物的选择性透过作用，允许短波辐射透进又能防止长波辐射透出，从而使能量在温室内蓄积，室内温度升高。同时，日光温室也是一个相对密闭的空间，内外空气交换弱，使蓄积的热量不易散失。按照适宜日光温室发展的环境要求，我国适宜日光温室发展的区域被认为在北纬 32°以北地区。核心区被认为在北纬 34°～43°地区。包括东北温带、黄淮海及环渤海暖温带、西北温带干旱及青藏高原寒温带 3 个日光温室蔬菜重点区。其中最适宜地区是黄淮海及环渤海地区，特别是山东北部、华北中北部(除大城市周边)、东北西南部、西北的东北部地区冬半年日照百分率在 60%左右，最低温度在－10～－25℃，空气湿度较低，是我国北方最好的冬季日光温室蔬菜生产基地。

一、日光温室的结构和规格

(一)日光温室的基本结构组成

日光温室由围护墙体、前屋面、后屋面和外保温覆盖组成，竹木结构温室或跨度较大的钢架结构温室还需要立柱支撑。如图 2-4-1 所示。

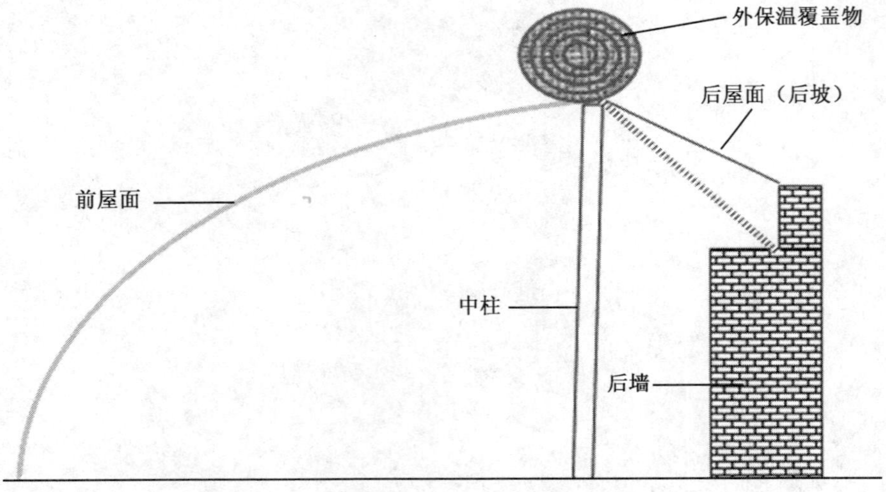

图 2-4-1　日光温室结构示意图

(1)墙体　墙体包括后墙和两侧的山墙，是温室的主要骨架，通常由土坯、砖等建筑材料构成，既能支撑温室拱架，又能保温蓄热。为提高保温效果，土墙厚度应为当地冻土层的厚度的 1.3 倍，砖墙则多做成 50～60 cm 厚的夹心墙，中间填充苯板等保温隔热材料。

(2)后屋面　后屋面也叫后坡，是连接棚膜和后墙的围护结构，具有保温、蓄热和吸湿的作用，同时也为温室顶部的操作(如固定棚膜、安装卷帘机等)提供了活动空间。竹木结构温室的后屋面骨架为柁檩结构或檩椽结构(图 2-4-2)，上铺整捆的玉米秸、稻草、旧薄膜等轻质保温材料。钢架结构温室的后屋面则是在钢筋骨架上铺木板箔、苯板(或珍珠岩、炉渣)、防水材料等。

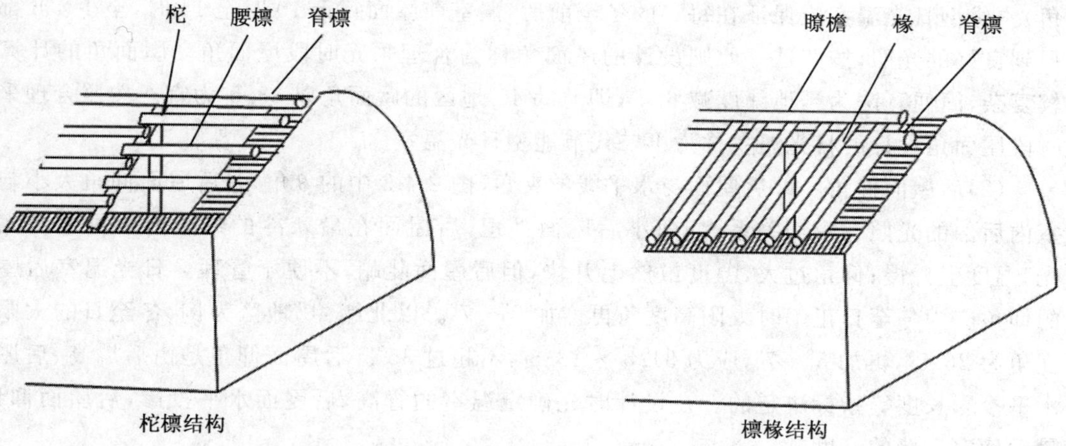

图 2-4-2　竹木结构日光温室后屋面骨架结构

(3)前屋面　包括拱架和透明覆盖物，是温室的主要透光部分。日光温室前屋面以拱圆形为主，也有折线形(如琴弦式日光温室)屋面。竹木结构温室的拱架由立柱和拱杆构成，钢架结构的拱架则是由钢管或钢筋焊接而成的桁架(图 2-4-3)。透明覆盖物以塑料薄膜为主，由于日光温室可越冬生产，经济效益较高，故宜选用无滴防老化的多功能复合棚膜。

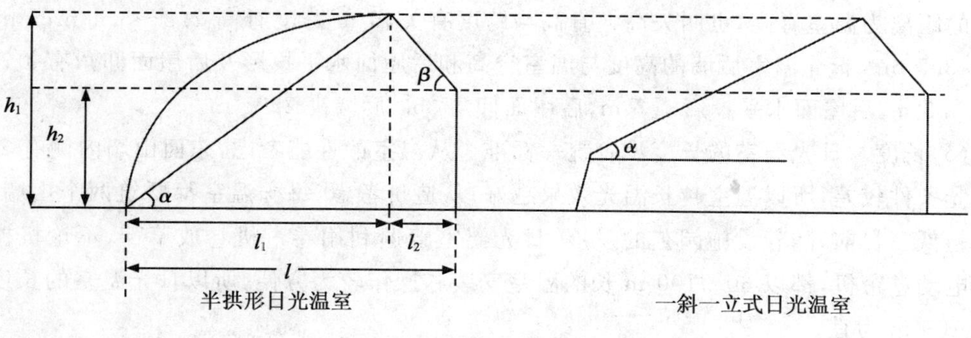

图 2-4-3　前屋面采光角示意图

α. 前屋面采光角　β. 后屋面仰角　h_1. 脊高　h_2. 后墙高

l. 跨度　l_1. 前屋面水平投影　l_2. 后屋面水平投影

(4)外保温覆盖物　日光温室前屋面薄膜导热系数最大。白天，由于有阳光照射，室内可保持较高温度；而夜间前屋面只有一层薄膜，散热最快，所以必须进行外保温覆盖减少散热，保持室内温度。目前外保温覆盖物主要有草苫、纸被、棉被和保温被等。

（二）日光温室的规格尺寸

(1)前屋面采光角　又称屋面角，即透明覆盖物平面与地平面的夹角。半拱形温室从温室最高点向前底脚连成一条斜线，与地面的交角为前屋面采光角，一斜一立温室计算采光角应由高度减去前立窗高度，也就是从前立窗上端引平行线与斜线的交角（图 2-4-3 中的 α 角）。优型日光温室应保证在每年的冬至前后，温室前屋面每天 10 时至 14 时，至少 4 h 都能得到良好的光照，按照这一原则设计的屋面角称为合理采光时段屋面角。屋面角的计算比较复杂，简便算法为当地纬度减 6.5°，即北纬 40°地区的屋面角以 33.5°为宜。按照合理采光时段屋面角设计的日光温室称为第二代节能型日光温室。

(2)后屋面仰角　即后屋面与水平线的夹角（图 2-4-3 中的 β 角）。后屋面仰角大小与温室内后部的光照有密切关系，仰角小后屋面平坦，后屋面在最寒冷的冬至前后见不到太阳光，温度上升慢；仰角过大，温度虽然上升快，但后屋面陡峭，不便于管理。日光温室后屋面的仰角应为冬至日正午时太阳高度角再增加 5°～7°。以北纬 40°地区为例，冬至日的太阳高度角为 26.5°，再加 5°～7°，应为 31.5°～33.5°，不超过 35°。后屋面仰角是由后墙高、后屋面水平投影长度等指标决定的。在设计时先确定温室的脊高，后屋面水平投影，后屋面仰角，最后确定后墙的高度。

(3)跨度　从温室内后墙根到前底脚的距离为跨度（图 2-4-3 中的 l）。包括两部分，即前屋面水平投影和后屋面水平投影（图 2-4-3 中的 l_1 和 l_2）。温室脊高与前屋面水平投影的比例决定了前屋面采光角。后屋面水平投影的长短，影响采光与保温效果，同样温室高度，水平投影越短，保温效果越不好；水平投影越长，保温性能也随之提高，但有效利用面积缩小。北纬 40°以北地区水平投影应达到 1.4～1.5 m，40°以南地区 1.2～1.3 m，35°地区 1 m 左右。

(4)高度　包括温室脊高和后墙高度（图 2-4-3 中的 h_1 和 h_2）。温室最高透光点到水平地面的距离为温室脊高，也叫矢高。脊高与跨度有关，6 m 跨度脊高 2.8～3.1 m；7 m 跨度 3.3～3.5 m。日光温室后墙的高度与温室脊高和后屋面水平投影及后屋面仰角有关，例如，脊高 3.3 m，后屋面水平投影 1.5 m，后屋面仰角 35°，后墙高 2.25 m。

(5)长度　日光温室的长度没有统一标准。从温室的性能考虑，东西山墙内侧有 2 m 左右温光条件较差，所以温室越长温光效果越好；从造价考虑，每栋温室都要筑两个山墙，越长造价越低。目前，随着设施园艺的发展，日光温室普遍利用卷帘机卷放草苫，不论机械卷帘机或电动卷帘机，都以 60～100 m 长的温室安装和操作较为方便，所以日光温室的长度以不超过 100 m 为宜。

(6)优型日光温室结构参数　2014 年 9 月，农业部种植业管理司印发了《日光温室发展的适宜地区及优型结构参数》，提出按照冬至日合理太阳能截获设计日光温室合理屋面角度，形成第三代节能型日光温室。这种温室在寒冷地区冬季夜间可实现室内外温差 35℃，在最低气温－28℃地区冬季不加温可进行果菜类蔬菜生产。新建日光温室应按第三代节能日光温室结构参数建造；原有日光温室符合第二代节能日光温室结构参数的可继续保留应用；原有日光温室屋面角度小于第二代节能日光温室的应逐步改造。第三代节能日光温室结构参数见表 2-4-1。

表 2-4-1　第三代节能日光温室断面结构参数

地理纬度/(°)	跨度/m	脊高/m	后墙高/m	后屋面水平投影/m	冬至日太阳能合理截获的最小前屋面角/(°)	墙体、后坡、前屋面保温厚度
44～46	6.0	3.9～4.2	2.6	1.4～1.6	40.4～43.6	1. 墙体：490 mm 黏土砖＋外侧贴 120～150 mm 聚苯板；或土墙基部墙宽 4～5 m，顶部墙宽 2.0～3.0 m。 2. 后坡：一层板材，上加 120～150 mm 聚苯板，上用炉渣和水泥砂浆抹好，做好防水。 3. 前屋面保温厚度：6 cm 厚稻草苫覆盖两层
	7.0	4.5～4.8	2.9	1.7～2.0		
	8.0	5.2～5.5	3.2	2.0～2.3		
	9.0	5.8～6.1	3.5	2.3～2.6		
42～44	7.0	4.3～4.5	2.8	1.5～1.7	38.7～40.4	
	8.0	5.0～5.2	3.2	1.7～2.0		
	9.0	5.5～5.8	3.5	2.0～2.3		
	10.0	6.1～6.4	3.8	2.3～2.6		
40～42	7.0	4.1～4.3	2.7	1.4～1.5	37.0～38.7	1. 墙体：370 mm 黏土砖＋外侧贴 110～120 mm 聚苯板；或土墙基部墙宽 3～4 m，顶部墙宽 1.5～2.0 m。 2. 后坡：一层板材，上加 100～120 mm 聚苯板，上用炉渣和水泥砂浆抹好，做好防水。 3. 前屋面保温厚度：5 cm 厚稻草苫覆盖两层
	8.0	4.8～5.0	3.3	1.5～1.7		
	9.0	5.3～5.5	3.5	1.8～2.0		
	10.0	5.9～6.1	3.8	2.1～2.3		
38～40	7.0	3.9～4.1	2.6	1.4～1.4	35.4～37.0	
	8.0	4.6～4.8	3.1	1.5～1.5		
	9.0	5.2～5.3	3.6	1.6～1.8		
	10.0	5.8～5.9	3.9	1.8～2.1		
	12.0	6.8～7.0	4.2	2.3～2.6		
36～38	8.0	4.5～4.6	3.2	1.1～1.5	33.4～35.4	1. 墙体：370 mm 黏土砖＋外侧贴 80～100 mm 聚苯板；或土墙基部墙宽 3 m，顶部墙宽 1.5～1.8 m。 2. 后坡：一层板材，上加 80～100 mm 聚苯板，上用炉渣和水泥砂浆抹好，做好防水。 3. 前屋面保温厚度：6 cm 厚稻草苫覆盖一层
	9.0	5.0～5.2	3.3	1.4～1.6		
	10.0	5.6～5.8	3.9	1.5～1.7		
	12.0	6.6～6.8	4.0	2.0～2.3		
34～36	9.0	4.9～5.0	3.2	1.3～1.4	32.5～33.4	
	10.0	5.4～5.6	3.5	1.4～1.5		
	12.0	6.4～6.6	3.8	1.8～2.0		

二、日光温室的类型

(一)按前屋面的构型划分

(1)一斜一立式温室　跨度 7～8 m,脊高 2.5～3.1 m,后屋面水平投影 1.2～1.5 m,前立窗高 0.6～0.8 m,前屋面采光角 18°～23°,长度多为 60～80 m。代表类型如瓦房店的琴弦式日光温室,见图 2-4-4。

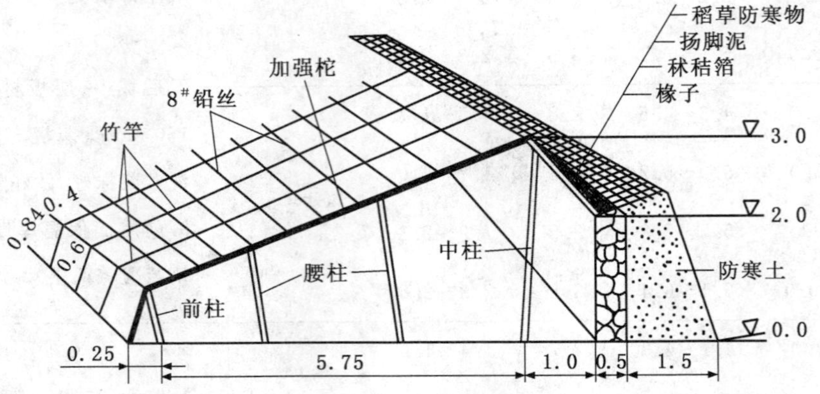

图 2-4-4　琴弦式日光温室示意图(单位:m)

(2)半拱式温室　跨度、高度、长度与一斜一立式温室基本相同,主要区别是前屋面的构形为半拱圆形。这种温室采光性能良好,而且屋面薄膜容易被压膜线压紧,抗风能力强,见图 2-4-5。

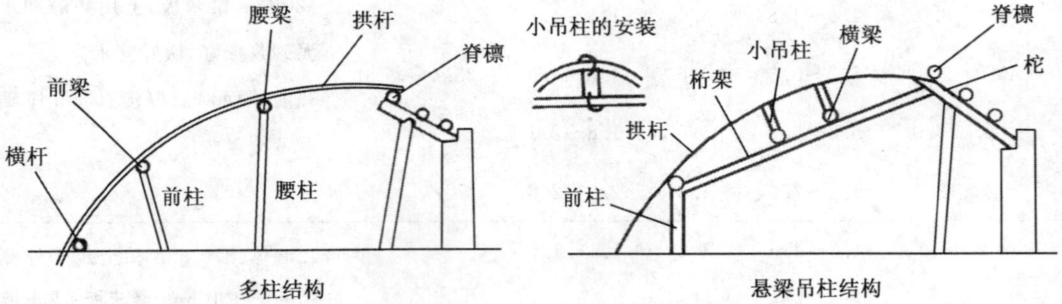

图 2-4-5　竹木结构半拱形日光温室示意图

(二)按照建筑材料划分

(1)竹木结构日光温室　根据前屋面结构不同,可分为多柱结构日光温室和悬梁吊柱结构日光温室,见图 2-4-5。这种类型的温室用木杆作骨架,土筑后墙和山墙,后屋面用高粱秸或玉米秸勒箔后,抹草泥。前屋面用竹竿或竹片作拱杆,建造容易,取材方便,保温效果好,造价低廉,农民可自行建造。缺点是立柱多,遮光面大,作业不方便,也不便于多层覆盖。每年需要维修,比较麻烦。

(2)钢架结构日光温室　山墙和后墙均为砖墙，后屋面采用异质复合结构，前屋面用钢管或钢筋焊成拱架，无立柱，一次建成多年使用，采光好，作业方便，缺点是一次性投入较高（图 2-4-6）。

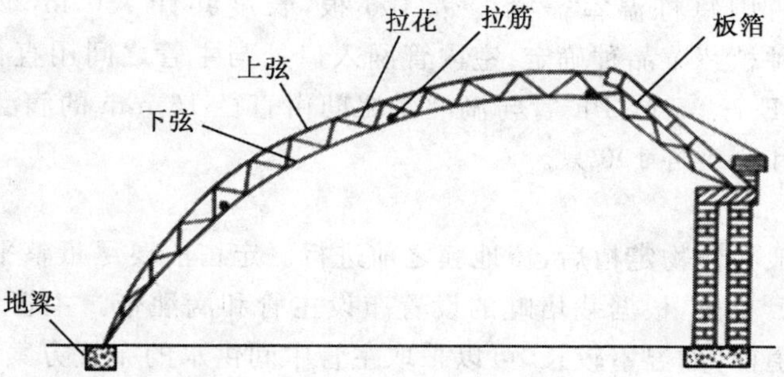

图 2-4-6　钢架结构日光温室结构示意图

三、日光温室的辅助设施

(一)灌溉系统

1. 滴灌系统组成

通常由水源、首部控制枢纽、输配水管网组成。如图 2-4-7 所示。首部控制枢纽是对水源进行水质、水量控制的系统设备，是整个滴灌系统的控制调配中心。包括流量测量表、施肥装置、过滤设备、测压表和阀门。输水管道包括主、干、支、毛管道及管道控制阀门，灌水器包括滴头或喷头、滴灌带。

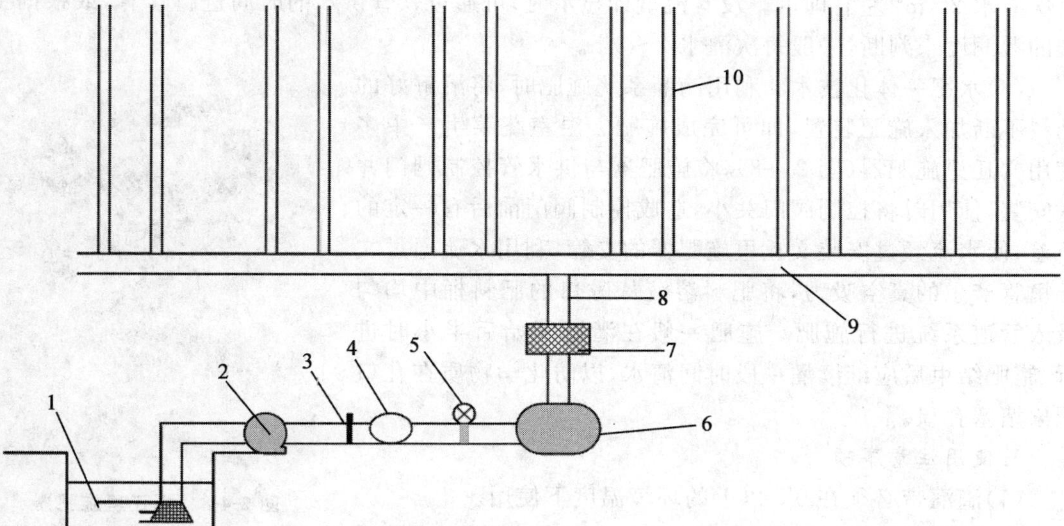

图 2-4-7　滴灌系统组成示意图

1. 水源　2. 水泵　3. 阀门　4. 流量计　5. 压力表　6. 施肥罐　7. 过滤器　8. 主管　9. 干管　10. 支管

2.材料选择和用量计算

以长度 80 m,跨度 7.5 m 的温室为例,种植畦长度为 7 m,平均行距 75 cm。温室管网由干、支二级形成,主管道东西布置,选用直径 32 mm 的 PE(聚乙烯)管材,支管道选用直径 16 mm 温室滴灌带,则每栋温室需滴灌带 106 根,长度共计 750 m,滴灌带孔距一般为 30 cm,孔径大小视种植蔬菜品种确定;室内管网入口处与主管之间用直径 32 mm 的 PE 管连接,每栋温室需 PE 管 85 m;PE 管与滴灌带之间由直径 16 mm 的滴灌带旁通连接,每栋温室需滴灌带旁通和堵头各 106 只。

3.管道布设

软管的布设一般在作物定植后,覆地膜之前进行。定植前要尽量整平畦面,这样软管滴灌水量易分布均匀。首先,根据栽培畦的设置布设主管和滴灌带。主管可安放在温室前底脚处或温室后部过道前,如温室较长,可以采取主管中间供水的布置方案,以减少主管管径、降低造价。滴灌带每行布设 1 根,拉平拉直,并使滴孔朝上。然后,用打孔器在主管上打孔,用专用旁通将主管与滴灌带连在一起。最后,通过 PE 管连接水源和输水主管,并在连接管上安装控制阀门、流量计、压力表、施肥器和过滤器。安装完毕后要打开输水阀门进行冲洗,将系统及滴灌带中存留的杂质颗粒冲洗掉,然后关上阀门。将滴灌带堵头安在滴灌带末端,将支管堵头安在支管末端。

4.灌溉系统的应用

(1)调整输水压力　每次使用时须缓慢地打开输水总开关并逐步达到额定工作压力(0.03～0.05 MPa),以避免由于猛然打开阀门带来的瞬时高压对滴灌系统的破坏。没有压力表时,可从滴水软管的运行上加以判断。若软管呈近似圆形,水声不大,可认为压力合适。若软管绷得太紧,水声太大,说明压力太大,应予调整。

(2)调控供水量　灌溉水量要依作物的不同生育期以及天气情况来确定,一般每 667 m^2 每次灌水 20 m^3 左右即可。没有流量计显示时,可通过软管供水的时间进行计算,或根据土壤的湿润度来判断,一般每次灌水 2～3 h。

(3)水肥一体化技术　利用滴灌系统施肥时,将溶解好的肥料不断加入施肥装置,即可完成施肥。温室蔬菜生产中多使用文丘里施肥器(图 2-4-8),将施肥器与供水管控制阀门并联安装,使用时将控制阀门关小,造成控制阀门前后有一定的压差,使水流经过安装文丘里施肥器的支管,利用水流通过文丘里管产生的真空吸力,将肥料溶液从敞口的肥料桶中均匀吸入管道系统进行施肥。施肥一般在灌溉开始后半小时进行,施肥结束后应继续灌一段时间清水,以防化学物质在孔口积累堵塞孔口。

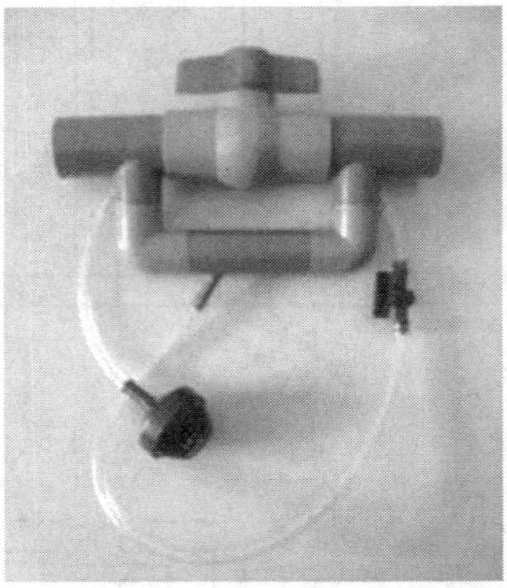

图 2-4-8　文丘里施肥器

5.使用注意事项

(1)滴灌带必须在 0℃以上的环境温度下使用。

(2)使用干净的水源,水中不能有大于 0.8 mm 的悬浮物,否则要加上网式过滤器净化水质。用自来水和井水时通常不用过滤。

(3)在安装和田间操作时,谨防划伤、戳破滴灌带或主管。

(4)换茬时应将布设在地面的管材和软带收起,避光保存,再用时要检查是否有破裂漏水或堵塞,维修后再重新布设。

(二)作业间

日光温室设置作业间,出入方便,可防止冷风直接吹入温室内,减少缝隙放热,又可保存部分工具,还可作为管理人员的休息室。有不少农民把作业间建成临时或永久住宅,居住、劳动在一起。作业间在温室的东山墙外或西山墙外均可,以靠近道路一侧为宜。作业间的大小,根据需要决定。与住宅兼用的作业间应较大,多建两间;单纯作业间面积以 6 m^2 为宜。

(三)卷帘机

利用电动卷帘机卷放草苫或保温被,可以大幅度缩短卷放时间。目前温室上常用的电动卷帘机有以下三种形式。

(1)提拉式卷帘机　此类型为固定式卷帘机,适用于卷放草苫。卷帘机安装在温室后屋面中部,每 3 m 设一个槽形钢架,上部固定轴瓦,用 5 cm 的钢管穿入轴承中,在温室后屋面中部安装一台电动机和减速机(图 2-4-9)。在草苫下端横向卷入与温室长度相等的钢管或木杆作卷芯,并用铁丝固定好。在草苫下纵向铺放数根拉绳,绳的上端固定在后屋面上,下端从草苫上绕回到屋顶,系在卷帘轴上。启动电机后,卷帘轴缓慢转动,将拉绳缠绕到卷帘轴上,草苫卷上升,完成卷帘。放苫时电机反转,草苫在重力作用下,沿温室前屋面坡度滚落。该大棚卷帘机主体结构简单,固定支架可自己购买三角铁焊接,安装简便。棚面无障碍物阻隔,故可使用一幅塑料薄膜作"浮膜",连同草苫或保温被一起卷放。该类型卷帘机的缺点是由于所需拉绳较多,使用过程中,一旦卷入操作人员的衣服或手指,易造成人身事故,安全隐患较大。另外,由于每条绳子受力不均,使用一段时间后,松紧不一,需经常调整绳子松紧。

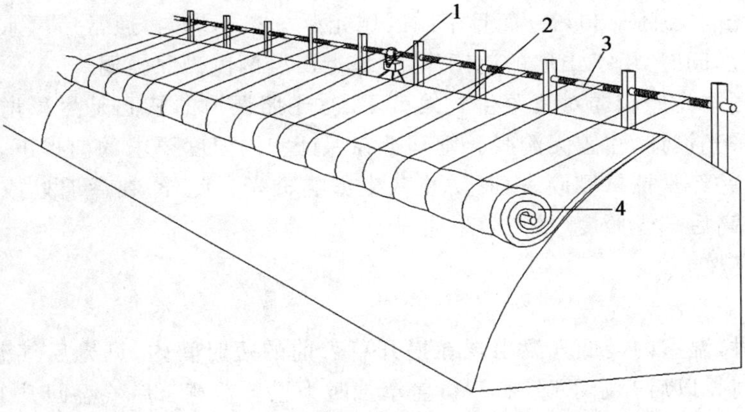

图 2-4-9　提拉式卷帘机结构

1. 卷帘机　2. 卷帘绳　3. 卷帘轴　4. 草苫

(2)双跨悬臂式卷帘机　双跨悬臂式卷帘机是一种自驱动型卷帘机,适用于卷放草苫和保温被。悬臂由立杆和撑杆两部分组成。该类型卷帘机将主机置于温室中央,其减速机的输出轴为双头,通过法兰盘分别与两边的卷帘轴连接,保温帘亦分为左右两部分,温室中央安装卷帘机的部位单放一块保温帘。卷放草苫时电机与减速机一起沿屋面滚动运行。电机正转时,卷帘轴卷起草苫;电机反转时,放下草苫,如图 2-4-10 所示。

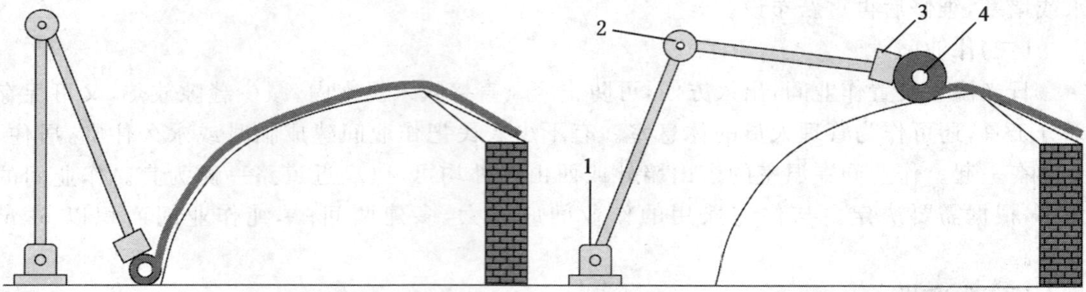

图 2-4-10　双跨悬臂式卷帘机示意图

1. 基座　2. 支撑杆　3. 卷帘机　4. 卷帘轴

(四)贮水设备

日光温室严寒冬季灌水，由于水温低，灌水后会影响作物根系正常发育。因此，在日光温室内建贮水池，贮水待水温升至室温后再进行灌溉，有利于蔬菜作物生长发育。贮水池多建在靠温室西山墙处，用黏土砖砌筑成 1 m 宽、4～5 m 长、1 m 深的半地下式贮水池，用防水砂浆抹严，池口担木棱上面覆盖薄膜，白天水温随气温升高，夜间防止蒸发提高空气湿度。

四、日光温室的小气候环境

(一)光照环境

与外界相比，日光温室内光照较弱，即使覆盖新无滴薄膜，采光设计科学，室内的光照也只有外界自然光的 70%～80%。而且不同区域光照分布不均匀，通常后屋水平投影以南是光照度最高部位，同时，由于山墙的遮阳作用，靠近山墙两侧光照较弱。

日光温室冬季光照较弱对蔬菜生长发育不利，光照调节的核心是尽量增光补光。首先要进行科学的采光设计，覆盖无滴膜。管理上在保证室内温度要求的前提下，每天早揭晚盖草苫(保温被)，并经常擦拭棚膜表面，防止灰尘影响透光。此外，在后墙处或栽培畦后侧张挂反光幕，可提高后部光照度，增产效果明显。

(二)温度环境

1. 气温

越冬生产时，温室内最低气温出现在揭开草苫前的短时间内，见光后气温很快上升，13 时气温达到最高。以后开始下降，直到覆盖草苫时为止。盖草苫后气温回升 1～3℃，以后气温平缓下降，直到第二天早晨。通常温室中柱前 1～2 m 处气温最高，向北向南递减。晴天的白天南部高于北部，夜间北部高于南部。东西方向上气温差异较小，只是靠东西山墙 2 m 左右温度较低，靠进出口一侧最低。

2. 地温

温室内的地温，晴天白天地表 0 cm 温度最高，随深度的增加而递减；夜间以 10 cm 深处最高，向上向下均低；20 cm 深处的地温白天与夜间相差不大。阴天时，因为太阳辐射能少，气温下降，需要土壤贮存的热量来补充，越是靠地表温度越低，20 cm 深处地温最高。连续 7～10 d 阴天，地温只能比气温高 1～2℃，对某些作物就要造成危害。

温度调控的方法是白天通风，夜间保温。通风应遵循以下原则：一是逐渐加大通风量；二是根据室内温度变化，随时开闭通风口，反复多次通风；三是严寒冬季，早晨揭开草苫后不要立即通风排湿，待温度升高后方可通风。保温措施是覆盖草苫或保温被，遇到灾害性天气还可扣小拱棚、二层幕等多层覆盖保温，并在夜间盖底脚草苫。目前，蔬菜生产上应用秸秆生物反应堆技术可有效提高温室内的地温。

（三）湿度环境

1. 空气湿度

日光温室空间小，密闭性好，因此空气相对湿度较高。即使在晴天，夜间和早晨空气相对湿度也经常在90%以上，有时甚至达到饱和或接近饱和状态。

2. 土壤湿度

冬季日光温室浇水量少，但是表土常表现湿润，原因是温室封闭较严，很少放风，水分散失少，土壤深层水分不断通过毛细管上升，即使土壤水分已经不足，地表仍呈现不缺水的假象。如果被这种假象蒙蔽，会使土壤水分不足时得不到及时补充，使作物的正常生育受到不良影响。

日光温室蔬菜生产，高温高湿或低温低湿都容易引起病害的发生和蔓延，必须加以调控。调节空气湿度需考虑蔬菜的生育阶段和栽培季节。冬季日光温室控制空气湿度最有效的措施是覆盖地膜，进行膜下暗灌，有条件的最好采用软管滴灌，这样可有效地减少地面蒸发，降低空气湿度。同时也能保持土壤水分，减少灌水次数。灌水要选择冷尾暖头的天气，一次灌水量不宜过多。灌完水后应立即闭棚升温，防止温度降低过多。温度升上来后，再放风排湿。

（四）土壤环境

由于温室内的环境比较温暖湿润，为一些土壤中的病虫害提供了越冬场所，使得一些在露地栽培可以消灭的病虫害，在温室内难以绝迹，导致土传病害严重。此外，由于超量施肥和得不到雨水淋洗，使表层土逐年积累大量盐分，极易发生土壤次生盐渍化。

温室土壤每年深耕两次，并增施充分腐熟的有机肥，可改善土壤结构，增加透气性，同时也能增加土壤对盐分的缓冲能力，减少次生盐渍化危害；盛夏季节利用温室休闲期在土壤中施入碎稻草、玉米秸秆，并通过灌水和高温闷棚进行消毒，不仅可杀灭土壤中残存的病原菌和虫卵，还可通过微生物活动来消耗土壤中的可溶性氮，降低土壤溶液盐浓度和渗透压，缓解盐害；栽培管理上应防止过量施肥，同时采用地面覆盖的方式，减少土面蒸发，可防止表土积盐。

（五）气体环境

日光温室是一个封闭或半封闭的环境系统，在冬季很少放风的情况下，极易发生二氧化碳气体亏缺，难以满足光合作用需要。此外，由于施肥不当还容易发生氨气和二氧化氮气体中毒。

日光温室蔬菜越冬生产，可通过施用二氧化碳气肥和秸秆生物反应堆技术来补充室内二氧化碳的不足，达到增加产量和改善品质的作用。温室生产中可通过合理施肥，地膜覆盖等措施来预防有害气体的发生。生产中一旦发生气害，注意加大通风，不要滥施农药化肥。

【工作流程】

信息采集（独立完成）→ 日光温室结构规格调查（小组合作）→ 滴灌系统的安装与应用（小组合作）→ 日光温室小气候环境观测（小组合作）→ 考核评价（师生合作）

【任务工单】

信息采集单

项目：日光温室的应用　　　　　　　　　　　　姓名：　　　　　　　　　　　　时间：

任务名称	日光温室的应用信息采集
目的要求	了解常见日光温室的类型，掌握日光温室的基本结构组成和规格尺寸，知道滴灌系统安装的步骤和卷帘机的工作原理，学会观测日光温室小气候环境并根据需要进行调控。
问题一　绘图说明日光温室的骨架结构，并注明相关结构参数。	
问题二　日光温室有哪些常见类型？	
问题三　简述日光温室小气候环境特点及调控措施。	

指导教师签字：

田间调查作业单 1

项目：日光温室的应用　　　　姓名：　　　　时间：

任务名称	日光温室结构组成和规格尺寸调查				
目的要求	实地考察不同类型日光温室的结构组成，调查其各部位材料及其规格尺寸，并测量温室的主要结构参数。				
材料用具	不同类型的日光温室，米尺，游标卡尺，量角器。				
温室Ⅰ调查结果					
长度(m)		脊高(m)		后墙高(m)	
跨度(m)		前屋面水平投影(m)		后屋面水平投影(m)	
前屋面采光角		后屋面仰角		墙体厚度(cm)	
后墙	材质	结构	山墙	材质	结构
拱架	材质	结构	后屋面	材质	结构
透明覆盖物	树脂原料	厚度(mm)	外保温覆盖物	材质	厚度(cm)
辅助设施					
温室Ⅱ调查结果					
长度(m)		脊高(m)		后墙高(m)	
跨度(m)		前屋面水平投影(m)		后屋面水平投影(m)	
前屋面采光角		后屋面仰角		墙体厚度(cm)	
后墙	材质	结构	山墙	材质	结构
拱架	材质	结构	后屋面	材质	结构
透明覆盖物	树脂原料	厚度(mm)	外保温覆盖物	材质	厚度(cm)
辅助设施					

指导教师签字：

生产实训技能单

项目：日光温室的应用　　　　姓名：　　　　时间：

任务名称	日光温室滴灌系统安装
目的要求	了解日光温室滴灌系统的结构和工作原理，学会温室滴灌系统管网设计和材料预算，能根据生产实际合作完成滴灌系统的安装并正确使用。
材料用具	定植后的栽培畦；PE输水管和滴灌带；文丘里施肥器；旁通、堵头等配件；打孔器等工具。

方法步骤	注意事项
1. 测量和主要耗材计算	
2. 滴灌系统（含施肥器）安装步骤 (1)主管安装 (2)支管铺设 (3)主管支管连接 (4)安装施肥器	
3. 水肥一体化灌溉系统的应用 (1)调整输水压力 (2)调整供水量 (3)水肥一体化	

考核标准	考核项目	分值	得分
	能正确计算滴灌系统材料用量	30分	
	按要求布设和安装主管和滴灌带	30分	
	正确连接文丘里施肥器	20分	
	安装完毕后，可正常进行追肥灌水	20分	
	合　计	100分	

指导教师签字：

田间调查作业单 2

项目：日光温室的应用　　　　　　　　　姓名：　　　　　　　　　　时间：

任务名称	日光温室小气候环境观测与调控
目的要求	上午 8 时，各小组进入温室，分别在温室中部、东西两侧山墙下、前底脚处和后屋面下选择不同的观测点进行观测，每个测量结果读数三次，取平均值。同时收集各组观测数据填入表中。通过观测了解日光温室内小气候环境特点，学会通风、清洁棚膜和使用卷帘机。并能通过调控前后的测量数据比较，体会调控效果。
材料用具	照度计、温度计、干湿球温度计等。

日光温室内不同部位的小气候环境比较				
观测点 1	观测点 2	观测点 3	观测点 4	观测点 5
光照度： 气温： 地表温度： 空气湿度：	光照度： 气温： 地表温度： 空气湿度：	光照度： 气温： 地表温度： 空气湿度：	光照度： 气温： 地表温度： 空气湿度：	光照度： 气温： 地表温度： 空气湿度：
结论：				

调控对小气候环境的影响	
清洁棚膜前	清洁棚膜后
光照度： 气温： 地表温度： 空气湿度：	光照度： 气温： 地表温度： 空气湿度：
通风前	通风 0.5 h 后
光照度： 气温： 地表温度： 空气湿度：	光照度： 气温： 地表温度： 空气湿度：
结论：	

指导教师签字：

拓展学习作业单

项目：日光温室的应用　　　　　　　　姓名：　　　　　　　　时间：

任务名称	日光温室的设计与建造
目的要求	通过查找资料和自主学习，了解日光温室的采光设计和保温设计原理，知道竹木结构大棚和钢架大棚建造的基本步骤。
1. 日光温室的采光设计包括哪些内容？	
2. 日光温室的保温设计包括哪些内容？	
3. 简述竹木结构日光温室建造的基本步骤。	
3. 简述钢架结构日光温室建造的基本步骤。	

指导教师签字：

【项目评价】

项目完成情况综合评价表

学生姓名：　　　　　　　　　　　　　　　　　　　　　　　　　　　　评价时间：

项目名称	日光温室的应用			
评价内容	评分标准	分数	得分	备注
信息采集	信息全面、可靠，条理清晰	20		教师评价
温室结构规格调查	认真记录调查结果，数据真实可靠	20		教师评价
滴灌系统的安装与应用	在规定时间内按要求完成安装和固定任务	20		教师评价
日光温室小气候环境调查	认真记录调查结果，数据真实可靠	20		教师评价
工作态度	态度端正，积极热情	10		自我评价
团结协作	擅于与他人合作	10		组内互评
合　计		100		

【课外阅读】

三种新型温室

1."四位一体"生态型温室　在日光温室一侧建造养猪舍，猪舍下建沼气池，猪粪和垃圾进入沼气池，产生的沼气供农户生产生活所需，沼液和沼渣作为上好的肥料在温室内蔬菜上施用，温室内蔬菜的下脚料供猪食用，温室内部形成一个小的良性循环的生态系统(图 2-4-11)。

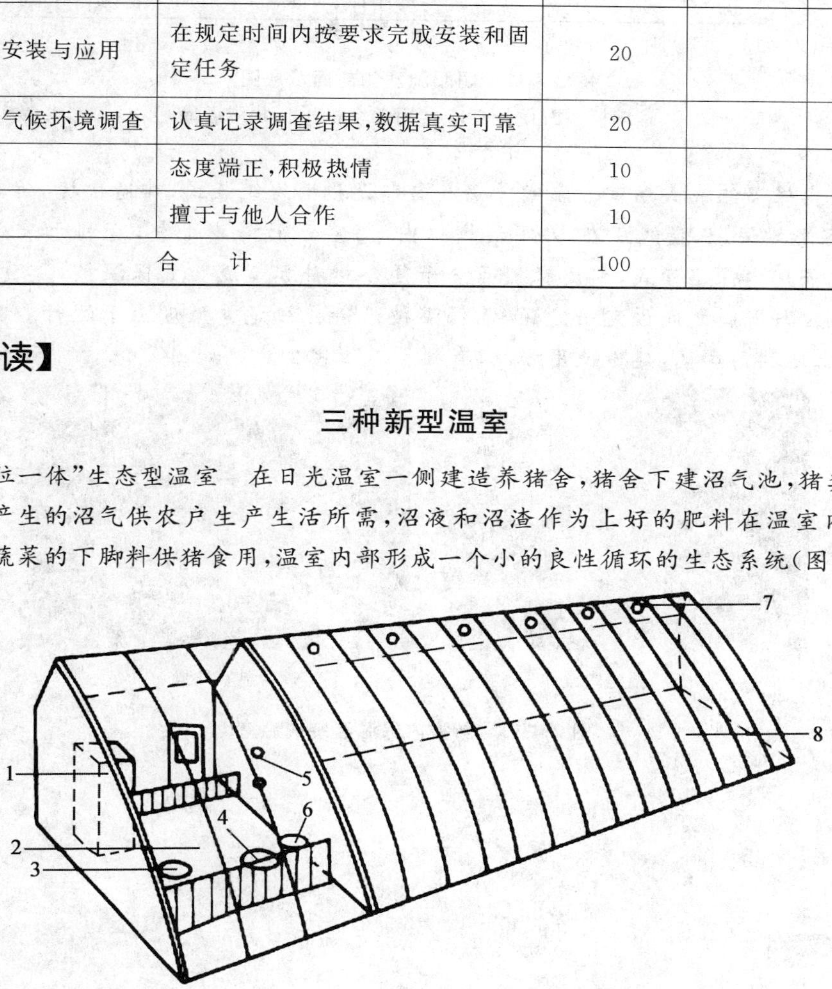

图 2-4-11　"四位一体"生态型温室结构图

1.厕所　2.猪圈　3.进料口　4.沼气池　5.通气口
6.出料口　7.沼气灯　8.蔬菜田

2.阴阳型日光温室　在传统日光温室的北侧，增加一个同长度但采光面朝北的一面坡温室，两者共同形成阴阳型日光温室(图 2-4-12)。阴棚外覆盖保温被可以种植半耐寒性蔬菜，同时也减少了阳棚后墙的传热温差，有利于提高阳棚的温度。

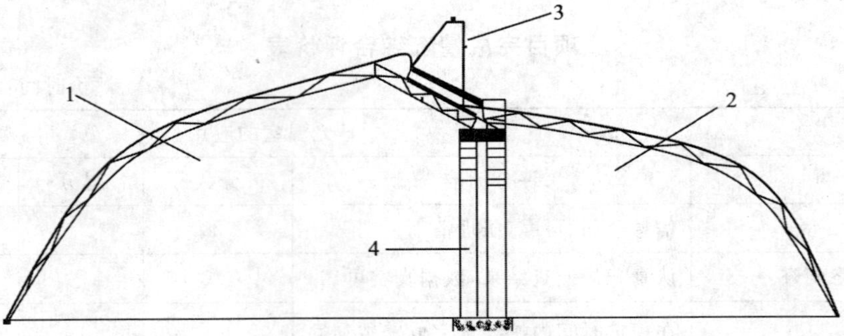

图 2-4-12　阴阳温室侧剖面示意图

1. 阳棚　2. 阴棚　3. 共用卷帘机　4. 共用后墙

3. 新型内保温组装式温室　温室骨架及内部设施均为组装式，建造快捷，拆卸方便。温室采用 V 字形拱架，压膜线压在 V 字形槽口内，温室表面薄膜平整，有利于采光和薄膜清洗。此温室采用内保温模式，利用新型高分子复合材料加工成腔囊保温被，重量轻，保温效果好。保温被与薄膜之间设定一定距离，保温被沿着托被龙骨弧度上下运行。其优点是无建筑污染，土地利用率高，建造使用方便，有利于工业化生产。如图 2-4-13 所示。

温室内景

温室外景

图 2-4-13　新型内保温组装式温室

Project 5

项目五

现代化温室的应用

知识点

现代化温室的骨架结构和规格尺寸；现代化温室的常见类型。

技能点

现代化温室的生产系统组成及应用。

【技术资料】

现代化温室通常是指能够进行温度、湿度、肥料、水分和气体等环境条件自动控制的大型单栋和连栋温室，也称智能温室。一般占地面积在 1 000 m^2 以上，大的可达 30 000 m^2，用玻璃、硬质塑料板或塑料薄膜等进行覆盖，环境基本不受自然气候的影响，由计算机监测和智能化管理系统控制，可以根据作物生长发育的要求自动调节环境因子，满足生长要求，能够大幅度提高作物的产量、质量和经济效益，是园艺设施的高级类型。

一、现代化温室的结构规格

(一)现代化温室的结构组成

1. 屋架结构

现代化温室多为连栋温室，其基础由预埋件和混凝土浇筑而成，薄膜温室基础比较简单，玻璃温室较复杂，且必须浇筑边墙和端墙的地固梁。温室骨架一类是柱、梁、天沟或拱架均用矩形钢管、槽钢等制成，经过热浸镀锌防锈蚀处理，具有很好的防锈能力；另一类是门窗、屋顶等为铝合金轻型钢材，经抗氧化处理，轻便美观、不生锈、密封性好，且推拉开启省力。

2. 覆盖材料

理想的覆盖材料应是透光性、保温性好，坚固耐用，质地轻，便于安装，价格低廉等。现代化温室覆盖材料主要为平板玻璃、塑料板材和塑料薄膜。

(1)玻璃　温室用的普通平板玻璃大多数 3～4 mm 厚，钢化玻璃为 5 mm 厚。玻璃的主要特点是防尘、防腐蚀，使用寿命长，一般可用 30 年以上；透光率高，一般为 90%左右，透光率很少随着使用年限的延长而下降。其不足之处是密度大(2.5 g/cm^3)，对支架的坚固性要求高；容易破碎，而且普通平板玻璃透紫外线能力低，不利于作物的生长。

(2)塑料板材　塑料板材又称硬质塑料板，是指厚度为 0.25 mm 以上的塑料板。硬质塑料板从结构分有平板、波纹板及复层板三种，其厚度大多为 0.8 mm 左右，目前大多以 FRA(玻璃纤维增强聚丙烯树脂)、MMA(丙烯树脂)板和 PC(聚碳酸酯树脂)为原料。硬质塑料板不仅具有较长的使用寿命(10～15 年)，而且透光率可达 90%以上，机械强度高，保温性好，节能效果显著。

(3)半硬质薄膜　目前，国外使用的半硬质膜主要有半硬质聚酯膜(PET)和氟素膜(ETFE)，半硬质膜的厚度为 0.150～0.165 mm，其表面经耐候性处理，具有 4～10 年的使用寿命。

(二)现代化温室的规格尺寸

1. 单体尺寸

现代化温室的单体尺寸主要包括跨度、开间、檐高、脊高等，如图 2-5-1 所示。

(1)跨度　指温室的最终承力构架在支撑点之间的距离。通常温室跨度规格尺寸为 6.0 m、6.4 m、7.0 m、8.0 m、9.0 m、9.6 m、10.8 m、12.8 m。

(2)开间　指温室最终承力构架之间的距离。通常开间规格尺寸为 3 m、4 m、5 m。

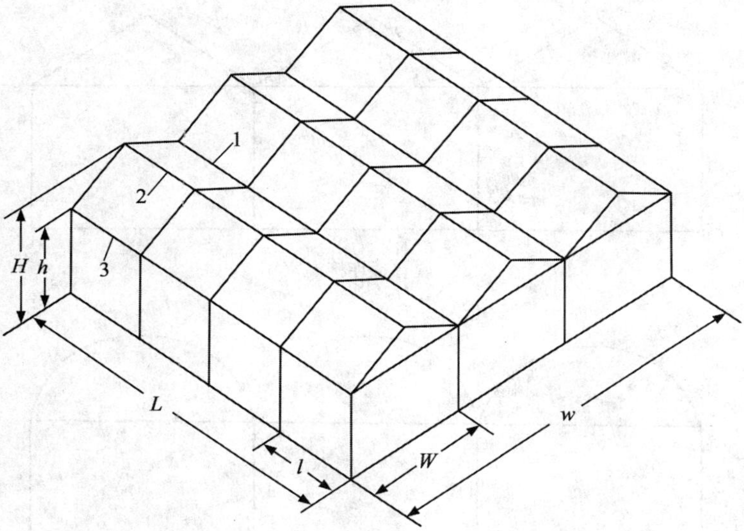

图 2-5-1　现代化温室结构

1. 天沟　2. 脊　3. 檐

H. 脊高　*h*. 檐高　*L*. 长度　*l*. 开间　*W*. 宽度　*w*. 跨度

(3)檐高　指温室柱底到温室屋架与柱轴线交点之间的距离。温室檐高规格尺寸为 3.0 m、3.5 m、4.0 m、4.5 m。

(4)脊高　指温室柱底到温室屋架最高点之间的距离。通常为檐高和屋盖高度的总和。

2. 总体尺寸

现代化温室的总体尺寸主要包括温室的长度、宽度、总高等。

(1)长度　指温室在整体尺寸较大方向的总长。

(2)宽度　指温室在整体尺寸较小方向的总长。

(3)总高　指温室柱底到温室最高处之间的距离，最高处可以是温室屋面的最高处或温室屋面外其他构件(如外遮阳系统等)。

二、现代化温室的类型

现代化温室按屋面特点可分为屋脊形连栋温室、拱圆形连栋温室等类型，如图 2-5-2 所示。

(一)屋脊形连栋温室

主要以玻璃或硬质塑料板材作为透明覆盖材料，温室骨架均为镀锌钢管、槽钢制成，门窗等由铝合金制成。代表类型有荷兰的文洛型玻璃温室。

(二)拱圆形连栋温室

主要以塑料薄膜为透明覆盖材料，为提高保温性能可采用双层充气薄膜。因其自重较轻，所以在降雪较少或不降雪的地区，可大量减少结构安装件的数量，增大薄膜安装件的间距。由于框架结构比玻璃温室简单，用材量少，建造成本低。这种温室主要在法国、以色列、美国、西班牙、韩国等国家广泛应用。

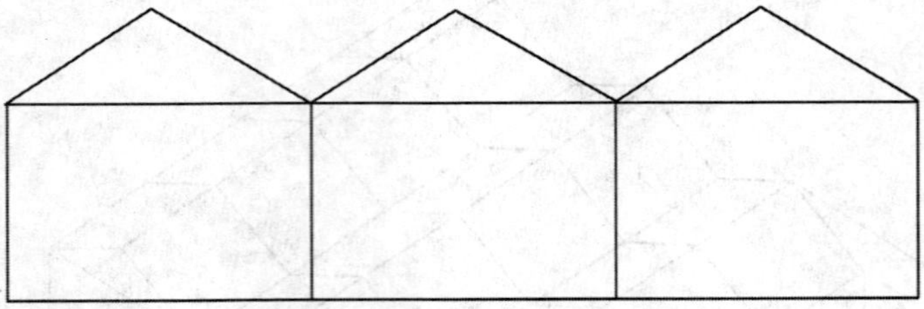

屋脊形连栋温室

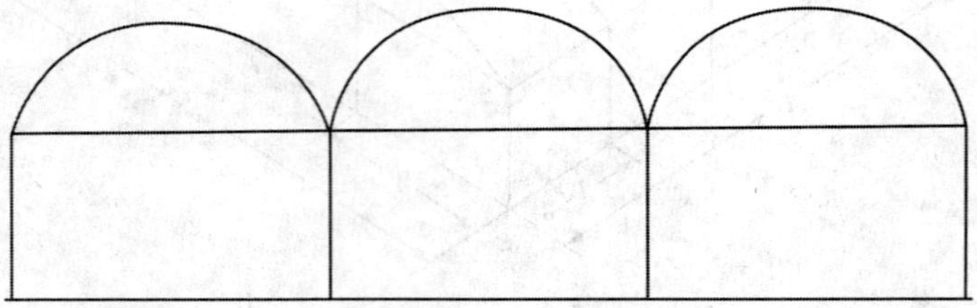

拱圆形连栋温室

图 2-5-2 现代化温室常见类型

三、现代化温室的生产系统

(一)自然通风系统

自然通风是温室通风换气、调节室温的主要方式。自然通风系统有侧窗通风、顶窗通风或顶侧窗通风三种类型。屋顶通风即是打开温室屋顶覆盖物进行通风换气，薄膜温室一般通过卷膜装置打开，玻璃温室可通过移动式等方法打开，屋顶通风换气量大；侧窗通风就是打开侧窗通风，常用的有转动式、卷帘式和移动式三种方式打开，玻璃温室多采用转动式和移动式，薄膜温室多采用卷帘式。

(二)加热系统

加热系统与通风系统结合，可为温室内作物生长创造适宜的温度和湿度条件。目前冬季加热方式多采用集中供热分区控制方式，主要有热水管道加热、热风加热和水源热泵三种系统。

(1)热水管道加热系统　由热源锅炉，热水输送管道，循环水泵，散热管等组成。温室散热管道有圆翼型和光管型两种。热水加热系统在我国通常采用燃煤加热，其优点是室温均匀，停止加热后室温下降速度慢，水平式加热管道还可兼做温室高架作业车的运行轨道；缺点是室温升高慢，设备材料多，一次性投资大，安装维修费时费工。燃煤排出的炉渣、烟尘污染环境，需另占土地。一般冬季室外采暖设计温度在－10℃以下且加温时间超过 3 个月的，常采用热水采暖系统。

(2)热风加热系统　由热风炉、送气管道(一般用 PE 膜做成)、附件及传感器等组成。热风加热采用燃油或燃气进行加热，通过风机把热风送入温室各部分。其特点是温室内温度上升速度快，但在停止加热后，温度下降也快，且易形成叶面积水，加热效果不及热水管道。

但设备和材料较热水管道节省，安装维修方便，占地面积小。热风加温适用于面积小、加温周期短、局部或临时加热需求大的温室选用。如图 2-5-3 所示。

图 2-5-3　热风炉加温的送气管道

(3)水源热泵系统　水源热泵中央空调系统是由末端系统，水源热泵中央空调主机系统和水源热泵水系统三部分组成。地球表面浅层水源(地下水、河流、湖泊、海洋等)中吸收了太阳的辐射能量，并且水源的温度一般都十分稳定。冬季为温室供热时，水源热泵中央空调系统从水源中提取低品位热能，通过电能驱动的水源热泵中央空调主机(热泵)“泵”送到高温热源，以空气或水作为载冷剂提升温度后送到温室中满足供热需求。夏季为温室制冷时，水源热泵中央空调系统将温室内的余热通过水源中央空调主机(制冷)转移到水源水中，由于水源温度低，所以可以高效地带走热量，以满足用户制冷需求。通常水源热泵消耗 1 kW 的能量，用户可以得到 4 kW 以上的热量或冷量。

(三)帘幕系统

帘幕依安装位置可分为内遮阳保温幕和外遮阳幕两种，如图 2-5-4 所示。

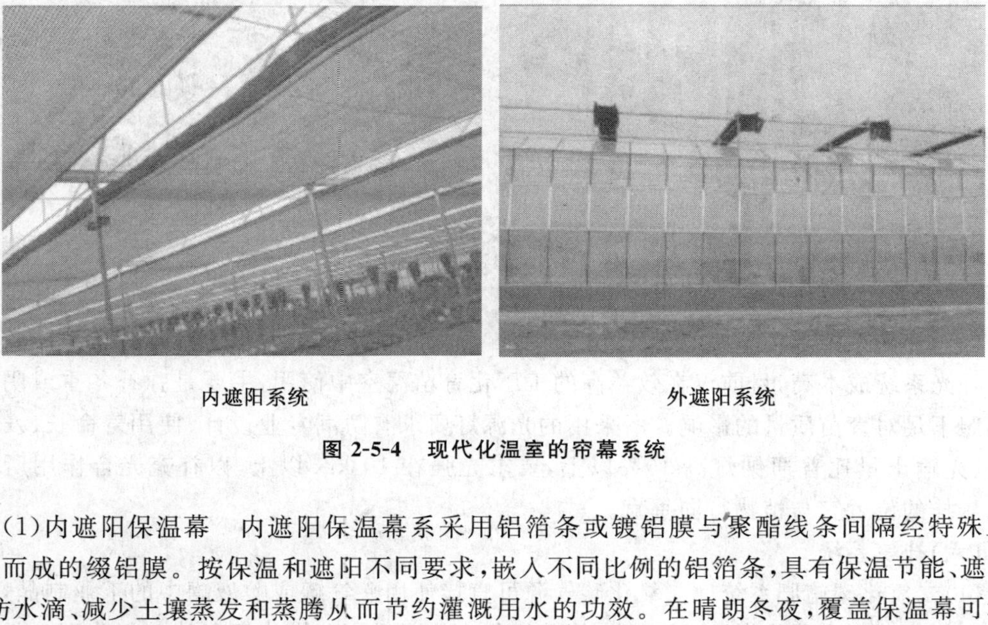

内遮阳系统　　**外遮阳系统**

图 2-5-4　现代化温室的帘幕系统

(1)内遮阳保温幕　内遮阳保温幕系采用铝箔条或镀铝膜与聚酯线条间隔经特殊工艺编织而成的缀铝膜。按保温和遮阳不同要求，嵌入不同比例的铝箔条，具有保温节能、遮阳降温、防水滴、减少土壤蒸发和蒸腾从而节约灌溉用水的功效。在晴朗冬夜，覆盖保温幕可增温 3～4℃，节能 20%～40%；而白天覆盖铝箔可反射光能 95%以上，因而具有良好的降温作用。

(2)外遮阳系统　外遮阳系统利用遮光率为 70%或 50%的透气黑色网幕或缀铝膜(铝箔条比例较少)覆盖于离顶通风温室顶上 30～50 cm 处，比不覆盖的可降低室温 4～7℃，同时也可防止作物日灼伤，提高品质和质量。

(四)降温系统

(1)微雾降温系统　微雾降温系统使用普通水，经过微雾系统自身配备的两级微米级的过滤系统过滤后进入高压泵，经加压后的水通过管路输送到雾嘴，高压水流以高速撞击针式雾嘴的针，从而形成微米级的雾粒，喷入温室，迅速蒸发以大量吸收空气中的热量，然后将潮湿空气排出室外达到降温目的。适于相对湿度较低、自然通风好、长度超过 40 m 的温室应用，不仅降温成本低，而且降温效果好，其降温能力在 3～10℃间，是一种最新降温技术。

(2)湿帘降温系统　湿帘降温系统利用水的蒸发降温原理实现降温。以水泵将水打至温室帘墙上，使特制的疏水湿帘能确保水分均匀淋湿整个降温湿帘墙，湿帘通常安装在温室的北墙上，以避免遮光影响作物生长，风扇则安装在南墙上，当需要降温时启动风扇将温室内的空气强制抽出，形成负压；室外空气因负压被吸入室内的过程中以一定速度从湿帘缝隙穿过，与潮湿介质表面的水汽进行热交换，导致水分蒸发和冷却，冷空气流经温室吸热后经风扇排出而达到降温的目的。在炎夏晴天，尤其是中午温度达最高值、相对湿度最低时，降温效果最好。图 2-5-5。

湿帘

风机

图 2-5-5　湿帘-风机系统

(五)补光系统

补光系统成本高，目前仅在效益高的工厂化育苗温室中使用，主要是弥补冬季或阴雨天的光照不足对育苗质量的影响。所采用的光源灯要求有防潮专业设计、使用寿命长、发光效率高、光输出量比普通钠灯高 10%以上，要求光强在 10 klx 以上，以补充光合作用所需光照。悬挂的位置宜与植物行向垂直。

(六)补气系统

(1)二氧化碳施肥系统　二氧化碳气源可直接使用贮气罐或贮液罐中的工业制品，也可利用二氧化碳发生器将煤油或石油气等碳氢化合物通过充分燃烧而释放二氧化碳。如采用二氧化碳发生器可将发生器直接悬挂在钢架结构上；采用贮气贮液罐则需通过配置电磁阀、鼓风机和输送管道把二氧化碳均匀地分布到整个温室空间，为及时检测二氧化碳浓度，需在室内安装二氧化碳分析仪，通过计算机控制系统检测并实现对二氧化碳浓度的精确控制。我国主要采用化学反应方法，即碳酸盐与强酸在二氧化碳发生器发生化学反应产生二氧化碳，这种方法简单、成本低，使用时可将发生器直接悬挂在温室内，也可人背二氧化碳发生器走动施肥。

(2)环流风机　封闭的温室内，二氧化碳通过管道分布到室内，均匀性较差，启动环流风机可提高二氧化碳浓度分布的均匀性，此外通过风机还可以促进室内温度、空气相对湿度分布均匀，从而保证室内作物生长的一致性，改善品质，并能将湿热空气从通气窗排出，实现降温的效果。如图 2-5-6 所示。

图 2-5-6　环流风机

(七)计算机自动控制系统

自动控制是现代温室环境控制的核心技术，可自动测量温室的气候和土壤参数，并对温室内配置的所有设备都能实现优化运行而实行自动控制，如开窗、加温、降温、加湿、光照和二氧化碳补气，灌溉施肥和环流通气等。该系统目前已不是简单的数字控制，而是基于专家系统的智能控制，一个完整的自动控制系统包括气象监测站、微机、打印机、主控制器、温湿度传感器、控制软件等。

(八)灌溉和施肥系统

灌溉和施肥系统由首部和田间管道系统组成。首部包括水源、储水及供给设施、水处理设施、灌溉和施肥设施等，典型的首部布置如图 2-5-7 所示。常见的灌溉系统有适于地栽作物的滴灌系统，适于基质袋培和盆栽的滴灌系统，适于温室矮生地栽作物的喷嘴向上的喷灌系统或向下的倒悬式喷灌系统，以及适于工厂化育苗的悬挂式可往复移动式喷灌系统（图 2-5-8）。

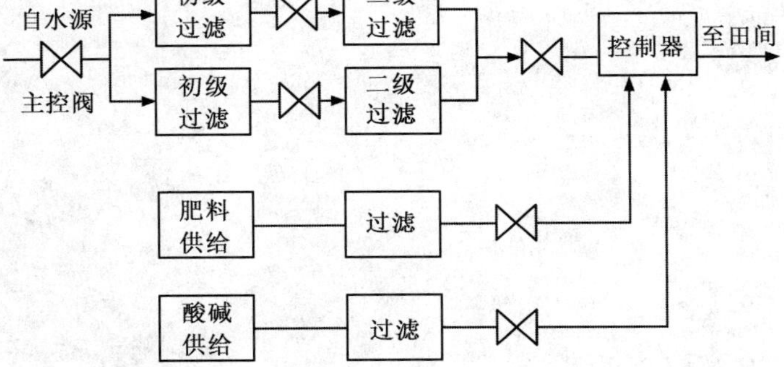

图 2-5-7　灌溉设施首部典型布置图

图 2-5-8 悬挂式自动喷灌系统

在灌溉施肥系统中，肥料与水均匀混合十分重要，目前多采用混合罐方式，即在灌溉水和肥料施到田间前，按系统 EC 值和 pH 的设定范围，首先在混合罐中将水和肥料均匀混合，同时进行定时检测，当 EC 值、pH 未达到设定标准值时，至田间网络的阀门关闭，水肥重新回到罐中进行混合，同时为防不同化学成分混合时发生沉淀，设 A、B 罐与酸碱液罐。在混合前有二次过滤，以防堵塞。在首部肥料泵是非常重要的部分，依其工作原理分为文丘里式注肥器、水力驱动式肥料泵、无排液式水力驱动肥料泵和电动肥料泵等不同种类。

(九)温室内常用作业机具

除上述配套设施外，有的还配以穴盘育苗精量播种生产线、组装式蓄水池、消毒用蒸汽发生器、各种小型农机具等配件。

【工作流程】

信息采集（独立完成）→ 现代化温室结构规格调查（小组合作）→ 温室生产系统的调查（小组合作）→ 考核评价（师生合作）

【任务工单】

信息采集单

项目：现代化温室的应用　　　　　　　　姓名：　　　　　　　　时间：

任务名称	现代化温室信息采集
目的要求	了解现代化温室的常见类型、基本结构组成和规格尺寸，知道现代化温室常用生产系统的作用原理。
问题一　简述现代化温室透明覆盖材料的种类及特点。	
问题二　现代化温室有哪些常见类型？	
问题三　现代化温室有哪些配套生产系统，简述其主要作用。	

指导教师签字：

田间调查作业单

项目：现代化温室的应用　　　　姓名：　　　　时间：

任务名称	现代化温室结构组成和规格尺寸调查
目的要求	实地考察不同类型现代化温室的结构组成，调查其各部位材料及其规格尺寸，并测量温室的主要结构参数。
材料用具	不同类型的现代化温室，米尺，游标卡尺，量角器。

屋脊形现代化温室调查结果

单体尺寸		总体尺寸		生产系统	
跨度		长度			
开间		宽度			
檐高		总高			
脊高		覆盖材料			

侧剖面简图

拱圆形现代化温室调查结果

单体尺寸		总体尺寸		生产系统	
跨度		长度			
开间		宽度			
檐高		总高			
脊高		覆盖材料			

侧剖面简图

指导教师签字：

【项目评价】

项目完成情况综合评价表

学生姓名：　　　　　　　　　　　　　　　　　　　　　　　　　　评价时间：

项目名称	现代化温室的应用			
评价内容	评分标准	分数	得分	备注
信息采集	信息全面、可靠，条理清晰	40		教师评价
温室结构规格调查	认真记录调查结果，数据真实可靠	40		教师评价
工作态度	态度端正，积极热情	10		自我评价
团结协作	擅于与他人合作	10		组内互评
合　计		100		

【课外阅读】

植物工厂

植物工厂是通过设施内高精度环境控制实现农作物周年连续生产的高效农业系统，是利用计算机对植物生育的温度、湿度、光照、CO_2 浓度以及营养液等环境条件进行自动控制，使设施内植物生育不受或很少受自然条件制约的省力型生产。植物工厂是现代生物技术、建筑工程、环境控制、机械传动、材料科学、设施园艺和计算机科学等多学科集成创新、知识与技术高度密集的农业生产方式，代表着未来农业的发展方向。2009 年 9 月 7 日，国内第一例以智能控制为核心的植物工厂研发成功，并在长春农博园投入运行，该植物工厂的研制成功，标志着中国在设施农业高技术领域已取得重大突破，将对中国现代农业的发展产生深远的影响。按光能的利用方式不同来划分，植物工厂可分为三种类型，即太阳光利用型（简称太型）、人工光利用型或者叫完全控制性（简称完型）、太阳光和人工光并用型（简称综合型）。

模块三　设施蔬菜春夏季栽培

Project 1

项目一

地膜覆盖马铃薯春早熟栽培

知识点

马铃薯生物学特性；马铃薯栽培季节与茬次安排。

技能点

马铃薯种子播前处理；整地施肥；播种；追肥灌水；植株调整；收获。

【技术资料】

马铃薯别名土豆、洋芋、山药蛋等，为茄科茄属一年生草本植物。起源于南美洲秘鲁和玻利维亚的安第斯山区，栽培历史有 8 000 年之久。我国马铃薯栽培始于16 世纪末至 17 世纪初，由欧美传教士传入我国。马铃薯营养丰富，以块茎为产品器官，是一种菜粮兼用作物，在中国主要作为蔬菜栽培，居薯芋类蔬菜之首，分布广，面积大。由于块茎极耐贮运，因此，马铃薯是调节市场淡旺季节的主要蔬菜。

一、生物学特性

(一)形态特征

(1)根　马铃薯为须根系，主要分布在 40～70 cm 深的土层中，包括初生根和匍匐根。初生根由芽基部萌发而来构成了马铃薯主要的吸收根系，一般在水平方向生长到 30 cm 左右再逐渐向下垂直生长。匍匐根是在地下茎叶节处的匍匐茎周围发出的根，大多分布在土壤表层。

(2)茎　可分为主茎、匍匐茎和块茎。主茎根据位置不同分地上主茎和地下主茎。直立生长在地上部分的为地上主茎，地下部分为地下主茎。地上茎绿色或附有紫色素，主茎以花芽封顶而结束，花下两个侧枝，形成双杈式分枝。各叶腋中均能发生侧芽，形成侧枝。地下主茎的侧枝横向生长成为匍匐茎，匍匐茎生长到一定时期先端膨大，形成茎的变态器官即块茎(图 3-1-1)。

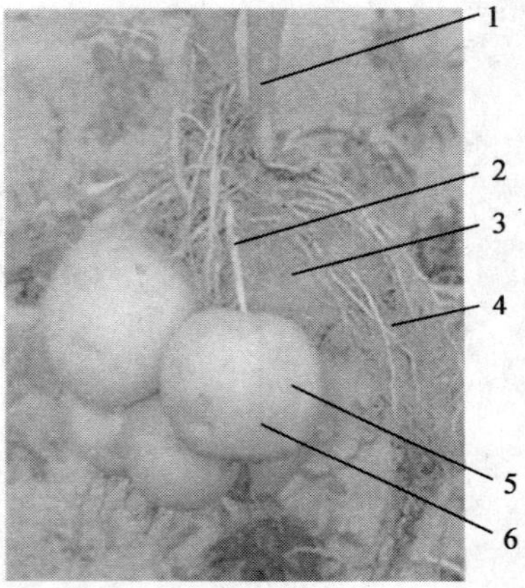

图 3-1-1　马铃薯根和茎

1.主茎　2.匍匐茎　3.种薯
4.根　5.芽眼　6.块茎

(3)叶　块茎繁殖马铃薯第一片初生叶为单叶，心脏形或倒心脏形，全缘。第 2～5 片为不完全复叶，一般从第 5 片或第 6 片开始以后发生的叶为奇数羽状复叶，叶互生，有托叶，顶端叶片单生。叶片表面密生茸毛，有抗旱抗虫作用。极大部分品种的主茎叶由 2 个叶环，即 16 片复叶组成。

(4)花　伞形或聚伞形花序，每个花序有 7～9 朵花，着生在茎的顶端。花瓣白色、淡红或淡紫色等，小花 5 瓣，两性花，自花授粉，多数品种受精能力差，不能自然结实。早熟品种第一花序、中晚熟品种第二花序开放时地下块茎开始膨大，花序的开放是马铃薯植株由发棵期转入结薯期的形态标志。

(5)果实和种子　果实为浆果，球形或椭圆形，青绿色。种子细小，肾形，浅褐色，千粒重一般为 0.5～0.6 g。种子繁殖能避免大多数病毒的累积，但因后代性状分离大，遗传性不稳定，以及育苗技术繁杂，生产上很少采用。二季作地区，大多数马铃薯品种花而不实，只有少数品种结果，果实生长与块茎争夺养分，对产量形成不利，摘除花蕾有利于增产(图 3-1-2)。

马铃薯的花

马铃薯的果实

图 3-1-2 马铃薯花和果实

(二)生长发育周期

马铃薯一般生产上多用块茎繁殖,称为无性繁殖。马铃薯一般是从薯块到薯块的无性生长过程,从块茎的芽萌发,到新的块茎成熟收获,整个生育期可分为发芽期、幼苗期、发棵期(块茎形成期)、结薯期(块茎膨大期)和休眠期 5 个时期。

(1)发芽期　从种薯解除休眠,芽眼开始萌动到幼苗出土为发芽期。一般春季需 25～35 d,秋季 10～20 d。发芽期以地下主茎生长为主,进行主茎的第一段生长。

(2)幼苗期　从出苗到第 6 叶或第 8 叶展平,即第 1 叶序环形成为幼苗期,俗称团棵。需要 15～20 d,进行主茎的第二段生长。幼苗期根系继续扩展,匍匐茎先端开始膨大,块茎开始形成。同时,顶端第 1 花序开始孕育花蕾,其下侧枝开始发生,但生长中心主要在茎叶。

(3)发棵期　也叫块茎形成期,从团棵到主茎封顶叶(第 16 叶或第 12 叶)展平,即形成 2 个叶序环。早熟品种第 1 花序开放,晚熟品种第 2 花序开放为发棵期结束的标志。此期主茎叶已全部形成功能叶,块茎逐渐膨大至 2～3 cm 大小。完成主茎第三段生长。此期 30 d 左右。

(4)结薯期　也叫块茎膨大期,从开花到薯块收获。生长以块茎膨大增重为主,块茎迅速膨大,尤以开花期的十几天膨大最快。此期形成产量的 80%左右,结薯期一般 30～50 d。

(5)休眠期　从茎叶衰败以后或收获时开始进入块茎休眠期。休眠期的长短因品种而异,在温度 25℃左右时,休眠期一般在 1～3 个月。在温度 0～4℃的条件下,块茎可以长期保持休眠状态。休眠期的长短还受温度、湿度等环境条件的影响。块茎休眠属生理性自然休眠,是主动休眠。赤霉素处理可提早解除休眠,但多数品种在成熟后 20 d 内,休眠强度高,不易打破。

(三)对环境条件的要求

(1)温度　马铃薯喜冷凉温和的气候,耐轻霜,不耐热。解除休眠的块茎在 4～5℃时可以生根,马铃薯块茎在 7～8℃时,芽眼开始萌动,10～12℃时幼芽可茁壮成长并很快出土。幼苗期和发棵期,是茎叶生长的阶段,最低温度为 7℃,最适温度为 15～21℃。结薯期的温度对块茎形成和干物质积累影响很大,此时期对温度要求比较严格,要求较大的昼夜温差。块茎形成的最适土温为 16～18℃,气温 20℃。

(2)光照　马铃薯为喜光作物。日照长短直接影响植株生长和块茎形成,一般以每天日照时数 11～13 h 最为适宜。短日照促进块茎形成,长日照则使茎叶徒长,不利于块茎的形成。结薯期要求强光、短日照和较大的昼夜温差，从而有利于同化产物向块茎的运转与积累。

(3)水分　马铃薯对水分要求敏感，整个生育期要求土壤湿润。不同时期对水分要求不同，一般保持田间持水量的60%～80%最为适宜。块茎形成期需水最多，保持田间持水量的70%～80%。结薯后期切忌水分过多。

(4)土壤与养分　马铃薯在土层深厚、疏松透气、排灌方便、富含有机质的沙壤土中生长最好。马铃薯喜酸性土壤，适宜的土壤 pH 为 4.8～7.0。马铃薯是需肥较多的作物，以氮、钾肥最为突出，其次为磷。马铃薯喜有机肥，以大量腐熟的厩肥、鸡粪、人粪尿作基肥，配合化肥作追肥，施用钾肥对提高产量和改善品质都有显著作用，但不宜施用氯化钾。

二、品种类型

马铃薯栽培品种很多，马铃薯按照块茎成熟期分为早熟品种、中熟品种和晚熟品种。

1. 早熟品种

从出苗到块茎成熟需 50～70 d，植株矮小，产量低，淀粉含量中等，不耐贮存，芽眼较浅。优良品种有早大白、白头翁、克新 4 号、克新 5 号、郑薯 2 号等。

2. 中熟品种

中熟品种从出苗到块茎成熟需 80～90 d，植株较高，产量中等，淀粉含量偏高。优良品种有克新 1 号、中薯 2 号、协作 33 等。

3. 晚熟品种

晚熟品种从出苗到块茎成熟需 100 d 以上，植株高大，产量高，淀粉含量高，较耐贮存，芽眼较深。优良品种有高原 7 号、沙杂 15、乌盟 621 等。

高产和贮藏栽培应选中熟、晚熟品种；提早供应，二季作和间套作栽培应选早熟品种。一般在北纬 42°以上和海拔 800 m 以上地区，宜选择中、晚熟品种；江淮流域宜选择中、早熟品种；华南东部冬作区由于结薯期需短日照条件，仍以早熟品种为宜。

三、栽培季节与茬次安排

确定马铃薯栽培季节的总原则是把结薯期安排在土温 16～18℃，气温白天 24～28℃和夜间 16～18℃的季节。马铃薯一、二季作地区的春季栽培在断霜前 30～40 d，10 cm 地温稳定在 5～7℃时为播种适期，地膜覆盖可提前 10～15 d 播种。二季作地区，确定秋薯播期的原则是以当地杀死马铃薯苗的枯霜期为准，向前推 50～70 d，为临界出苗期，一般在 8 月上旬播种，10 月下旬至 11 月下旬收获。

四、地膜覆盖马铃薯春早熟栽培

(一)品种选择

地膜覆盖马铃薯春早熟栽培宜选择优质高产、抗病耐贮的早熟品种，如早大白、费乌瑞它、荷兰七号、克新 4 号、克新 5 号、郑薯 2 号等。

(二)整地做畦

马铃薯忌连作,应轮作2年以上,葱蒜类、胡萝卜、黄瓜茬为较好的前茬。选择耕层深厚、疏松肥沃、地势较高、灌排方便的壤土或沙壤土。重施基肥,增施磷钾肥,前茬作物收获后及时犁耕灭茬,翻土晒垡,结合整地每667 m^2 施腐熟有机肥5 000 kg左右,过磷酸钙25 kg、草木灰200～250 kg。为了便于地膜覆盖,栽培方式上宜采用宽垄双行地膜覆盖栽培,垄宽70～80 cm,垄高15～20 cm,株距20～25 cm。每667 m^2 用种量需150～180 kg,早春地膜覆盖栽培应保持每667 m^2 种植5 000株左右。

(三)播种技术

1.催芽与切块

种薯催芽是适期早播一项有效的增产措施,可提早出苗7～10 d,起到延长生育期的作用。通过催芽还可淘汰因感染病毒而造成的纤细芽,或芽眼坏死的病薯,以利播后苗全苗壮。于播种前20～25 d将种薯置于15～20℃、空气相对湿度60%～70%的黑暗条件下暖种催芽。经10～15 d、芽长0.5～1.0 cm时,在12～15℃条件下将种薯在散射光下晾晒10 d,芽见光后则停止伸长,变绿变粗。

催芽后将种薯切块,保证每个种薯块不能少于30 g,每块至少保留1～2个芽眼,较小的种薯可自顶部纵切2～4块;大块种薯先从基部切块,至一定大小时,再由顶部纵切4～5块。切块刀口晾干愈合后即可播种。

没经过催芽处理的种薯可用赤霉素液处理。薯块可用0.5 mg/L赤霉素液,整薯用10 mg/L赤霉素溶液,浸泡10 min,浸种后催芽或立即播种。

图3-1-3 马铃薯播种

2.播种

播种时,要注意墒情,足墒播种。如墒情不足,需提前灌水造底墒。开播种沟,由于覆盖地膜后,不易培土,所以播种深度一般在10～15 cm,种芽向上栽种薯块。薯块间点施三元复合肥,每667 m^2 用量20 kg,播种耧平垄面(图3-1-3)。如果播种深度不够,后期薯块露出地面,变绿发青失去商品价值。

3.覆盖地膜

早春为提高地温,宜采用透明地膜覆盖。为防除杂草,覆膜前可喷施除草剂,通常每667 m^2 用50%的乙草胺药液130～180 mL,加水30～40 kg,在土壤湿润的情况下喷施垄面,要严格执行喷施浓度,不重喷,不漏喷,使除草剂在垄表面形成一层除草膜。喷完马上覆盖地膜,使地膜平贴畦面,将薄膜四边嵌入沟中用细土压紧盖实,垄上也需间隔压土,防止风吹揭膜。

(四)田间管理

1.幼苗期

马铃薯播种后25～30 d出苗,出苗后即幼苗期,适时破膜,当薯芽破土出苗顶膜时,及时在破土处的地膜上划一个4～5 cm的出苗口引苗出膜,同时在地膜破口处放少许细土覆盖地膜的破口,防止地膜内过高温度的气流灼伤马铃薯幼苗。破膜不能过晚,以防高温烧苗,破膜孔也不宜过大,否则影响保温效果和引起杂草滋生。幼苗开始生长后,结合浇水施提苗肥，每 667 m^2 施尿素 15 kg，可先将化肥溶解后，随水冲施。

2. 发棵期

发棵期控制浇水，土壤不旱不浇水。如出现徒长现象，可用 100 mg/L 的多效唑进行叶面喷施 1～2 次。

3. 结薯期

结薯期应及时追肥灌水。尤其是开花前后，土壤应保持湿润，防止土壤干旱。结薯前期每 667 m^2 追施复合肥 15～20 kg，可用施肥器在株间点施，随后灌水，以水化肥。同时辅以根外追肥，每周喷施 1 次浓度为 0.3%的磷酸二氢钾。采收前 5～7 d 停止浇水，促薯皮老化，以利贮藏。

摘除马铃薯花蕾可减少养分消耗，提高产量。具体操作方法是在植株现蕾开花 30%时，第 1 次去除花蕾，以后每隔 3～4 d 摘花 1 次，连续摘 2～3 次。去花蕾时用手捏住花序基部，向上提捏即可，但要注意不能伤害叶片。

地膜覆盖栽培，要定期检查膜下有无薯块露出地面，及时在地膜外压土，防止薯块见光变绿。

(五)收获

马铃薯的生长期越长，产量越高，北方一季作区可延迟到茎叶枯黄时收获。为提早供应市场，也可在规定的收获期之前半个月开始陆续收获。收获后马铃薯要避免雨淋日晒，应在雨季前收获完毕。大面积收获应提前 1～2 d 先割去地上部茎叶，然后用犁冲垄，将块茎翻出地面，人工采拾，面积小的可以人工刨收。

五、马铃薯退化及其防止措施

马铃薯种薯在栽培过程中，有的表现为植株矮小、叶片失绿，有的表现为叶片卷曲坏死，有的表现为植株顶部叶片变色、卷缩，块茎变形、变小、龟裂、变尖，内部网状坏死，严重者失去发芽能力，不能作种，一般减产 20%～30%，严重者减产 80%以上，病情逐年加重，最后失去种用价值，发生退化。

引起马铃薯退化的主要原因是病毒病的发生、积累和蔓延。为了保持马铃薯固有的种性，提高块茎的产量和品质，主要采取如下措施：选用抗病力强的品种，在高山建立留种基地，把选用良种和防毒保种结合起来；秋播留种，使结薯期处于冷凉气候下，植株生长健壮，增强了抗病性，且不利于病毒的繁殖与感染，可减少退化；去除病毒，茎尖培养无毒种薯，种植马铃薯一定要选择脱毒种薯。

【工作流程】

信息采集（独立完成）→ 制订生产计划（小组合作）→ 完善计划（师生合作）→ 计划实施（小组合作）→ 考核评价（师生合作）

【任务工单】

信息采集单

项目:地膜覆盖马铃薯春早熟栽培　　姓名:　　时间:

任务名称	地膜覆盖马铃薯春早熟栽培信息采集
目的要求	通过认真研读技术资料,收集信息,了解马铃薯的生长发育特点及常见品种类型。
问题一　马铃薯的生育周期是怎样划分的?	
问题二　马铃薯对环境条件有什么要求?	
问题三　举例说明根据熟性马铃薯可分为哪几种类型?	

指导教师签字:

工作计划单

项目：地膜覆盖马铃薯春早熟栽培　　　　　　姓名：　　　　　　　　　　　　　　　时间：

任务名称	制订地膜覆盖马铃薯春早熟生产计划
目的要求	根据当地的气候条件，确定马铃薯春早熟栽培的播种期和收获期，制定生产作业历。并考虑销售地的消费习惯，选择前期生长快、结薯早、产量高、品质优良的中早熟脱毒良种。列出所需生产资料清单并进行预算。制定生产技术路线。

1. 根据实际情况，制定地膜覆盖马铃薯春早熟栽培作业历。

栽培茬次	播种期	出苗期	结薯期	收获期

2. 品种选择。

3. 材料用具及预算。

4. 用简图绘制地膜马铃薯春早熟生产的技术路线。

指导教师签字：

生产实训技能单 1

项目：地膜覆盖马铃薯春早熟栽培　　　　姓名：　　　　　　时间：

任务名称	马铃薯播种
目的要求	通过实际操作掌握马铃薯种薯催芽、切块和播种等技能。
材料用具	刀片、赤霉素、马铃薯种薯等。

方法步骤	注意事项
1. 暖种催芽 (1)暖种催芽 (2)赤霉素处理	
2. 种薯切块 (1)薯块标准 (2)切块方法	
3. 播种 (1)播种 (2)喷施除草剂 (3)覆膜	

考核标准	考核项目	分值	得分
	按要求进行种薯催芽	20 分	
	按要求进行种薯切块处理	30 分	
	正确完成播种、喷施除草剂等工作任务	30 分	
	地膜覆盖平整、紧实	20 分	
	合　计	100 分	

备注：可根据生产周期连续考核

指导教师签字：

生产实训技能单 2

项目：地膜覆盖马铃薯春早熟栽培　　　　姓名：　　　　时间：

任务名称	地膜覆盖马铃薯春早熟栽培田间管理
目的要求	通过实际操作掌握追肥灌水、植株调整等基本技能。
材料用具	化肥、农具、灌溉设备等。

方法步骤	注意事项
1. 幼苗期管理 (1)破膜引苗 (2)施提苗肥	
2. 发棵期管理 (1)水肥管理 (2)控制徒长	
3. 结薯期管理 (1)水肥管理 (2)植株调整 (3)培土	

	考核项目	分值	得分
考核标准	正确进行破膜引苗	20 分	
	根据马铃薯生长需求合理进行追肥灌水	40 分	
	合理进行植株整理	20 分	
	正确防止“露头青”的出现	20 分	
	合　计	100 分	

备注：可根据生产周期连续考核

指导教师签字：

田间调查作业单 1

项目:地膜覆盖马铃薯春早熟栽培　　　　　　姓名:　　　　　　　　　　时间:

项目名称	马铃薯的形态特征调查	
目的要求	调查马铃薯植株的形态特征,掌握其特征特性与栽培的关系。提供马铃薯各器官的手机图片。	
材料用具	马铃薯结薯期植株。	
调查内容	特征特性	与栽培的关系
根		
茎	绘图说明:	
叶		
花、果实、种子		

指导教师签字:

田间调查作业单 2

项目：地膜覆盖马铃薯春早熟栽培　　姓名：　　时间：

项目名称	马铃薯生长发育周期调查		
目的要求	跟踪调查并记录马铃薯生长发育周期，了解不同时期的生育特性，掌握不同时期的栽培技术要点。提供马铃薯不同生育期的图片。		
材料用具	不同生育时期的马铃薯植株。		
调查记录：			
生育时期	起止日期(天数)	生育特性	栽培要点
发芽期			
幼苗期			
发棵期			
结薯期			
产量估算			

指导教师签字：

拓展学习作业单

项目：地膜覆盖马铃薯春早熟栽培　　　　姓名：　　　　　　　　时间：

任务名称	日光温室马铃薯春早熟栽培技术方案
目的要求	根据掌握的地膜覆盖马铃薯春早熟栽培的知识和技能，查阅相关资料，制订日光温室马铃薯春早熟栽培生产计划。
1. 制订日光温室马铃薯春早熟栽培作业历。	
2. 日光温室马铃薯春早熟栽培应准备哪些材料用具？大致生产投入是多少？	
3. 写出日光温室马铃薯春早熟栽培的生产方案及技术路线。	

指导教师签字：

【项目评价】

项目完成情况综合评价表

学生姓名：　　　　　　　　　　　　　　　　　　　　　　　　　　　　评价时间：

项目名称	地膜马铃薯春早熟栽培			
评价内容	评分标准	分数	得分	备注
信息采集	信息全面、可靠，条理清晰	10		教师评价
生产计划制订	计划合理，可操作性强	20		教师评价
计划实施	操作规范、熟练	50		教师评价
工作态度	态度端正，积极热情	10		自我评价
团结协作	擅于与他人合作	10		组内互评
合　　计		100		

【课外阅读】

地下苹果

人们对马铃薯有许多亲昵的称呼：法国人称它为“地下苹果”，德国人称它为“地梨”，俄罗斯人称它为“第二面包”。在我国，马铃薯也有不少美称：东北人叫它“土豆”，西北人叫它“洋芋”，华北地区叫它“山药蛋”，江浙一带叫它“洋番芋”。

1785年，法国闹粮荒。一位名叫法尔孟契那的药剂师把马铃薯引种到法国，想以此来解决饥荒问题。但当时许多法国人以为它有毒，不愿栽种。于是国王路易十六就让皇后把马铃薯的花插在头上作装饰；在皇宫花园里也栽种马铃薯。霎时间，栽种马铃薯风靡全法国，土豆花竟成了最时髦、最高贵的标志，土豆也因此得到了一个漂亮的名字——“地下苹果”。

在欧洲、美洲和拉丁美洲等一些国家和地区，每天餐桌上马铃薯是必不可少的主要食品之一，被认为是世界上最伟大的食物之一。

Project 2

项目二

地膜小拱棚双膜覆盖薄皮甜瓜春早熟栽培

知识点

薄皮甜瓜的生物学特性；薄皮甜瓜设施栽培茬次安排。

技能点

营养钵护根育苗；整地施基肥覆地膜；定植；小拱棚内环境调控；追肥灌水；甜瓜匍匐栽培整枝理蔓；保花保果；翻瓜垫瓜；成熟度鉴别和采收。

【技术资料】

甜瓜,葫芦科甜瓜属一年生蔓性植物,包括厚皮甜瓜和薄皮甜瓜两个生态类型。薄皮甜瓜起源于印度和我国西南部地区,又称中国甜瓜、香瓜。喜温暖湿润气候,较耐湿抗病,适应性强。在我国,除无霜期短、海拔 3 000 m 以上的高寒地区外,南北各地广泛栽培。东北、华北地区是薄皮甜瓜的主要产区。与厚皮甜瓜相比较,薄皮甜瓜植株长势较弱,叶色较深,抗逆性强,但瓜皮较薄,不耐贮运,适宜就地生产,就近销售。甜瓜果实营养丰富,口味甜美,气味芳香,以作水果鲜食为主,也可加工成果脯、蜜饯、罐头等。

一、生物学特性

(一)形态特征

(1)根　薄皮甜瓜根系好气性强,要求土质疏松,通气性良好的土壤条件,故大部分根群多分布于 10～30 cm 的耕作层中。根系木栓化程度高,再生能力弱,损伤后不易恢复,因此栽培中应采用护根育苗。

(2)茎　茎在苗期节间短,可直立生长,4～5 片叶后节间伸长,爬地匍匐生长。茎的分枝能力极强,主蔓的各个叶腋均能抽生子蔓,子蔓上发生孙蔓,孙蔓上还能再生侧蔓,只要条件适宜可无限生长。

(3)叶　单叶互生,叶形为圆形、肾形或心脏形,叶柄及主脉具短刚毛,正反面均被茸毛,叶缘不分裂或浅裂。叶腋处着生腋芽、花器及卷须。

(4)花　花着生在叶腋处,雌雄异花同株。雌花单生,雄花 3～5 朵簇生,多数品种雌花是具雄蕊的两性花,又称结实花,雌雄花均具蜜腺,属虫媒花,自花授粉和异花授粉都能结出果实。主蔓雌花出现较迟,子蔓、孙蔓雌花出现较早,通常在 1～2 节出现雌花。主蔓雌花比例仅 0.2%,子蔓达 11%,而孙蔓高达 40%～63%,故甜瓜多以子蔓或孙蔓结果为主。

(5)果实　薄皮甜瓜果实较小,一般单瓜重 0.3～1.0 kg,果实形状、果皮颜色因品种而异,可溶性固形物含量 8%～12%,果肉或脆而多汁,或面而少汁。果实成熟时,一般具有不同程度的芳香味。薄皮甜瓜的食用部分为整个果皮和胎座,果肉较薄,腔室较大。

(6)种子　甜瓜种子扁平,椭圆形或长椭圆形,黄白色。薄皮甜瓜种子小,千粒重 5～20 g。单瓜种子数 400～600 粒。

(二)生长发育周期

甜瓜的整个生育期大致可分为以下四个时期。

1.发芽期

从播种至第一片真叶显露,适宜条件下需 1 周左右。此期主要靠种子贮藏的养分转化来提供能量,根系和地上部干重增长很少,主要是胚轴的伸长。子叶是主要同化器官,其生理活动旺盛。管理上要注意控制夜温,防止下胚轴徒长形成“高脚苗”,同时注意防止猝倒病的发生。

2.幼苗期

从第一片真叶显露至幼苗具 5～6 片真叶的“团棵期”,适宜条件下需 25 d 左右。此期幼苗生长缓慢,节间较短,呈直立生长,同时花芽和叶芽大量分化,因此需要创造良好的生育环境，满足花芽、叶芽分化的要求，为以后植株生长和结实打下基础。生产上宜采取大温差管理，白天给予充足的光照，较高的温度（30℃左右），以提高同化率，积累充足的营养，夜间给予15～18℃的低温有利于花芽分化和结实花形成。

3. 伸蔓期

从“团棵期”至第一朵结实花开放，需20～25 d。此期根系迅速扩展，吸收量增加，侧蔓不断发生，迅速伸长，每2～3 d就展开一片新叶，植株进入旺盛生长阶段（图3-2-1）。此期是植株建立强大的营养体系，为果实膨大奠定物质基础的关键时期。可通过肥水管理及植株调整来控制植株生长势，以确保营养生长和生殖生长的平衡。

图3-2-1　薄皮甜瓜伸蔓期

4. 结果期

从结实花开放到果实采收为结果期，早熟品种需20～40 d，晚熟品种需70～80 d。此期又可细分为结果前期、结果中期和结果后期三个阶段。

（1）结果前期　自结实花开放到果实坐住，约需7 d，此期是植株由茎叶生长为主转向果实生长为主的过渡期，植株长势虽较强，但果实生长则逐渐占优势。双膜覆盖栽培由于缺少昆虫传粉，可通过人工辅助授粉或放蜂授粉来提高坐果率。

（2）结果中期　自果实迅速膨大至停止增大。此时植株总生长量达最大值，植株生长以果重增长为主，是果实生长最快的时期，日增长量达50～100 g。同时茎叶的生长显著减少或停滞，此期是决定果实膨大的关键时期，生产上应保证水肥供应充足。

（3）结果后期　自果实停止膨大至成熟，营养生长停滞甚至衰退。此时果实体积增加很少，但果重仍有增加，主要是果实内部发生生理生化变化，糖分增加。此期应停止追肥灌水，促进果实成熟。

（三）对环境条件的要求

1. 温度

薄皮甜瓜是喜温作物，生长适宜的温度为日温26～32℃，夜温15～20℃。不同生育阶段对温度要求不同。种子发芽的适温为28～32℃，温度低于15℃种子不发芽。幼苗期给予较低的夜温有利于结实花的形成，使其数量增加，节位降低。开花期最适温度为25℃，夜温不低于 15℃，15℃以下则会影响甜瓜的开花和授粉。果实发育期间以白天 28～32℃，夜间 15～18℃，保持 10℃以上的昼夜温差，有利于果实的发育和糖分的积累。

2. 光照

薄皮甜瓜为喜强光作物，光饱和点为 5.5 万～6 万 lx，光补偿点为 4 000 lx。光照充足，甜瓜株形紧凑，节间和叶柄较短，蔓粗，叶大而厚实，叶色浓绿。坐果期光照不足，植株表现为营养不足、花小、子房小、易落花落果；结果期光照不足，则影响物质积累和果实生长，表现为果实膨大慢，着色不良，香气不足，果实含糖量下降，品质差。

薄皮甜瓜为短日性植物，每天 10～12 h 的日照有利于光合产物的积累和结实花的分化，表现为花芽分化提前，结实花节位低，数量多，开花早。

3. 水分

甜瓜生长快，茎叶繁茂，叶片蒸腾量大，故需水量较大。但其根系不耐涝，受淹后造成缺氧而致植株死亡。不同生育时期对水分的要求不同，发芽期需要充足的水分，苗期需水不多，但要保持土壤湿润。伸蔓期至开花坐果期，是甜瓜需水较多的时期，应保证土壤水分含量达田间最大持水量的 70%。果实膨大期，土壤湿度要达到田间最大持水量的 80%，缺水会影响果实膨大。果实成熟期，土壤湿度宜低，保持在田间最大持水量的 55%～60%。甜瓜要求空气干燥，适宜的空气相对湿度为 50%～60%。

4. 土壤营养

薄皮甜瓜对土壤条件的适应性较广，但以疏松、土层厚、土质肥沃、通气良好的沙壤土为最好。沙质壤土早春地温回升快，有利于甜瓜幼苗生长，果实成熟早，品质好。薄皮甜瓜耐盐碱性强，在 pH 7～8 之间能正常生育。在轻度盐碱土壤上种甜瓜，可增加果实的含糖量，改进品质。

薄皮甜瓜需肥量较大，每生产 1 000 kg 产品需氮 4.6 kg，磷（P_2O_5）3.4 kg，钾（K_2O）3.4 kg。生产中应重视氮磷钾肥的配合施用，三者的比例以 3.28∶1∶4.23 为宜。此外，钙和硼对甜瓜的生长发育也很重要。甜瓜为忌氯作物，在含氯离子较高的土壤上生长不良。生产中不宜施用氯化铵、氯化钾等肥料，也不能施用含氯农药，以免对植株造成不必要的伤害。

二、品种类型

薄皮甜瓜按果皮色泽可分为六个品种群，即白皮品种群、黄皮品种群、绿皮品种群、花皮品种群、小籽品种群和绵瓜品种群。

(1)白皮品种群　成熟后果皮白色、绿白色或乳白色，充分成熟时略带黄白色。果实长圆筒形、梨形、近圆形，果肉白色或绿色。主要品种有山东益都银瓜，广东华南 108，河北白雪，上海雪梨瓜，苏皖和华东的苹果瓜，江西梨瓜，广州蜜瓜，黄淮流域的白糖罐，陕西白兔娃、白线瓜，浙江白啄瓜等。

(2)黄皮品种群　成熟后果皮金黄、橙黄、浅黄等呈黄色的品种。果实椭圆、近圆或梨形，果肉白色。主要品种有江浙的黄金瓜，河北、湖南的八方瓜，河南的黄金醉，黑龙江的喇嘛黄、黄梨、黄沙蜜，南京的太阳红，湖北的荆农 4 号，河北的皇姐、金宝，上海的黄十条筋，江宁黄皮，台湾的金辉等。

(3)绿皮品种群　果皮绿色、绿黄色或墨绿色。果形有长筒形、牛角形、梨形等。果肉浅绿色、绿色或浅橙红色。主要品种有江、浙、沪的海冬青，黑龙江的铁把青、龙甜 2 号、齐甜 1 号、早香蜜、牙瓜，华北的羊角蜜，浙江的牛角酥、杭州绿皮，苏皖的青皮绿肉，陕西北部的黑老婆、甘肃兰州的金塔寺等。

(4)花皮品种群　果皮具有两种以上的颜色，如浅黄与金黄、白与金黄、浅绿与深绿或墨绿、灰与墨绿等复色的斑点或条带组成多彩的果皮颜色。果形长筒形、高圆形、椭圆形或梨形等。果肉浅绿、白或橙色。主要品种有江浙一带的芝麻酥，南京的关公脸，东北的八里香，黑龙江的金道子、花老虎，河北的亚洲 2 号、十道黑，内蒙古的小花道，陕西的蛤蟆皮等。

(5)粉质(绵瓜)品种群　该类品种果肉淀粉含量高，成熟时少汁液，甜味淡，质地绵酥，品质较低。果形有圆筒形、卵圆形等。果皮黄褐或黄绿色，果肉橙黄或白绿色。极不耐贮藏运输。主要品种有华北的老头乐、马蹄黄、老来黄等。

(6)小籽品种群　这类品种种子特别小，形似芝麻。果形卵圆或长圆筒形。果肉绿色、细脆。主要品种有华北的芝麻粒等。

三、栽培季节与茬次安排

薄皮甜瓜对环境适应性强，在我国分布较广，南北方均有栽培。我国薄皮甜瓜露地栽培面积较大，最适栽培季节为春播夏收。利用地膜加小拱棚双层覆盖的栽培方式，可比露地栽培提早定植 15～20 d，采收期可比露地提早 20～30 d。如东北地区可在 3 月上旬播种，4 月中下旬定植，6 月份采收，7 月份拉秧种下茬。如果收二茬、三茬瓜，则采收期可延长 20～30 d。双膜覆盖综合了地膜覆盖与小拱棚覆盖的双重优点，具有结构简易，成本低，用工少，效益高等特点，因此成为近几年发展较快的茬口。近年来，随着设施栽培技术的逐步完善，全国各地利用日光温室、塑料拱棚等进行春提早栽培，取得了较为可观的经济效益，栽培面积不断扩大。

四、地膜小拱棚双膜覆盖薄皮甜瓜春早熟栽培

(一)品种选择

双膜覆盖栽培宜选择耐湿抗病、适应性广、符合当地消费习惯的早熟品种，如齐甜一号、齐甜二号、龙甜四号、永甜三号、金妃、翠宝等。

(二)营养钵护根育苗

双膜覆盖甜瓜栽培多采用营养钵护根育苗，苗龄约 30 d。一般适宜的播种期距定植期 40 d 左右，苗龄 3 叶 1 心至 4 叶 1 心可定植。其操作步骤如下：

1. 配制营养土

配制育甜瓜苗的营养土，应选择没种过瓜类作物的大田土或葱蒜茬土壤，以防土壤中含有病菌虫卵引起病虫害。播种用营养土要求特别疏松、通透，以利于幼芽出土和分苗起苗时不伤根，对肥沃程度要求不高。配制体积比为：大田土 4 份，草炭(或马粪)5 份，优质粪肥 1 份；大田土 3 份，细炉渣(用清水淘洗几次)3 份，腐熟的马粪或有机肥 4 份。分苗用营养土为保证幼苗期有充足的营养和定植时不散坨，应加大田土和优质粪肥，配制体积比为：田土

5～7 份，草炭、马粪等有机物 3～4 份，优质粪肥 2～3 份，每立方米加化肥 1.0～1.5 kg。使用化肥应先将肥料溶化在水中，随后均匀地喷布到营养土中。

2. 制作苗床

通常将苗床设在温度和光照都比较好的部位，如温室和大棚的中间部位。选好位置后先制作床框，宽度 1～1.5 m，长度可根据育苗多少来确定，苗床四周根据需要做 5～10 cm 高的畦埂。低温季节育苗可在床底铺设地热线，做成电热温床。播种苗床可填入配制好的播种床土 6～8 cm 厚；分苗苗床则将装好营养土的营养钵（8～10 cm 口径）整齐地码放在床框内即可。

3. 播种

播种应选择晴天的上午。播种前，苗床底水要打足。喷水时用喷壶喷透，根据床面积水情况，整平苗床。播种前在苗床上撒一薄层药土（每平方米苗床用 70%恶霉灵可湿性粉剂 10 g，加 15 kg 细干土均匀混拌配制而成），将已出芽的甜瓜种子均匀撒播或点播，注意种子要平放，不要直插入土中。可边播边覆土，防止种子抽干。通常在种子上面撒一薄层药土，然后再覆 1 cm 厚的细土。药土下铺上盖，可有效地防止苗期病害。低温季节播种，覆土后床面盖一层透明地膜增温、保湿，促进快速出苗。

播种后出苗前，苗床温度应保持在白天 28～30℃，夜间 18～20℃左右，地温 20℃左右。播种后 3～5 d，50%以上幼苗子叶拱土时及时撤去覆盖物。幼苗两片子叶展平后，甜瓜的发芽期结束，应立即降低苗床温度，白天 22～25℃，夜间 15℃左右，严防幼苗徒长形成高脚苗。

4. 分苗

幼苗出土后 10～15 d，需及时将小苗从苗床分出，单株栽植，以扩大根系生长的空间和幼苗的营养面积。对于甜瓜来说，幼苗两片子叶展平，刚露出心叶时为分苗适期。分苗过晚，起苗时根系损伤严重，不利于缓苗。同时由于甜瓜的花芽分化较早，如分苗过晚，容易影响植株的花芽分化。

（1）分苗前的准备工作　分苗前 3～4 d 应逐渐降低播种床温度、湿度，给以充足的阳光，增强幼苗的抗逆性，以利分苗后迅速缓苗。分苗前 1 d，苗床浇少量水，使床土湿润，以便于起苗。由于甜瓜的根系木栓化程度高，再生能力差，所以必须采取护根育苗。

（2）分苗　分苗时先将已摆好的营养钵浇透水，然后从播种床中将小苗起出，注意尽量少伤根。栽苗前注意淘汰病弱苗、无心叶苗等。栽苗时左手拿苗，右手持小竹棍将小苗根系压入土中，并将栽苗留下的小孔抹平。如幼苗不齐，可按大小分别移植，以便于管理。

（3）分苗后的管理　分苗后苗床密闭保温，创造一个高温高湿的环境来促进缓苗。缓苗前不通风，如中午高温秧苗萎蔫，可适当遮阳。4～7 d 后，幼苗叶色变淡，心叶展开，根系大量发生，标志着已缓苗。

5. 苗期管理

甜瓜分苗缓苗后到定植前为成苗期，这一段时间的生长量占苗期生长总量的 95%，其生长中心继续在根、茎、叶，同时进行大量的花芽分化。这一时期要求温度适宜、光照充足、肥水适当，以避免秧苗徒长，利于甜瓜的花芽分化。

（1）温度管理　甜瓜成苗期的温度调控可采用大温差管理。分苗缓苗后，白天保持 25～30℃，不超过 32℃不放风，前半夜 15～18℃以上，后半夜 10～15℃，适宜地温为 15～17℃。温度的调节是通过苗床通风与保温防寒来进行的。

(2)光照调节　为使各部秧苗生长一致，可按秧苗大小，重新排列营养钵，将小苗放在温光条件较好的苗床中部，大苗则放在苗床四周。生长后期，适当加大苗距，扩大幼苗的光合面积。

(3)水分管理　成苗期的水分供应，宜采取增大浇水量，减少浇水次数，使土壤见干见湿。水分过多容易引起徒长，水分控制过严则秧苗趋于“老化”，尤其进行大放风后，气温渐高，秧苗蒸腾量加大，如水分不足根部一旦受干旱影响不易复原，影响生长速度，一般在大棚温室内育成苗的7～8 d浇一次水，成苗期间有2～3次大水已足够。浇水要选择有连续晴天的上午进行，每次水量要足，如浇水后连续阴天，秧苗容易染病。

(4)秧苗锻炼　为使幼苗适应定植后的环境，迅速缓苗，可于定植前5～7 d加大通风量，对秧苗进行降温锻炼。甜瓜苗定植前，应在苗床内集中喷一次广谱性杀虫剂和杀菌剂，防止幼苗带病、带虫下地，这样可以大大减少甜瓜定植成活后病虫害发生的概率。还可以向幼苗集中喷施一遍磷酸二氢钾，提高幼苗抗逆性。

(三)整地定植

1.选地整地

薄皮甜瓜忌连作，双膜覆盖栽培，如采用自根苗，必须选择三年内没有种过瓜类蔬菜的地块。有条件的应在冬前进行一次深耕，以利于土壤充分晒垡熟化。开春后结合翻地每667 m^2 施入农家肥3 000 kg，整平耙细。再按1.5～2.0 m的行距开沟，沟内浇足底水，并在沟内集中施肥，每667 m^2 条施农家肥1 500 kg，过磷酸钙40 kg，尿素10 kg，使粪土充分混合。再在施肥沟上方做成上宽50 cm，下宽60 cm，高15 cm的倒梯形小高畦，整平畦面后覆地膜，地膜两侧用土封严。也有的地区为方便灌水，将施肥沟回填后仍保留10 cm深度，覆膜后作为定植沟。最后在定植垄(沟)上方插好拱架，扣膜烤地。双膜覆盖的大垄不要做得过长，保持8～10 m即可，通风效果好，垄也比较容易整平，灌水、排水都比较方便。

2.定植

(1)定植时期　当地日平均气温回升并稳定在10℃左右，且高畦地膜下10 cm处日平均温度达18℃以上时，可选晴暖无风的天气定植，定植后立即盖膜保温。

(2)定植方式

①双行栽培　两行瓜苗背靠背方向爬蔓，两行苗的小行距30 cm，大行距2 m，株距30 cm。每667 m^2 可栽苗1 500～1 800株。扣棚后形成宽70 cm，高40 cm的小拱棚。双行栽培有利于节省架材、扣膜，灌水方便。不足之处是双行瓜苗处于棚两侧，既易被烤伤，又易受外界气候条件影响，如图3-2-2所示。

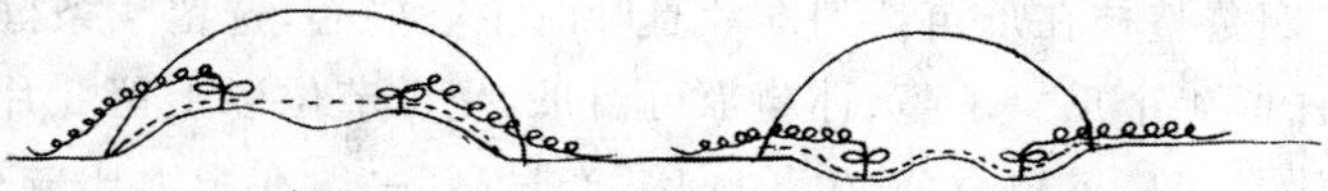

图3-2-2　双行栽培定植方式

②单行栽培　按30 cm株距将幼苗定植于畦中央，行距1.5 m，爬蔓时可顺着风向朝着一个方向爬蔓，不容易被风吹翻秧。单行栽培的瓜苗定植在畦面中间，相对双行栽培的空间大，瓜蔓留在小拱棚内的时间也比较长，能最大限度地发挥小拱棚的增温效果，如图3-2-3所示。

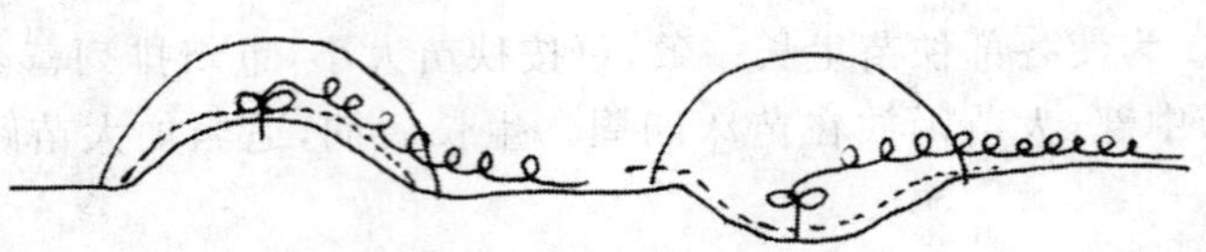

图 3-2-3　单行栽培定植方式

(3)栽植方法　选择晴天上午，将受过低温锻炼的适龄壮苗顺着垄向一侧摆好，之后将小拱棚一侧揭起，按株距在垄上打孔定植，为防地温下降太快，定植时水量不要过大，可采取穴内点水栽苗。定植深度以土坨顶部与畦面相平为宜，周围填入湿土，封严定植口，边定植边扣好小拱棚。

(四)田间管理

1. 幼苗期

定植初期外界温度较低，管理的重点是防寒保温，如遇寒流和大风天气，夜间可在小拱棚两侧压草苫保温防风。缓苗期要紧闭小拱棚，增温保湿促进缓苗。当晴天中午棚温超过35℃时，要适当放风降温，以防烤苗。如定植水不足，可在缓苗后浇少量缓苗水。

2. 伸蔓期

(1)温度管理　白天温度控制在 28～30℃，夜间最低温度不能低于 10℃。以后随着外界气温的升高可逐渐加大放风量。当地终霜后 10 d 左右，外界气温已能满足甜瓜生长发育的需要，可拆除小拱棚，变为地膜覆盖栽培。

(2)水肥管理　伸蔓初期，为促进幼苗生长，可沟灌小水一次。当瓜蔓长至 40 cm 左右时应适当控水，进行蹲苗，以促进根系生长，待瓜苗叶片变成深绿色，于晴天上午沟灌一次小水，以保证坐果期对水分的需求。

(3)整枝方法　双膜覆盖栽培的薄皮甜瓜采用匍匐式栽培，生产中多采用三蔓整枝或四蔓整枝。

①三蔓整枝　三蔓整枝在瓜苗 4 片真叶时摘心定蔓，选留三条健壮子蔓或孙蔓作结果蔓。子蔓留瓜的，可选留子蔓第 2～3 雌花留瓜，瓜前留 3～4 片叶摘心；孙蔓留瓜的，可在每条子蔓 1～3 节选留一条孙蔓，子蔓 7～8 节摘心，孙蔓在瓜前留 1～2 片叶摘心。根据不同品种的结果习性，每条结果蔓选留 1～2 个瓜，每株留 3～4 个瓜。每株保留功能叶片 20 片左右。如图 3-2-4 所示。

②四蔓整枝　四蔓整枝在瓜苗长到 6 片真叶时主蔓摘心，选留 4 条健壮子蔓作结果蔓，每蔓留 1 个瓜，每株留 4 个瓜。子蔓、孙蔓都可留瓜，坐瓜节位以上留 3 片叶摘心，每株有效叶片数在 18～24 片。四蔓整枝，植株生长旺盛，产量高，一般在肥力比较充足的地块才能满足生长需要，如图 3-2-5 所示。

(4)引蔓压蔓　甜瓜在整枝时要配合引蔓，大垄双行栽培的采用背靠背对爬，单垄栽培的采用逐垄顺向爬。引蔓过程中要及时摘掉卷须，并将茎蔓合理布局，防止相互缠绕。甜瓜整枝以植株叶蔓刚好铺满畦面，又能看到稀疏地面为好。坐瓜后幼瓜不外露。为使植株茎蔓均匀地分布在所占的营养面积上，防止风刮乱秧，甜瓜也需压蔓固定。甜瓜压蔓多采用明压(用土块或石块在茎蔓两侧错开压住瓜叶)，而不采用暗压(把蔓埋入土内)。

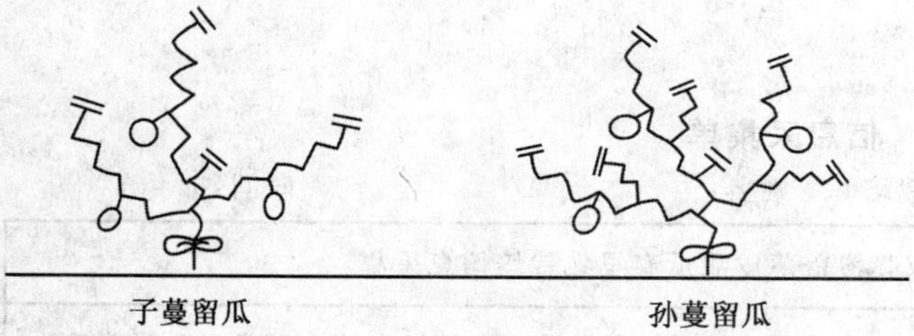

图 3-2-4 甜瓜三蔓整枝示意图

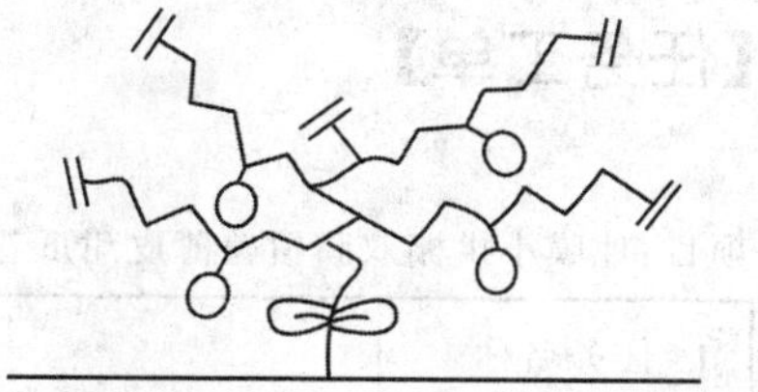

图 3-2-5 甜瓜四蔓整枝示意图

3. 结果期

(1)水肥管理　整个开花、坐果期不要追肥灌水，以控制植株长势，促进坐果。果实膨大期是需水最多的时期，应充分灌水。果实坐住以后，结合灌水适量追肥，每 667 m^2 追施磷酸二铵 10 kg，硫酸钾 15 kg。施肥时在畦的两侧过道上打孔追肥或溶于水中随水冲施。后期宜叶面喷肥，每隔 5 d 喷一次 0.3%磷酸二氢钾液，连喷 2～3 次。膨果结束后直至成熟，要停止肥水供给，防止裂果。

(2)保花保果　双膜覆盖的甜瓜受外界气候条件影响大。尤其是开花授粉时，遇连续阴天多雨，极易落花落蕾。为提高坐果率，可以人工授粉或药剂处理。人工授粉可采集当天开放的雄花，用花药涂抹雌花柱头。也可用毛笔在雌花(结实花)的花蕊上轻轻搅动，使花粉落到本花的柱头上。授粉后，雌花要戴上防水纸帽。药剂处理可用 10～20 mg/L 的氯吡脲，在每天的上午 10 时以前和下午的 3 时以后进行喷花处理。为防止重复喷花，可在药液中加入一定的色素做标记。待果实长有鸡蛋大小时及时疏果，选留具有本品种典型特征、生长势强且色泽鲜亮的幼果为宜，并尽早摘除多余果、畸形果及虫蛀果。

(3)翻瓜、垫瓜　爬地栽培的甜瓜，下雨前或浇水前，将瓜拉到垄面的地膜上，防止浸水腐烂。为提高甜瓜的外观商品质量，防止瓜底贴地产生黄褐色斑点，在果实定个后进行垫瓜，需在每个瓜的下面放一个塑料瓜垫或其他软垫。生长后期还应进行翻瓜，使果实糖度均匀，果实表面着色均匀。翻瓜应在下午进行，顺着同一方向每次转动 60°，以免扭伤或折断瓜柄。并将部分曝晒瓜用叶蔓或杂草遮盖果面，防止日灼，降低品质。

(五)采收

薄皮甜瓜一般在雌花开放 25 ～30 d 后成熟。成熟果实皮色鲜亮，花纹清晰，果柄附近瓜面茸毛脱落，并且散发香气。外销或需要长途运输的品种在果实完全转色前采收，当地鲜销的宜充分成熟时采收。采摘时间以清晨为好，采瓜时注意保留 1～2 cm 长的瓜柄。

【工作流程】

信息采集(独立完成) → 制订生产计划(小组合作) → 完善计划(师生合作) → 计划实施(小组合作) → 考核评价(师生合作)

【任务工单】

信息采集单

项目：地膜小拱棚双膜覆盖薄皮甜瓜春早熟栽培　　姓名：　　　　时间：

任务名称	双膜覆盖薄皮甜瓜春早熟栽培信息采集
目的要求	通过认真研读技术资料，收集信息，了解薄皮甜瓜的生长发育特点及常见品种类型。
问题一　薄皮甜瓜的生育周期是怎样划分的？	
问题二　薄皮甜瓜对环境条件有什么要求？	
问题三　根据瓜皮颜色薄皮甜瓜可分为哪几个品种群，各有何特点？	

指导教师签字：

工作计划单

项目：地膜小拱棚双膜覆盖薄皮甜瓜春早熟栽培　姓名：　　　　　　　　　　　　　　时间：

任务名称	制订双膜覆盖薄皮甜瓜春早熟生产计划
目的要求	根据当地的气候条件，确定地膜小拱棚双膜覆盖薄皮甜瓜春早熟栽培的播种期和收获期，制定生产作业历。并考虑销售地的消费习惯，选择早熟、优质、高产薄皮甜瓜品种。列出所需生产资料清单并进行预算。制定生产技术路线。

1. 根据实际情况，制定双膜覆盖薄皮甜瓜春早熟栽培作业历。

栽培茬次	播种期	定植期	伸蔓期	结果期	采收期

2. 品种选择。

3. 材料用具及预算。

4. 用简图绘制地膜小拱棚双膜覆盖薄皮甜瓜早熟生产的技术路线。

指导教师签字：

生产实训技能单 1

项目:地膜小拱棚双膜覆盖薄皮甜瓜春早熟栽培　姓名:　　　　　　　　时间:

任务名称	营养钵护根育苗
目的要求	通过实际操作学会营养钵护根育苗的关键步骤。
材料用具	大田土、充分腐熟的有机肝、草炭、营养钵、地膜、喷壶、筛子等生产用具。

方法步骤	注意事项
1.苗床准备 (1)营养土配制 (2)播种苗床制作 (3)分苗苗床制作	
2.播种 (1)播种 (2)覆土 (3)盖膜	
3.苗期管理 (1)播后苗前 (2)小苗期 (3)成苗期	

	考核项目	分值	得分
考核标准	按要求完成苗床制作工作任务	20 分	
	按要求进行播种、覆土、盖膜等工作任务	20 分	
	育苗期按要求完成温光水肥管理工作	30 分	
	壮苗率达 85%	30 分	
	合　　计	100 分	
备注:可根据生产周期连续考核			

指导教师签字:

生产实训技能单 2

项目：地膜小拱棚双膜覆盖薄皮甜瓜春早熟栽培　姓名：　　　　　　　　　　时间：

任务名称	薄皮甜瓜整地定植
目的要求	学会整地做畦的基本方法，掌握双膜覆盖幼苗定植的基本技术。
材料用具	铁锹、镐、耙、打孔器、移植铲等常用农具，幼苗，地膜，小拱棚等。

方法步骤	注意事项
1. 整地施肥 (1)选地 (2)施基肥	
2. 做畦 (1)高畦(沟畦) (2)覆地膜	
3. 定植 (1)定植时间 (2)株行距 (3)定植方法	

考核标准	考核项目	分值	得分
	按要求进行整地施基肥等工作任务	20 分	
	按要求制作高畦(沟畦)并覆盖地膜	20 分	
	按要求完成定植任务	30 分	
	定植成活率达 90%	30 分	
	合　计	100 分	
备注：可根据生产周期连续考核			

指导教师签字：

生产实训技能单 3

项目：地膜小拱棚双膜覆盖薄皮甜瓜春早熟栽培　姓名：　　　　　　　　　　　时间：

任务名称	薄皮甜瓜匍匐栽培植株调整
目的要求	通过实际操作掌握薄皮甜瓜匍匐栽培的整枝压蔓和保花保果技术。
材料用具	伸蔓期的甜瓜植株、植物生长调节剂等。

方法步骤	注意事项
1. 整枝留瓜示意图（根据生产中所选取整枝方式）	
2. 保花保果 （1）人工授粉 （2）植物生长调节剂处理	
3. 引蔓压蔓、翻瓜、垫瓜 （1）引蔓压蔓 （2）翻瓜 （3）垫瓜	

	考核项目	分值	得分
考核标准	根据生产需要正确完成整枝任务	40 分	
	能及时进行引蔓、压蔓	20 分	
	能通过人工授粉或植物生长调节剂处理进行保花保果	20 分	
	能正确翻瓜、垫瓜	20 分	
	合　计	100 分	

备注：可根据生产周期连续考核

指导教师签字：

田间调查作业单 1

项目：地膜小拱棚双膜覆盖薄皮甜瓜春早熟栽培　姓名：　　　　　　　　　　时间：

项目名称	薄皮甜瓜的形态特征调查	
目的要求	调查薄皮甜瓜植株的形态特征，掌握其特征特性与栽培的关系。提供薄皮甜瓜各器官的手机图片。	
材料用具	薄皮甜瓜结果期植株。	
调查内容	特征特性	与栽培的关系
根		
茎		
叶		
花		
果实		
种子		

指导教师签字：

田间调查作业单 2

项目：地膜小拱棚双膜覆盖薄皮甜瓜春早熟栽培　姓名：　　　　　　　　　　时间：

<table>
<tr><td colspan="2">项目名称</td><td colspan="3">薄皮甜瓜生长发育周期调查</td></tr>
<tr><td colspan="2">目的要求</td><td colspan="3">跟踪调查并记录薄皮甜瓜生长发育周期，了解不同时期的生育特性，掌握不同时期的栽培技术要点。提供薄皮甜瓜不同生育期的图片。</td></tr>
<tr><td colspan="2">材料用具</td><td colspan="3">不同生育时期的薄皮甜瓜植株。</td></tr>
<tr><td colspan="5">调查记录：</td></tr>
<tr><td colspan="2">生育时期</td><td>起止日期(天数)</td><td>生育特性</td><td>栽培要点</td></tr>
<tr><td colspan="2">发芽期</td><td></td><td></td><td></td></tr>
<tr><td colspan="2">幼苗期</td><td></td><td></td><td></td></tr>
<tr><td colspan="2">伸蔓期</td><td></td><td></td><td></td></tr>
<tr><td rowspan="3">结果期</td><td>前期</td><td></td><td></td><td></td></tr>
<tr><td>中期</td><td></td><td></td><td></td></tr>
<tr><td>后期</td><td></td><td></td><td></td></tr>
<tr><td colspan="5">产量估算：</td></tr>
</table>

指导教师签字：

拓展学习作业单

项目：地膜小拱棚双膜覆盖薄皮甜瓜春早熟栽培　姓名：　　　　　　　　　　　　　　　　　　　　　时间：

<table>
<tr><td>任务名称</td><td>泥炭营养块育苗技术方案</td></tr>
<tr><td>目的要求</td><td>根据所学薄皮甜瓜常规育苗技术，能查阅相关资料，制定薄皮甜瓜泥炭营养块育苗技术方案。</td></tr>
<tr><td colspan="2">1. 日光温室早春茬薄皮甜瓜生产，制定泥炭营养块育苗技术方案。
(1) 材料准备

(2) 育苗作业历</td></tr>
<tr><td colspan="2">2. 泥炭营养块育苗关键步骤
(1) 苗床制作

(2) 摆块

(3) 胀块

(4) 播种

(5) 苗期管理</td></tr>
</table>

指导教师签字：

【项目评价】

项目完成情况综合评价表

学生姓名：　　　　　　　　　　　　　　　　　　　　　　　　　　　　评价时间：

项目名称	地膜小拱棚双膜覆盖薄皮甜瓜春早熟栽培			
评价内容	评分标准	分数	得分	备注
信息采集	信息全面、可靠，条理清晰	10		教师评价
生产计划制订	计划合理，可操作性强	20		教师评价
计划实施	操作规范、熟练	50		教师评价
工作态度	态度端正，积极热情	10		自我评价
团结协作	擅于与他人合作	10		组内互评
合　计		100		

【课外阅读】

食药兼用的甜瓜

甜瓜果实中含有丰富的营养，每 100 g 果肉中含碳水化合物 9.8 g，蛋白质 0.3 g，脂肪 0.1 g，钙 27 mg，磷 12 mg，铁 0.4 mg，并含有胡萝卜素、硫胺素、核黄素、尼克酸等多种维生素及人体必需的 8 种氨基酸。此外，甜瓜中还含有可以将不溶性蛋白质转变成可溶性蛋白质的转化酶。甜瓜的果实除作水果鲜食外，还可加工成果干、果脯、果酱、果汁和罐头，其味甘甜芳香，是水果中的上品。

甜瓜的全株均可入药。果实能“止渴、除烦热、利小便、治口鼻疮”。瓜籽有排除结石、治疗便秘、脓疮和咳嗽的功效，现代研究表明，甜瓜籽还具有驱杀蛔虫、丝虫的作用。瓜蒂在中药中叫苦丁香，可治四肢浮肿，去鼻中息肉。苦丁香还是一味重要的催吐剂，治积食腹胀，并能催吐有毒食物。服用瓜蒂浸出液还能治疗黄疸及传染性肝炎。瓜蔓治血痢和高血压。花治心痛呃逆。瓜根也有治疗肝炎的作用。

Project 3

项目三

塑料大棚西瓜春早熟栽培

知识点

西瓜生物学特性；西瓜生产茬次安排。

技能点

瓜类蔬菜嫁接方法（靠接、插接、劈接、贴接）；嫁接苗管理；温室内整地施肥；做畦覆膜；定植；温室内环境调控；追肥灌水；植株调整；保花保果；果实管理；西瓜成熟度鉴别及收获。

【技术资料】

西瓜是葫芦科西瓜属中的栽培种,一年生蔓性草本植物,别名水瓜、寒瓜。原产于非洲南部的拉哈里沙漠。西瓜以成熟果供鲜食,也可蜜渍、酱藏。瓜瓤脆嫩多汁,营养丰富,是春夏季重要的消暑果品。

一、生物学特性

(一)形态特征

(1)根　根系强大,根深而广,主根入土深 1 m 以上,在沙质壤土直播时,侧根分布直径可达 3 m,根群主要分布在 20～30 cm 的耕层内。吸收肥、水能力强,耐旱但不耐涝。根纤细易断,再生力弱,不耐移植。

(2)茎　茎蔓生,中空,被长茸毛。生长前期节间短,直立状生长,4～5 节后节间逐渐增长,5～6 片叶时开始匍匐地面生长。茎节处着生叶片,叶腋着生苞片、雄花、雌花、卷须和根原基。分枝性强,可形成 3～4 级侧枝。

(3)叶　真叶单叶互生,深裂,全缘叶,叶面有茸毛和蜡粉,蒸腾量小而耐旱。

(4)花　单性花,腋生,雌、雄同株异花,主茎 3～5 节现雄花,5～7 节形成雌花,此后与雄花相间形成。开花盛期可出现两性花。花瓣 5 片,花冠黄色,基部联合;花药联合成 3 枚,花丝短,药背裂;柱头 3 裂;子房下位,3 心室,侧膜胎座。雌雄花均具蜜腺,虫媒花。清晨开放,午后闭合。如图 3-3-1 所示。

雌花　　雄花

图 3-3-1　西瓜的花

(5)果实　有圆形、卵形、椭圆形、圆筒形等,单瓜重 10～15 kg,小的 1～2 kg。果面平滑,表皮绿白、绿、深绿、墨绿、黑色等,间有细网纹或条带。果肉有乳白、淡黄、深黄、淡红、大红等色,肉质分紧肉和沙瓤两种。果肉可溶性固形物一般可达 10%～12%。

(6)种子　种子扁平卵圆形,平滑或具裂纹,种皮褐、褐黑或棕色,单色或杂色。种子千粒重为,大籽类型 100～150 g,中籽类型 40～60 g,小籽类型仅 20～25 g,籽用瓜可达 150～200 g。

(二)生长发育周期

西瓜全生育期 100～120 d,分为 4 个时期。

1.发芽期

从种子萌动至子叶平展,第 1 片真叶露心,在 25～35℃下需 7～10 d。这个时期的生长主要是靠胚中的贮藏养分,其特点是根系生长显著比地上部快。

2.幼苗期

从第 1 片真叶显露至 5～6 片真叶,为幼苗期,又称"团棵期"。在适宜的温度下需 15～18 d。这个时期生长的特点是地上部生长缓慢,根系发育快。生产中应采取中耕和轻施提苗肥,以促进幼苗生长及器官的分化。

3.伸蔓期

从幼苗出现卷须、抽蔓到蔓匍匐生长为伸蔓期。这时生长的特点是,节间伸长,地上部生长显著变快。从吐须抽蔓起,生长开始变快至蔓长达 30 cm,着地匍匐生长(通常叫倒蔓)后,生长迅速加快,侧蔓相继发生,先后出现雄花和雌花,同时根系也迅速发展,在 20～25 d 的时间里,根系和叶片布满畦间。此期是西瓜营养生长的主要时期,需要满足适当的肥水条件,保证蔓叶健壮生长,为结成大果打好营养基础。

图 3-3-2 西瓜坐果期

4.开花结果期

从留果节位雌花开放到果实成熟为开花结果期。早熟品种需 30～40 d。果实的生长可分为 3 个阶段。

(1)坐果期 自留果节位雌花开放至子房开始膨大"退毛"为止,需 4～5 d。如图 3-3-2 所示。

(2)膨瓜期 指从"退毛"至果实定形,需 18～25 d。

(3)变瓤期 自果实定形至成熟,需 10 d 左右。

(三)对环境条件的要求

(1)温度 喜高温干燥,耐热,生育适温为 25～30℃,30℃时同化作用最强,在昼夜温差较大(8～14℃)时利于果实膨大和糖分积累。极不耐寒,0～5℃时植株受冻,10℃时停止生长。种子发芽适温 25～30℃,15℃以下及 40℃以上极少发芽。根毛发生最低温度 14℃,开花结果期适温为 25℃,低于 18℃时发育不良,果实膨大和成熟期以 30℃最好。

(2)光照 需要充足的光照,在 10～12 h 以上的长日照下才能生育良好,但苗期短日照有利于雌花的形成。对光照强度要求也高,光饱和点为 80 000 lx,补偿点 4 000 lx。

(3)水分 由于西瓜生长快,果实大,产量高,因此需水量大;但根系吸收能力强,可吸收深层水分,且具耐旱型叶片,所以为较耐旱的作物。据测定,形成 1 g 干物质蒸发量达 700 g,1 株西瓜在整个生育期约需消耗水分 2 000 L。西瓜极不耐涝,一旦水淹,就会全株窒息死亡。西瓜还要求空气干燥,以空气相对湿度 50%～60%为宜。

(4)土壤和营养 西瓜的根系有明显的好气性,以结构疏松的沙壤土为好,适宜土壤 pH 5～7。西瓜吸收氮、磷、钾的比例约为 3:1:4。西瓜对钙、镁的吸收也较多,如在果实膨大期缺钙可增加枯萎病的发生,引起脐腐病、果实发生硬块等生理病害;缺镁则易引起叶枯病。

二、品种类型

西瓜分类尚无统一标准。根据栽培熟性可分为早熟、中熟和晚熟等品种。早熟种从开花到成熟需 26～30 d，中熟种需 30～35 d，晚熟种需 35 d 以上。按照用途可分为食用类型和籽用类型。根据种子大小，可分为大籽型和小籽型。按西瓜的杂交一代组合，又可分为无籽西瓜（三倍体）和有籽西瓜（二倍体或四倍体）。

三、栽培季节与茬次安排

西瓜喜高温，要求热量多，一般以春播夏收为主。塑料大棚西瓜春早熟栽培大多 12 月至次年 2 月播种，1 月下旬至 3 月中旬移栽，4 月下旬至 6 月中旬上市。播种期南北差异很大，可根据当地的气候条件决定。育苗移栽，苗龄 20～30 d，2～3 片真叶时定植，嫁接育苗时苗龄还可适当延长。

四、塑料大棚西瓜春早熟栽培技术

（一）品种选择

塑料大棚西瓜春早熟栽培宜选用品质优良、果形适中的早熟品种，如早佳（84-24）、小兰、早春红玉、拿比特、夏铃等。

（二）嫁接育苗

1. 嫁接育苗的意义

蔬菜嫁接育苗又称"嫁接换根"，指将切去根系的蔬菜幼苗或带芽枝段接于另一种植物的适当部位，两者接口愈合后形成一株完整的新苗。无根的蔬菜幼苗或枝段称为接穗，提供根系的植株称为砧木。

蔬菜嫁接换根可有效地防止多种土传病害，克服设施连作障碍，并能利用砧木强大的根系吸收更多的水分和养分，同时增强植株的抗逆性，起到促进生长，提高产量的作用。

2. 砧木选择

优良的嫁接砧木应具备以下特点：嫁接亲和力强，共生亲和力强，表现为嫁接后易成活，成活后长势强；对接穗的主防病害表现为高抗或免疫；嫁接后抗逆性增强；对接穗果实的品质无不良影响或不良影响小。目前生产中多用瓠瓜作西瓜嫁接砧木。

3. 嫁接技术

（1）嫁接场所、工具的准备　嫁接场所最好在育苗温室内，嫁接时要求室温 20～25℃，相对湿度不低于 80%，光照较弱。如天热光强，要遮阳降温。嫁接工具包括嫁接操作台、座凳、湿毛巾、竹签、双面刀片、嫁接夹或塑料条、喷雾器、水桶、喷壶等。其中竹签要选取一面带有竹皮的细竹棍，一端削成长 5～7 mm 的平滑单斜面，前端要平直锐利、无毛刺，用于砧木苗茎插孔，另一端削成 4～8 mm 的大斜面，用于去除砧木生长点。

（2）催芽播种　西瓜嫁接苗龄不宜过长，可于定植前 35～40 d 开始浸种催芽。一般接穗的播种量要比计划的苗数增加 20%～30%，而砧木的播种量又要比接穗增加 20%～

30%。由于西瓜种皮较厚,可通过热水烫种来提高出芽率。西瓜可播于沙床上,瓠瓜则可直接播于营养钵中。

(3)嫁接方法

①靠接法　采用靠接法,接穗比砧木提前5～6 d播种,当砧木两片子叶展平,接穗第一片真叶半展开时为嫁接适期。嫁接前砧木的营养钵要浇透水。嫁接时首先去除瓠瓜的生长点,并在离子叶节5～10 mm处的胚轴上,按35°角自上而下斜切一刀,切口深度为茎粗的1/2;在接穗子叶节下12～15 mm处,按35°角自下而上斜切一刀,切口深度为茎粗的3/5。然后将接穗舌形楔插入砧木的切口中,用嫁接夹固定,使西瓜子叶压在瓠瓜子叶上面(图3-3-3)。嫁接后立即将接穗根系栽入砧木的营养钵。嫁接成活后切断接穗茎基部。靠接的优点是操作容易,成活率高;缺点是嫁接速度慢,后期还有断根、取夹等工作,较费工时,且接口低,定植时易接触土壤。

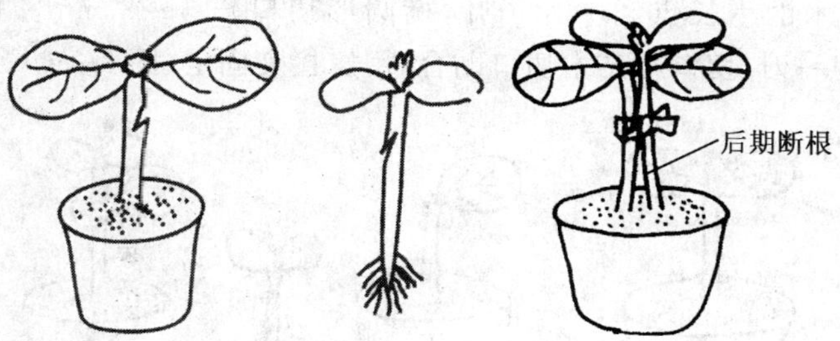

图3-3-3　靠接示意图

②插接法　采用插接法砧木应早播1～3 d,当接穗和砧木的两片子叶展平时为嫁接适期。嫁接时先去除砧木生长点,然后用竹签在两片子叶间向下倾斜插入,注意插孔要躲过胚轴的中央空腔,不要插破表皮,竹签暂不拔出。取一株西瓜苗,在子叶以下8～10 mm处,将下胚轴切成楔形。此时拔出砧木上的竹签,右手捏住接穗两片子叶,插入孔中,使接穗两片子叶与砧木两片子叶平行或呈十字花嵌合(图3-3-4)。插接法的优点是接口较高,定植后不易接触土壤,省去了嫁接后去夹、断根等工序。缺点是嫁接后对温湿度要求高。

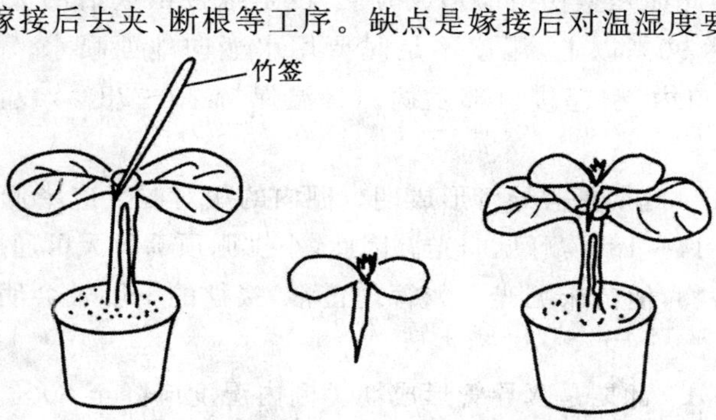

图3-3-4　插接示意图

③劈接法　采用劈接法砧木应早播1～3 d,嫁接时去除砧木生长点,使其呈平台状。然后在茎轴一侧自上而下轻轻切开长约1 cm的切口,将西瓜下胚轴切成楔形,插入砧木切口内,立即用嫁接夹固定(图3-3-5)。

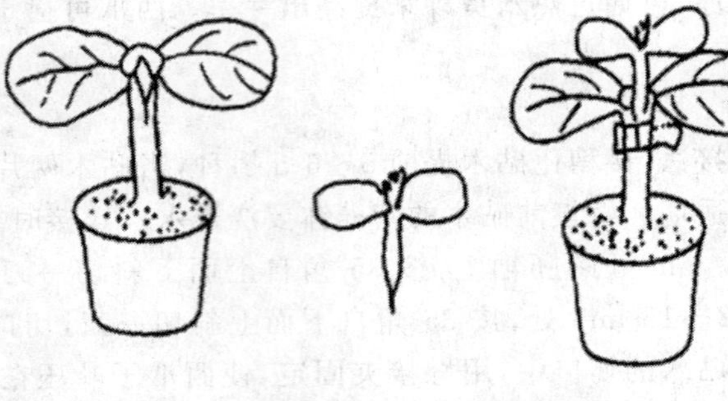

图 3-3-5　劈接示意图

④贴接法　采用贴接法接穗早播 3～4 d，砧穗下胚轴粗细接近时嫁接。用锋利刀片自上而下一刀削去砧木的生长点和一片子叶，椭圆形切口长 5～8 mm。接穗在子叶下 8～10 mm 处向下斜切一刀，切口与砧木切口贴合，用嫁接夹固定（图 3-3-6）。

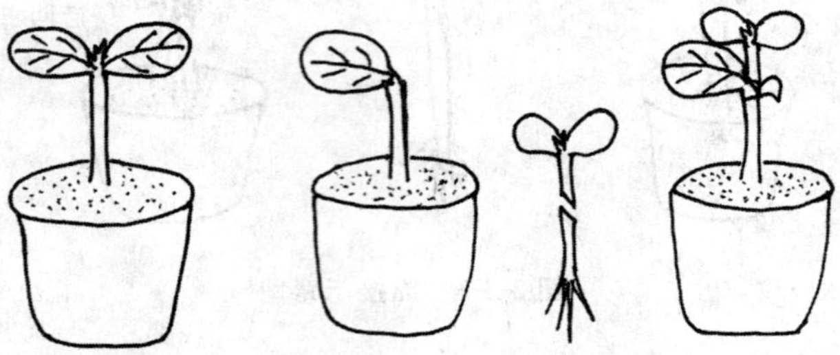

图 3-3-6　贴接示意图

(4)嫁接苗管理

①嫁接后 1～3 d　嫁接完成后要立即将营养钵整齐地排放在铺有地热线、扣有小拱棚的苗床内保温保湿。此期是愈伤组织形成时期，也是嫁接苗成活的关键时期，一定要保证小拱棚内相对湿度达 90%以上，湿度不足时要用水壶向地面喷水，不可向嫁接苗上直接喷水，以防水流入接口内，引起接口部发病。日温保持 25～28℃，夜温 16～20℃，苗床全面遮阳。

②嫁接后 4～6 d　此期是假导管形成期。棚内的相对湿度应降低至 85%左右，日温保持在 25℃左右，夜温 14～18℃，可见弱光。因此，小拱棚顶部每天可通风 1～2 h，排除湿气，早晚可揭开遮阳覆盖物，使苗床见光。如管理正常，接穗的下胚轴会明显伸长，第一片真叶开始生长。

③嫁接后 7～10 d　此期是真导管形成期。棚内湿度应降至 80%左右，湿度过大，易造成接穗徒长和叶片感病。因此，小棚应整天开 3～10 cm 的缝，进行通风排湿，一般不再遮阳。此期，如果营养土变干，可采用逐钵点浇水法，把土浇透又不弄湿瓜苗。正常条件下，接穗真叶半展开，标志着砧穗已完全愈合，应及时将已成活的嫁接苗移出小拱棚。

④嫁接后 10～15 d　移出小棚后的嫁接苗，经 2～3 d 的适应期后，同自根苗一样进行大温差管理，以促进嫁接苗花芽分化。同时注意随时去除砧木萌蘖（图 3-3-7）和西瓜苗上长

出的不定根，靠接者还应及时给接穗断根。嫁接苗长出3～4片真叶时即可定植，定植时注意培土不可埋过接口处。

图 3-3-7 去除砧木萌蘖

(三)定植

(1)扣膜暖地　选择保温性能比较好无滴膜扣盖大棚，棚膜要于西瓜苗定植前一个月扣盖好，以有充分的时间升温烤地，提高地温。为防止定植后瓜苗受冷害，可在大棚内加设小拱棚和二层幕。

(2)整地做畦　棚内土地应在冬前深翻晒垡。扣棚膜后，土壤化透后，结合整地每667 m^2 施腐熟厩肥2 000 kg，复合肥25 kg，过磷酸钙25 kg；或腐熟饼肥100 kg加有机复混肥150 kg。基肥2/3撒施，1/3在棚内按南北向开间距1.3 m施肥沟施入沟内，如土壤水分不足，可在施肥沟内灌水造底墒。定植前1周在施肥沟上做小高畦，畦宽40 cm，畦高15～20 cm。距小高畦中心5 cm处铺膜下微喷带1根，然后畦上覆90 cm宽的透明地膜。

(3)定植　在平均气温稳定在18℃以上，或10 cm土温稳定在15℃时选择晴天定植。大棚西瓜吊蔓栽培的，每667 m^2 保苗2 000株左右。定植时在畦中央按25 cm株距开穴，穴内浇少量定植水，水渗后栽苗，封埯。定植深浅适宜，一般在覆土后子叶距地面1～2 cm，切不可过深或过浅。边定植边扣小拱棚，以提高移栽成活率。

(四)田间管理

1.伸蔓期

(1)温度管理　定植后5～7 d内，要注意提高地温，保持在30℃以上促进缓苗。若白天温度高于35℃，则应设法遮光降温。缓苗后可开始通风，以调节棚内温度，一般白天不高于31～32℃，夜间不低于15℃。

(2)水肥管理　定植7 d后，如土壤干旱可浇缓苗水，每667 m^2 随水施尿素5 kg作提苗肥。蔓长30～50 cm时在畦向一侧距根50 cm处开沟，深约15 cm，每667 m^2 施饼肥45～70 kg，或腐熟有机肥450～700 kg，然后浇催蔓水。

(3)植株调整　当植株具5～6片叶时，撤除小拱棚，开始吊蔓整枝。大棚西瓜吊蔓栽培，宜采用"双蔓整枝"，即保留主蔓和主蔓基部一条健壮侧枝，其余侧枝全部去除。通常主蔓作结果蔓，用尼龙绳吊于棚顶，侧蔓则顺垄摆放或盘绕于主蔓底部，作为营养蔓以增加光合面积，营养蔓通常保留20片叶摘心。

2.开花结果期

(1)开花坐果期　大棚西瓜开花坐果期，应保持光照充足和较高夜温，否则易造成落果和影响果实膨大。此期保持水分均衡供应。及时整枝打杈、缠蔓，以保证通风透光。

为了提高坐果率，可进行人工辅助授粉。选子房大而正，瓜柄直而粗的雌花授粉，授粉应掌握在上午8～10时进行，此时雌雄花刚刚开放，生活力旺盛。授粉方法可采用对花法或毛笔蘸粉法两种。有条件的可在大棚内放养蜜蜂(熊蜂)辅助授粉，一般每667 m^2 用熊蜂1箱。阴天雄花散粉晚，可适当延后。

(2)膨果期

①温湿度管理　此期随着外界气温的升高，应加大通风，棚头和棚两侧同时通风，保持白天不高于30℃，相对湿度在60%～70%为宜。

②光照管理　西瓜对光照要求严格，所以整个生长期要注意保持棚膜洁净。在吊蔓栽培情况下，距地面 1 m 以上的叶面积的正常光合作用，对西瓜产量影响很大。因此，在西瓜生长期应始终保持棚顶部和两侧面光线畅通无阻地进入大棚内部，使棚内 1 m 以上叶片在生长中后期也能获得足够的光照。因此，要严格整枝、及时打杈和打顶，使架顶叶片距棚顶薄膜有 30～40 cm 的距离，防止行间、顶部和侧面郁闭。在绑蔓时，要注意使叶片层间有 20～30 cm 的间距，防止相互重叠。

③水肥管理　膨果期是追肥的关键时期，通常可分两次追肥。幼果坐稳至鸡蛋大小时每 667 m^2 施三元复合肥 10 kg，加硫酸钾 5～7.5 kg；瓜碗口大小时，施壮果肥，施三元复合肥 10 kg。追肥时将化肥溶解于水，采用滴灌带追施，实现肥水一体化。膨果期每隔 5 d 左右浇水 1 次，每次用滴灌带供水 20 min，以保证植株对水分的需求。

④留瓜吊瓜　为提高单瓜重和使瓜形端正，可选取主蔓第 2、3 雌花授粉，留瓜过早则瓜小而瓜形不正，过晚则不利于早上市，一般授粉后 3～5 d，瓜胎即明显长大，当已坐住的两个瓜长到鸡蛋大小时，选留果形端正的一个瓜，把另一个瓜疏掉。留瓜的蔓在瓜前 5～7 片叶处摘心。大棚春早熟栽培中型果通常每株留果 1 个，小型果可留 2～4 个。

在吊蔓栽培情况下，当瓜长到 0.5 kg 时，应及时进行吊瓜，防幼瓜增大后坠落。由于西瓜果皮较软，膨大速度快，吊瓜时不能用塑料绳直接绑在果实上，否则瓜上易留下痕迹。可用青草做一个草圈托在瓜底部，用 3 根塑料绳兜住草圈，绑在棚架上，如图 3-3-8 所示。

图 3-3-8　西瓜吊瓜方式

(3)变瓤期　此期应给予较大的昼夜温差，以促进糖分的积累，增加果实甜度。果实“定个”后，不再追肥浇水，管理上主要是保护叶片，延长功能叶寿命。此时根系吸收能力减弱，可用 0.2%尿素和 0.2%磷酸二氢钾混合液进行叶面喷施。

(五)采收

西瓜果实成熟度与品质有关，适度成熟果实瓤色好，多汁味甜；生瓜品质低劣，过熟肉质软绵，食味下降。判断果实成熟度方法包括以下几种：一是计算坐果日数和积温数。早熟品种 28～30 d，需要有效积温 700℃。二是观察果柄形态特征。果柄茸毛脱落稀疏为成熟果，同节卷须枯萎 1/2 为熟瓜。三是看果实表面特征。表面纹理清晰，果皮具有光滑感，着地面底色呈深黄色，果脐向内凹陷，果洼处收缩，均为成熟形态特征。四是听音。以手托瓜，拍打发出浊音为熟瓜，发出清脆音的为未熟瓜。五是比重法。把果实放于水中，下沉为生瓜，上浮的过熟，略浮于水面为适熟瓜。以上形态鉴别应综合考察。

【工作流程】

信息采集（独立完成）→ 制订生产计划（小组合作）→ 完善计划（师生合作）→ 计划实施（小组合作）→ 考核评价（师生合作）

【任务工单】

信息采集单

项目：塑料大棚西瓜春早熟栽培　　　　　　姓名：　　　　　　　　　　时间：

任务名称	塑料大棚西瓜春早熟栽培信息采集
目的要求	通过认真研读技术资料，收集信息，了解西瓜的生长发育特点及常见品种类型。
问题一　西瓜的生长发育周期是怎样划分的？	
问题二　西瓜生长发育过程中对温光水肥有什么要求？	
问题三　西瓜有哪几种类型？各有何特点？	

指导教师签字：

工作计划单

项目:塑料大棚西瓜春早熟栽培　　　　　　　　姓名:　　　　　　　　时间:

任务名称	制订塑料大棚西瓜春早熟生产计划
目的要求	根据当地的气候条件、设施性能,确定塑料大棚西瓜春早熟栽培的播种期、定植期和收获期,制定生产作业历。并考虑销售地的消费习惯,选择耐低温、弱光的西瓜品种。列出所需生产资料清单并进行预算。制定生产技术路线。

1.根据实际情况,制定塑料大棚春早熟西瓜栽培作业历。

栽培茬次	播种期	定植期	开花结果期	收获期

2.品种选择。

3.材料用具及预算。

4.用简图绘制塑料大棚西瓜春早熟生产的技术路线。

指导教师签字:

生产实训技能单

项目：塑料大棚西瓜春早熟栽培　　　　　　姓名：　　　　　　　　　　时间：

任务名称	塑料大棚西瓜春早熟植株调整	
目的要求	通过实际操作学会大棚西瓜吊蔓、整枝、人工授粉、留瓜吊瓜等关键操作技术。	
材料用具	大棚西瓜植株；尼龙绳、剪刀；草绳、丝裂膜等。	
方法步骤		注意事项
1. 西瓜吊蔓整枝 (1)吊蔓缠蔓 (2)整枝打杈 (3)双蔓整枝		
2. 人工辅助授粉 (1)授粉时间 (2)授粉雌花节位 (3)授粉方法		
3. 留瓜吊瓜 (1)选留果实 (2)吊瓜时期 (3)吊瓜方法		

考核标准	考核项目	分值	得分
	按要求完成吊蔓、整枝、理蔓等工作任务	30 分	
	按要求完成一定数量的人工授粉工作	20 分	
	按要求及时正确选留果实	20 分	
	小组合作，完成一定数量的吊瓜任务	30 分	
	合　计	100 分	

备注：可根据生产周期连续考核

指导教师签字：

田间调查作业单 1

项目：塑料大棚西瓜春早熟栽培　　　　　　　　姓名：　　　　　　　　时间：

项目名称	西瓜的形态特征调查	
目的要求	调查了解西瓜植株的形态特征，掌握其特征特性与栽培的关系。提供西瓜各器官的手机图片。	
材料用具	西瓜植株。	
调查内容	特征特性	与栽培的关系
根		
茎叶		
花		
果实		
种子		

指导教师签字：

田间调查作业单 2

项目：塑料大棚西瓜春早熟栽培　　　　　　　　姓名：　　　　　　　　　　　　时间：

项目名称	西瓜生长发育周期调查
目的要求	跟踪调查并记录西瓜生长发育周期，了解不同时期的生育特性，掌握不同时期的栽培技术要点。提供西瓜不同生育期的手机图片。
材料用具	不同生育时期的西瓜植株。

调查记录：

生育时期	起止日期（天数）	生育特性	栽培要点
发芽期			
幼苗期			
抽蔓期			
开花期			
结果期			
采收期		产量估算：	

指导教师签字：

拓展学习作业单

项目：塑料大棚西瓜春早熟栽培　　　　　　姓名：　　　　　　　　时间：

任务名称	无籽西瓜露地栽培技术方案
目的要求	根据所学西瓜栽培的知识和技能，查阅相关资料，制定无籽西瓜露地栽培技术方案。
1. 与普通西瓜相比较，无籽西瓜有哪些特点？	
2. 制定当地无籽西瓜露地栽培作业历。	
3. 西瓜露地栽培应准备哪些材料用具？大致生产投入是多少？	
4. 写出无籽西瓜露地栽培的技术要点。	

指导教师签字：

【项目评价】

项目完成情况综合评价表

学生姓名：　　　　　　　　　　　　　　　　　　　　　　　　评价时间：

项目名称	塑料大棚西瓜春早熟栽培			
评价内容	评分标准	分数	得分	备注
信息采集	信息全面、可靠，条理清晰	10		教师评价
生产计划制订	计划合理，可操作性强	20		教师评价
计划实施	操作规范、熟练	50		教师评价
工作态度	态度端正，积极热情	10		自我评价
团结协作	擅于与他人合作	10		组内互评
合　　计		100		

【课外阅读】

西瓜嫁接砧木及其特点

(1)葫芦砧　葫芦砧与西瓜嫁接的亲和力较强，嫁接苗的成活率比较高；能明显地减少或避免枯萎病对西瓜的危害，增强低温期西瓜的生长势，而且不易造成嫁接西瓜徒长，同时明显地增强嫁接西瓜的吸肥和吸水能力，且对西瓜的果实品质和形状的不良影响较小。其缺点是嫁接西瓜生长后期，有时会发生急性枯死，可能是由于葫芦与西瓜的共生力不稳定所致。另外，葫芦砧嫁接的西瓜在土壤理化性状不良或结果较多时也容易发生叶枯病。

葫芦的品种类型比较多，目前主要应用的是瓠瓜。

(2)南瓜砧　南瓜砧能够避免西瓜枯萎病的危害，同时对西瓜炭疽病和线虫病也表现出明显的抗性，能够明显地增强西瓜的耐寒能力、增强生长势，使嫁接植株的连续结果能力增强，容易获得高产。其主要缺点是容易引起瓜秧旺长，推迟坐瓜并延长果实成熟的时间。选用砧木品种不当时，容易引起空心、肉质变硬和粗糙、瓜皮变厚和果实畸形。

在南瓜砧中，以印度南瓜与西瓜嫁接的综合效果为最好。黄瓜嫁接常用的黑籽南瓜与西瓜嫁接后，容易引起瓜秧旺长，推迟结瓜，并使果实明显畸形，降低品质，所以黑籽南瓜不适合用来嫁接西瓜。杂交南瓜砧是一类人工培育的西瓜嫁接用砧，如新土佐南瓜。

(3)冬瓜砧　冬瓜砧嫁接西瓜能够避免或减轻西瓜枯萎病对西瓜的危害，也能增强西瓜的生长势，并且不会引起嫁接西瓜徒长，对西瓜果实品质的不良影响也很少。但有时会引起瓜瓤变软以及出现羊膻味。另外，冬瓜砧的耐低温的能力比较差，用作春季早熟西瓜嫁接用砧时，苗期生长比较缓慢，育苗期比较长，定植后发棵晚，结瓜也晚，不符合早熟栽培的要求。故低温期栽培西瓜，不宜选择冬瓜砧。

Project 4

项目四

塑料大棚辣椒越夏恋秋栽培

知识点

辣椒的生物学特性；辣椒塑料大棚栽培茬次安排。

技能点

辣椒穴盘育苗；辣椒植株调整和再生栽培；收获。

【技术资料】

辣椒原产于中、南美洲热带草原地区，为茄科辣椒属中能结辣味或甜味浆果的一年生或多年生草本植物。16 世纪后期引至中国，至今已有 300 多年的栽培历史，是我国人民喜食的鲜菜和调味品。辣椒的营养成分较高，100 g 鲜果含水分 70～93 g，淀粉 4.2 g，蛋白质 1.2～2.0 g，维生素 C 70～342 mg，是维生素 C 含量最高的蔬菜。辣椒主要以其果实供食，青熟果可生食、炒食，老熟红果可干制、腌制和酱渍等，也可以制成辣椒酱、辣椒油、辣椒糊、辣椒粉和罐头等。

一、生物学特性

(一)形态特征

1. 根

辣椒的侧根在主根两侧，与子叶方向一致，排列整齐生出(图 3-4-1)。茎基部不易发生不定根，根受伤后再生能力较差，不耐旱，也不耐涝。辣椒主要根群分布在植株周围 45 cm、深 10～15 cm 的土层中。根吸水主要依靠幼嫩的根和根毛，所以栽培上采取护根育苗措施和培育强壮的根系，保证辣椒能够不断地发生新根和长出根毛。

2. 茎

辣椒茎坚韧直立，茎高 30～150 cm。辣椒腋芽萌发力差，株冠较小，生产上适于密植。辣椒的分枝习性是，主茎长有一定叶数后，茎的先端就形成花蕾。花蕾以下的节萌发出侧枝，其中紧靠花芽的 2 或 3 个侧枝生长最为旺盛，侧枝与主茎同时生长，呈二杈或三杈向上继续生长，果实即着生在分杈处。前期的分枝节主要是在苗期形成的，后期的分枝主要取决于定植后结果期的栽培条件。如果夜温低，植株生长缓慢，幼苗营养状况良好，则以三杈分枝居多，反之则以两杈分枝为多。辣椒植株上的第一个果实称门椒，依次向上属于同一层次的辣椒，则分别称之为对椒、四母斗、八面风和满天星，与茄子结果的叫法相同(图 3-4-2)。

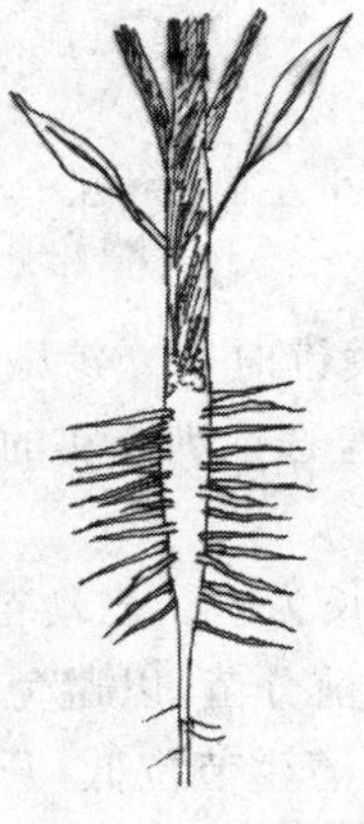

图 3-4-1　辣椒的两排侧根

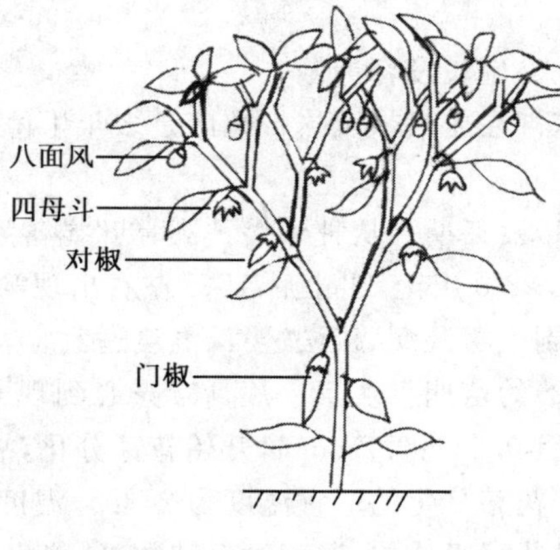

图 3-4-2　辣椒的分枝结果习性

辣椒分枝结果习性很有规律，可分为无限分枝型和有限分枝型。

(1)无限分枝型　主茎长有7～15片叶时，顶端出现花蕾开始发生分枝，以后每隔1片叶分枝1次，分枝的叶节可达到20～25节。当生长到上层后，由于果实生长争夺养分的影响，分枝规律可能发生变化。目前绝大多数品种都属于这一分枝类型，一般植株高大，生长茁壮。

(2)有限分枝型　主茎长到一定叶片数后，顶端发生花簇封顶，形成多数果实。花下的腋芽抽生分枝，分枝的叶腋还可能再发生副侧枝，侧枝和副侧枝都被花簇封顶，但多不再结果，以后植株也不再分枝生长。属于这一分枝类型的品种多表现为植株矮小，生长较弱，簇生的朝天椒和观赏的樱桃椒属于此类型。

3. 叶

子叶对生，长披针形。真叶为单叶互生，呈卵圆形或长披针形，全缘，先端渐尖，叶面光滑，深绿色，微具光泽。一般叶片硕大。甜椒叶片比辣椒叶片大，主茎下部叶片比主茎上部叶片小。

4. 花

辣椒花小，白色或紫白色，着生于分枝杈点上，单生或簇生，第1花出现在7～15节上。两性花，虫媒花。植株营养状况的好坏直接影响到花柱的长短，花柱高出花药的长柱花属于正常花，能够正常授粉、受精、结实。营养不良时短花柱的花增多，短柱花多授粉不良，落花率高。主枝和靠近主枝的侧枝一般营养状况较好，花器正常。远离主枝的侧枝则中柱花和短柱花较多，落花严重。

5. 果实

辣椒果实为浆果，果皮与胎座之间是一个空腔，由隔膜分为2～4个心室。辣椒果实有灯笼形、羊角形、线形、圆锥形、樱桃形等多种形状。青熟果有深绿色、绿色、浅绿色、淡黄色之分，老熟果有红色、黄色之分。辣椒果实内含有较高的茄红素和较浓的辣椒素，未成熟的果实辣椒素含量较少，成熟的果实辣味较浓。

6. 种子

辣椒的种子呈扁平微皱，肾形，淡黄色或乳白色，新鲜种子略具光泽。种子千粒重5.2～7.5 g。

(二)生长发育周期

辣椒在亚热带及热带地区是多年生植物，在温带地区是一年生蔬菜，生长发育的年周期如下：

(1)发芽期　从种子播种到真叶显露为止，是培育壮苗的关键时期。辣椒经催芽播种后一般5～8 d出土，出土后15 d左右出现第一片真叶。栽培上应选饱满充实的种子做播种材料，做到土壤湿润、疏松透气、温度适宜。

(2)幼苗期　从第一片真叶露心到现蕾为止，以根茎叶生长为主。当幼苗具3～4片真叶、茎粗0.15～0.2 cm时开始花芽分化，故生产上多在3叶期前分苗，以避免伤根影响花芽分化。花芽分化的适宜温度为24℃。温度适宜时花芽分化早，着生节位低，开花也早。温度过高时花芽素质差，温度过低花数少，着生节位也高。光照充足时形成花芽快，花数多，花的素质好，坐果率也高。栽培上应给予充足的光照、适宜的温、湿度条件，促进幼苗健壮生长，保证花芽分化和发育的顺利进行。

(3)开花坐果期　从现蕾到门椒坐住。这一时期历时较短，仅为20～30 d，是植株以营养生长为主向以生殖生长为主过渡的转折时期，也是平衡营养生长和生殖生长的关键时期，直接关系到产品器官的形成及产量，特别是早期产量的高低。若营养生长过旺，会引起开花结果延迟和落花落果，导致疯秧现象；反之，则出现花、果赘秧现象，植株生长缓慢，产量低。

(4)结果期　从门椒坐住到采收结束。这一时期是辣椒产量形成的关键时期，也是营养生长与生殖生长矛盾最突出的时期。辣椒连续结果，果、秧同时生长。保证充足的养分供应和养分在果实与茎叶、果实与果实间均衡分配是辣椒高产的生理基础。应通过环境调控、植株调整和肥水管理加以协调。

(三)对环境条件的要求

辣椒的生活习性可概括为喜温、怕寒(尤怕霜冻)，又忌高温和暴晒，喜潮湿又怕水涝，比较耐肥。

1. 温度

辣椒属于喜温性蔬菜，不耐严寒，喜温暖，不耐炎热。辣椒在12～35℃的温度范围内都能生长，但最适是白天20～30℃，夜间18～23℃。根系生长的适温是23～28℃。不同生育时期对温度的要求不同：种子发芽适温25～30℃，发芽需3～4 d，低于15℃或高于35℃时，均不利于发芽；苗期要求较高的温度，促进植株的营养生长，白天25～30℃，夜间15～18℃最为有利；开花结果初期适温是白天20～25℃，夜间15～20℃，低于10℃不能开花，难于授粉，易引起落花、落果；进入盛果期后，适当降低夜温对结果有利。结果期如果地温过高，再加上阳光直射地面则对根系不利，严重时能使暴露的根系变褐死亡，且易诱发病毒病。

2. 光照

辣椒属中光性植物，对日照时间的长短要求并不严格，长日照和短日照条件下均能开花结实。辣椒喜中等光强，其光饱和点为30 klx，光补偿点为1.5 klx。光照过强(60 klx以上)，超过光饱和点，反而会因加强光呼吸而消耗更多养分。强光加上高温干旱，导致辣椒植株矮小，易发生病毒病和日烧病；光照不足，植株节间伸长，叶片较薄，颜色浅、根系不发达，幼苗瘦弱，抗逆性差，易感染病害，影响花的素质，引起落花。辣椒对光照的要求因生育期不同而异，种子发芽要求黑暗避光，育苗期要求较强的光照，生育期要求中等光照强度。在适宜范围内，光强增加，结果率提高，品质好。

3. 水分

辣椒既不耐旱也不耐涝，生长发育适宜空气相对湿度70%～80%，土壤湿度80%，土壤积水或干旱均不利于辣椒生长。单株需水量并不多，但由于根系不太发达且吸水能力较弱，供水不足则较难获得丰收。而水淹数小时后植株就会出现萎蔫，严重时死亡。所以，栽培辣椒时，土地要平整，浇水和排水都要方便，若是在保护地栽培，通风排湿条件一定要好。

4. 土壤与营养

辣椒对土壤的适应能力比较强，在各种土壤中都能正常生长。但其根系对氧气的要求严格，故宜在土层深厚、疏松、肥沃、富含有机质和通透性良好的沙壤土或两合土地上种植。土壤pH以6.2～8.5为宜。

辣椒生育需肥量大，要求充足的氮、磷、钾营养，对氮、磷、钾的吸收比例为1∶0.5∶1。此外，还要吸收钙、镁、铁、硼、铜、锰等多种微量元素。辣椒不耐贫瘠，但耐肥力又较差，因此在设施栽培中，一次性施肥量不宜过多，否则易发生各种生理性障碍。

二、品种类型

1. 按果形分类

按果形可以分为灯笼椒、长辣椒、簇生椒、圆锥椒、樱桃椒类五种类型(图 3-4-3)。目前普遍栽培的是灯笼椒类和长角椒类品种。

(1)灯笼椒　株型中等或矮小,分枝性弱。叶片较大,长卵圆形或椭圆形,果实硕大,圆球形、扁圆锥形,基部凹陷,果皮常有纵沟,果肉较厚,含水分多。单果重可达 200 g 以上。一般耐热和抗病力较差。老熟果多为红色,少数品种为黄色。辛辣味极淡或甜味,故也称甜椒。

(2)长辣椒　株型矮小至高大,分枝性强。叶片较小或中等,果肉薄或厚,辛辣味适中或强。果实长,微弯曲,先端渐尖。按果实的长度又可分为牛角椒、羊角椒或线辣椒三个品种群,其中线辣椒果实较长,辣味很强,可作干椒用。

(3)簇生椒　株型中等或高大,分枝性不强。叶片较长大,果实簇生向上,果色深红,果肉薄,辛辣味强,晚熟,对病毒病抗性强。但产量较低,主要供于制作调味用。

(4)圆锥椒　株型中等或矮小,叶片中等大小,卵圆形。果实呈圆锥形、短圆柱形,着生向上或下垂,果肉较厚,辛辣味中等,主要供鲜食青果。

(5)樱桃椒　株型中等或矮小,分枝性强。叶片较小,卵圆或椭圆形,先端渐尖。果实向上或斜生,圆形或扁圆形,小如樱桃故名。果色有红、黄、紫等色,果肉薄,种子多,辛辣味强。

灯笼椒

长辣椒

簇生椒

圆锥椒

樱桃椒

图 3-4-3　辣椒品种类型

2.按果实辣味分类

可分为甜椒类型、微辣类型和辛辣类型三种类型。

三、栽培季节和茬次安排

北方地区塑料大棚越夏恋秋栽培，多于1月份在日光温室中育苗，3月份定植，5月份开始采收，采收至7月下旬后进行剪枝再生，二茬果可一直采收到秋末冬初棚内出现霜冻为止，产品再经过一段时间的贮藏，供应期可大幅度延长。

四、塑料大棚辣椒越夏恋秋栽培

(一)品种选择

塑料大棚辣椒越夏恋秋栽培宜选用前期低温条件下生长好，又耐热，抗病，早熟性好，植株开展度小，适于密植，生长势中等，果形、果色、辣味等产品特征符合当地消费习惯的辣椒或甜椒品种。尤其要抗病毒病。灯笼椒优良品种有津椒5号、沈椒6号、国禧103、塔兰多、富康等，长辣椒优良品种有中椒10号、洛椒9号、辽椒19号、陇椒6号、国福308长牛角等。

(二)辣椒穴盘育苗

穴盘育苗，就是以不同规格的专用穴盘作容器，用草炭、蛭石等轻质无土材料作基质，通过精量播种生产线自动填装基质、精量播种(一穴一粒)、覆土、浇水，然后放在催芽室和温室等设施内进行培育，一次成苗的现代化育苗技术。由于穴盘育苗具有省工、省力、机械化生产效率高、节省能源、种子和育苗场地，便于规范化管理、秧苗素质高、适宜远距离运输等优点，目前正在我国大力推广。穴盘育苗的生产技术流程主要包括种子播前处理，基质、育苗盘的清洗、消毒、装盘，自动播种机播种或人工播种，催芽室催芽，育苗温室中绿化和炼苗等，如图3-4-4所示。辣椒穴盘育苗的具体步骤如下：

1.穴盘选择

育4～5叶苗用128孔穴盘，育5～6叶苗用72孔穴盘，育8～10片叶大苗用50孔穴盘。

2.基质准备

选用草炭与蛭石2∶1，或草炭与蛭石加废菇料1∶1∶1，覆盖料一律用蛭石。128孔穴盘每1 000盘3.7 m^3，72孔穴盘每1 000盘4.7 m^3，50孔穴盘每1 000盘6 m^3。为满足辣椒苗期生长对养分的需求，在配制育苗基质时应考虑加入适量的大量元素。如冬春辣椒育苗，每立方米基质可加入氮磷钾复合肥2.5 kg，或尿素1.0 kg和磷酸二氢钾1.0 kg。若再加入2%的过筛后的腐熟有机肥更佳。同时每立方米基质加入60%多·福(苗菌敌)可湿性粉剂100 g进行消毒。将肥料与基质按比例混拌均匀，并加入适量水，基质含水量在50%～60%，以手握成团、落地即散为宜。将配好的基质用薄膜密封，48 h后装盘压实备用。

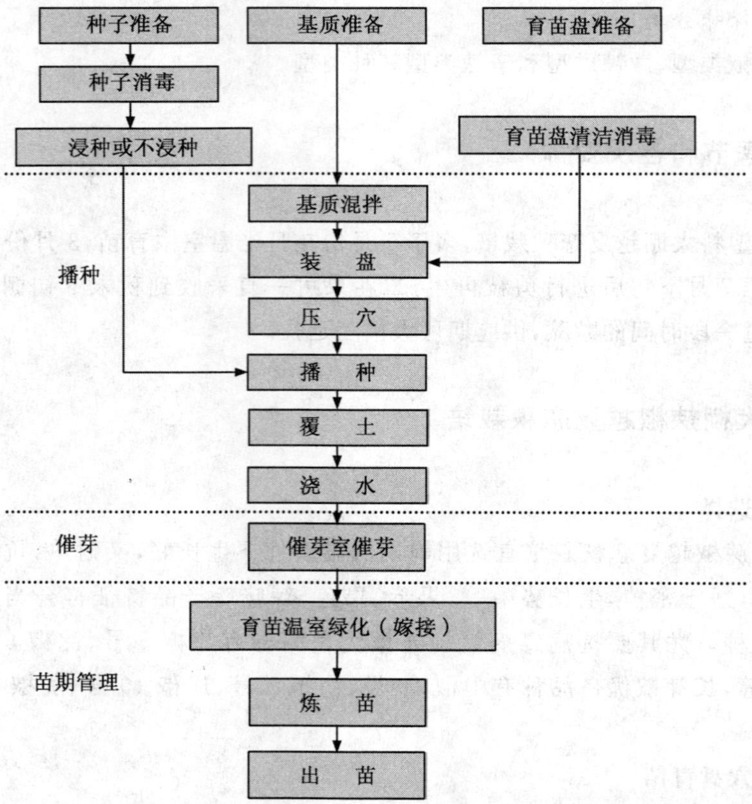

图 3-4-4　穴盘育苗生产技术流程图

3. 播种

种子播前须检测发芽率，所用种子发芽率应在95%以上。进口包衣种子不必浸种催芽，可直接单籽点播于穴盘中。未包衣种子可催芽后播种。50 孔盘、72 孔盘播种深度应大于1 cm，128 孔盘播种深度为 0.5～1.0 cm。播种覆盖作业完毕后，将育苗盘喷透水，以水从穴盘底孔滴出为宜。浇水后穴盘格室清晰可见。

4. 催芽

穴盘浇透水后移入催芽室催芽。催芽室温度控制在25～30℃之间。在催芽过程中注意适当补充水分，防止种子落干和戴帽出土。4～5 d后，当苗盘中60%种子拱土时，即可将苗盘搬进育苗温室见光绿化。

5. 水肥管理

幼苗出土后，应适当降低基质含水量，以防小苗徒长。通常子叶展开至 2 叶 1 心，基质水分含量为最大持水量的 70%～75%。3 叶 1 心至商品苗销售，水分含量为最大持水量65%～70%。幼苗 3 叶 1 心后，结合喷水进行 2～3 次叶面喷肥。叶面肥可选用蔬菜育苗专用营养液。在出苗前 1 d 浇透水，以利定植时从盘中取苗，减少散坨。

6. 温光调节

进入育苗温室后，白天温度要高于 25℃，夜温 18～20℃为宜。当温室夜温偏低时，可用地热线或采用其他设施临时加温。2 叶 1 心后夜温可降至 15℃左右，但不要低于 12℃。白天酌情通风，降低空气相对湿度。

育苗期间如果光照不足，可进行人工补光，以利于培育壮苗。补光的光源有很多，需要根据补光的目的来选择。从降低育苗成本角度考虑，一般选用荧光灯。补充照明的功率密度因光源的种类而异，一般为每平方米 50～150 W。

7. 秧苗控制

对于一次成苗的辣椒，需在第一片真叶展开时，将缺苗孔补齐。穴盘苗如果出现徒长，植株细弱，可用浓度为 25 mg/kg 的多效唑溶液喷雾处理。

8. 商品苗标准

用 50 孔苗盘育苗的，日历苗龄 85 d 左右，株高 18～20 cm，茎粗 3.5 mm，具 8～10 片叶现花蕾时销售。用 72 孔苗盘育苗的，日历苗龄 70～75 d，株高 16～18 cm，茎粗 4.0～4.5 mm，具 6～7 片真叶并现小花蕾时销售。128 孔苗盘育苗的，50 d 左右，株高 8～10 cm，茎粗 2.5～3.0 mm，4～5 片真叶时销售(图 3-4-5)。

图 3-4-5　辣椒穴盘苗

商品苗销售时，根系将基质紧紧缠绕，苗从穴盘内拔起不会出现散坨现象。包装时可将苗一排排地摆在纸箱里，运输过程中注意防寒保温。

(三)整地定植

(1)整地施肥　定植前 1 个月扣棚暖地，待棚内土壤化透后，在上一年秋翻的基础上平整土地，每 667 m^2 地施入充分腐熟的优质农家肥 3 000 kg，过磷酸钙 50 kg，充分耕翻，使肥土混合均匀。塑料大棚可将水道设在棚中部，两侧起垄或做畦。也可纵向按大行 60 cm，小行 40 cm 起垄，小行上覆地膜。根据整地起垄方式开施肥沟，沟内集中施入优质农家肥 2 000 kg，三元复合肥 25 kg，然后在施肥沟上起垄，在定植行上安装软管滴灌设备，然后再覆地膜。

(2)大棚消毒　定植前 1 周对大棚进行熏蒸消毒。每立方米大棚用硫黄 4 g，80%敌敌畏 0.1 g，锯末 8 g，混匀后点燃，密闭一昼夜，再打开通风口放大风。在施用基肥时撒施杀菌剂，如霜霉威盐酸盐、恶霉灵、敌磺钠等，也可在土地整平后，通过冲施药剂的方法，对土壤进行消毒。同时将拱棚的所有放风口关闭，进行短时间的高温闷棚，以尽可能多地将土壤中的土传病菌杀死。在将大棚进行高温闷棚前，要及时进行浇水，这样可以促进土壤中的杂草种子萌发，然后再通过闷棚的方法将萌发的杂草全部杀死，同时还能促进土壤含水量的提高，有利于辣椒定植后的缓苗。

(3)定植　选择冷尾暖头的晴天上午定植。定植时在垄上按株距 25 cm 开穴，逐穴浇定植水，水渗下后摆苗，每穴一株。大中棚春茬辣椒，由于环境条件适宜，生长旺盛，植株较高大，宜采用单株定植。每 667 m^2 栽苗 5 000 株左右。定植深度以土坨表面与垄面相平为宜。摆苗时注意使子叶方向(即两排侧根方向)与垄向垂直，这样对根系发育有利。定植当天不封堰,过 3 d 左右,表土见干时再封堰。

(四)田间管理

1. 缓苗期

辣椒定植后 1 周内要密闭大棚不通风,棚温维持在 30～35℃,夜间 16～18℃以加速缓苗。缓苗后开始适当通风,棚温降至 28～30℃,高于 30℃时放风降温,低于 25℃缩小通风口,降到 20℃时闭风。夜温不低于 15℃。春季听好天气预报,如寒流来临,应及时加盖二层幕、小拱棚或采取临时加温措施,防止低温冷害。缓苗后要随即追肥浇水,每 667 m^2 随水追施尿素 5 kg,至坐果前控制浇水,进入蹲苗期,促进根系生长。

2. 开花坐果期

进入开花结果期,白天 20～25℃,夜间 15～17℃。夜间温度不低于 15℃时,应昼夜通风。此期均匀供水,保持地面湿润。"门椒"坐住后,随水再追尿素 15 kg,达到促果又促秧的目的。每 2 周喷施 1 次 0.1%的硼砂溶液,连喷 2 次。

3. 结果期

(1)温光调节　进入 7 月份以后,把四周棚膜全部揭开,保留棚顶薄膜,并在棚顶内部挂遮阳网或在棚膜上甩泥浆,起到遮阳、降温、防雨的作用。8 月下旬以后,撤掉遮阳网并清洗棚膜,并随着外温的下降逐渐减少通风量。9 月中旬以后,夜间注意保温,白天加强通风。早霜来临期要加强防寒保温,尽量使采收期向后延迟。

(2)水肥管理　结果期必须充足供水,否则会影响产量和质量,一般应土壤相对湿度保持在 80%左右,满足果实发育的需要。7～8 月份温度高,浇水要在早、晚进行,以降低地温,控制病毒病发生。另外,利用稻草、麦秸等作物秸秆覆盖畦面,既能降低地温,又能减少水分蒸发,可起到保水保湿和延长植株生育期的作用。

开始结果后,重施挂果肥,当对椒长到果径 2～3 cm 时开始浇水,并结合浇水 667 m^2 追三元复合肥 15～20 kg;中后期辣椒进入高温季节,为促进果实迅速生长、膨大,让辣椒顺利越夏,可用 0.2%磷酸二氢钾加 0.1%～0.2%尿素作根外追肥。8 月中下旬气温略有下降时重追肥 1～2 次,促进 9 月上旬第二次挂果高峰的到来,也是辣椒越夏栽培夺丰产的关键。

秋分以后,气温逐渐降低,果实生长速度减慢,注意追施速效肥料,结合浇水追施磷酸二铵或尿素,并注意叶面喷施磷酸二氢钾和微量元素肥料,保证后期果充分发育长大。盛果期,必须充分供水。

(3)植株调整　大棚辣椒宜采用双干整枝。每株选留 2～3 条主枝,以每平方米留 7 条为宜,门椒花蕾和基部叶片生出的侧芽及早疏去。从第 4～5 节开始留椒,以主枝结椒为主,及时去掉侧枝,中部侧枝可在留 1 个椒后摘心。每株始终保持有 2～3 个枝条向上生长。后期植株高大,可用吊绳牵引防倒伏,牵引宜斜向呈 45°角为好。植株调整要选择晴天进行,有利于伤口愈合,减少病虫害发生和危害。

(4)剪枝再生　7 月下旬,结果部位上升,生长处于缓慢状态,出现歇伏现象,可在四母斗结果部位下端缩剪侧枝。剪枝选择晴天上午进行,以保证伤口当天愈合。剪枝造成较多伤口,容易感染病害,故剪后应及时喷广谱性杀真菌和杀细菌的药剂,防止病害的发生和蔓延。剪枝后立即追肥浇水，促进新枝发生，每 667 m^2 施有机肥 3 000 kg，三元复合肥 20 kg，促使老株更新复壮。

(5)秋季管理　9 月中下旬，当日均温降至 20℃左右时扣棚膜。开始时只扣顶部棚膜，要昼夜通风，防止植株徒长。进入 10 月份，当日均温降至 15℃左右时，安装底脚围裙。当老株发出新枝后，选留健壮枝条，使其萌发侧枝，结果前不旱不浇水。进入二茬果结果期，开始追肥灌水，每周喷一次 0.3%的磷酸二氢钾溶液。新形成的枝条结果率高，果实大，品质好，采收期延长。

(五)及时采收

及时采收下层充分长大、有商品价值的门椒和对椒，有利于上层幼果的生长和开花坐果，以免赘秧。生长瘦弱的植株更应注意及时采收。根据市场需求和辣椒商品成熟度分批及时采收。采收青椒的基本标准是果皮浅绿并初具光泽，果实不再膨大。辣椒初次采收一般在定植后 30 d 左右，采收盛期一般每隔 3～5 d 可采收一次。采收宜在晴天早上进行。以生产干椒为目的的辣椒栽培，采收的辣椒要充分红熟。一般来讲，从谢花到青熟大约需要 20～30 d，从青熟到红熟大约需要 20 d，充分红熟的辣椒采用多次采收，分批采收的比一次性采收的产量高。

采收过程中所用工具要清洁、卫生、无污染。采收时用剪刀从果柄与植株连接处剪切，不可用手扭断，以免损伤植株，感染病害。果实采收后轻拿轻放，采后的果实要放到阴凉处，按大小分类包装，贮运过程要防止果实损伤，采后迅速装上冷藏车进入冷库冷却，再及时出售。

【工作流程】

信息采集（独立完成）→ 制订生产计划（小组合作）→ 完善计划（师生合作）→ 计划实施（小组合作）→ 考核评价（师生合作）

【任务工单】

信息采集单

项目:塑料大棚辣椒越夏恋秋栽培　　　　姓名:　　　　　　时间:

任务名称	塑料大棚辣椒越夏恋秋栽培信息采集
目的要求	通过认真研读技术资料,收集信息,了解辣椒的生物学特性及常见品种类型。
问题一　辣椒的生长发育周期是怎样划分的？每个生育期有什么特点？	
问题二　辣椒生长发育过程中对温光水肥有什么要求？	
问题三　辣椒有哪几种类型？各有何特点？	

指导教师签字:

工作计划单

项目:塑料大棚辣椒越夏恋秋栽培　　　　　　　　　姓名:　　　　　　　　　　时间:

任务名称	制订塑料大棚辣椒越夏恋秋生产计划
目的要求	根据当地的气候条件、设施性能,确定辣椒栽培的播种期、定植期和收获期,制定生产作业历。并考虑销售地的消费习惯,选择耐热、弱光的辣椒品种。列出所需生产资料清单并进行预算。制定生产技术路线。

1. 根据实际情况,制定塑料大棚越夏恋秋辣椒栽培作业历。

栽培茬次	播种期	定植期	开花结果期	收获期

2. 品种选择。

3. 材料用具及预算。

4. 用简图绘制塑料大棚辣椒越夏恋秋生产的技术路线。

指导教师签字:

生产实训技能单 1

项目：塑料大棚辣椒越夏恋秋栽培　　　　姓名：　　　　　　时间：

任务名称	辣椒穴盘育苗	
目的要求	通过实际操作学会基质配制、装盘、播种、催芽及苗期管理等技术环节，掌握穴盘育苗的基本技术。	
材料用具	穴盘、育苗基质、辣椒种子等。	
方法步骤		注意事项
1. 播种前准备 (1)穴盘选择 (2)基质配制 (3)装盘		
2. 播种 (1)播种 (2)浇水 (3)催芽		
3. 苗期管理 (1)温光调节 (2)水肥管理 (3)秧苗控制		

考核标准	考核项目	分值	得分
	按要求完成基质配制和装盘工作任务	20 分	
	按要求完成播种、浇水、催芽等工作任务	30 分	
	按要求进行苗期管理	30 分	
	壮苗率达 85%	20 分	
	合　计	100 分	

备注：可根据生产周期连续考核

指导教师签字：

生产实训技能单 2

项目:塑料大棚辣椒越夏恋秋栽培　　姓名:　　时间:

任务名称	塑料大棚越夏恋秋辣椒植株调整和剪枝再生	
目的要求	通过实际操作学会大棚辣椒整枝打杈、摘叶、吊蔓及剪枝再生等关键技能。	
材料用具	大棚辣椒植株,吊绳,剪刀等。	
方法步骤		注意事项
1. 整枝打杈 (1)基部侧枝 (2)中部侧枝 (3)摘叶		
2. 双干整枝 (1)吊秧 (2)双干整枝(绘图说明)		
3. 剪枝再生 (1)剪枝方法 (2)剪枝后管理		

考核标准	考核项目	分值	得分
	按要求完成辣椒整枝打杈、摘叶工作任务	20 分	
	按要求完成辣椒双干整枝和吊秧工作任务	30 分	
	按要求完成老株剪枝再生工作任务	30 分	
	按要求完成剪枝后植株管理工作任务	20 分	
	合　　计	100 分	

备注:可根据生产周期连续考核

指导教师签字:

田间调查作业单 1

项目：塑料大棚辣椒越夏恋秋栽培　　姓名：　　时间：

项目名称	辣椒的形态特征调查	
目的要求	调查了解辣椒植株的形态特征，掌握其特征特性与栽培的关系。提供辣椒各器官的手机图片。	
材料用具	辣椒植株。	
调查内容	特征特性	与栽培的关系
根		
茎		
叶		
花		
果实		
种子		

指导教师签字：

田间调查作业单 2

项目:塑料大棚辣椒越夏恋秋栽培　　　　姓名:　　　　时间:

项目名称	辣椒生长发育周期调查		
目的要求	跟踪调查并记录辣椒生长发育周期,了解不同时期的生育特性,掌握不同时期的栽培技术要点。提供辣椒不同生育期的手机图片。		
材料用具	不同生育时期的辣椒植株。		
调查记录:			
生育时期	起止日期(天数)	生育特性	栽培要点
发芽期			
幼苗期			
开花坐果期			
结果期			
采收期		产量估算:	

指导教师签字:

拓展学习作业单

项目：塑料大棚辣椒越夏恋秋栽培　　　　姓名：　　　　　　　时间：

任务名称	辣椒生理障害的调查研究
目的要求	通过实地调查和查阅资料，掌握辣椒常见生理障害的种类、症状、发生原因和防止措施。以小组为单位上交演示文稿，并向同学讲解。
1. 辣椒日灼病	
2. 辣椒脐腐病	
3. 辣椒“三落”	

指导教师签字：

【项目评价】

项目完成情况综合评价表

学生姓名：　　　　　　　　　　　　　　　　　　　　　　　　　　　　评价时间：

项目名称	塑料大棚辣椒越夏恋秋栽培			
评价内容	评分标准	分数	得分	备注
信息采集	信息全面、可靠，条理清晰	10		教师评价
生产计划制订	计划合理，可操作性强	20		教师评价
计划实施	操作规范、熟练	50		教师评价
工作态度	态度端正，积极热情	10		自我评价
团结协作	擅于与他人合作	10		组内互评
合　计		100		

【课外阅读】

辣椒产品分级标准

NY/T944—2006《辣椒等级规格》

1. 商品性状基本要求　具本品种基本特征，新鲜，果面清洁，无杂质，无虫及病虫造成的损伤，无异味，具有商品价值。

2. 分级标准

特级：外观一致，果梗、萼片和果实呈该品种固有的颜色，色泽一致；质地脆嫩；果柄切口水平、整齐(仅适用于灯笼形)；无冷害、冻害、灼伤及机械损伤，无腐烂。

一级：外观基本一致，果梗、萼片和果实呈该品种固有的颜色，色泽基本一致；基本无绵软感；果柄切口水平、整齐(仅适用于灯笼形)；无明显的冷害、冻害、灼伤及机械损伤。

二级：外观基本一致，果梗、萼片和果实呈该品种固有的色泽，允许稍有异色；果柄劈裂的果实数不应超过2%；果实表面允许有轻微的干裂缝及稍有冷害、冻害、灼伤及机械损伤。

3. 大小规格　详见表3-4-1。

表3-4-1　辣椒产品规格　　cm

形状	规　格		
	大(L)	中(M)	小(S)
羊角形、牛角形、圆锥形长度	>15	10～15	<10
灯笼形横径	>7	5～7	<5

4. 包装规格　纸箱包装。

模块四　设施蔬菜秋延后栽培

项目一　塑料大棚番茄秋延后栽培

项目二　日光温室芹菜秋冬茬栽培

项目三　日光温室韭菜秋冬季栽培

项目四　芽苗蔬菜设施栽培

Project 1

项目一

塑料大棚番茄秋延后栽培

知识点

番茄的生物学特性；番茄设施栽培茬次安排。

技能点

夏秋季番茄育苗；大棚内环境调控；追肥灌水；植株调整；果实管理；收获。

【技术资料】

番茄，又称西红柿、洋柿子，为茄科番茄属的草本植物。原产于南美洲，16 世纪传入欧洲，最初被作为观赏植物，18 世纪下半叶才开始作为蔬菜食用。番茄传入我国大约也在 16 世纪末或 17 世纪初的明代。番茄果实柔软多汁，酸甜适口，并且含有丰富的维生素 C 和矿物质，深受广大消费者的喜爱。随着设施蔬菜生产的发展，番茄栽培面积不断扩大，现已成为我国主要的栽培蔬菜之一。

一、生物学特性

(一)形态特征

(1)根　番茄根系发达，分布广而深，主要分布在 30 cm 的耕作层内，最深可达 150 cm。根的再生能力强，故适宜育苗移栽。

(2)茎　番茄茎基部木质化，易产生不定根，因此可进行扦插繁殖。番茄的茎分枝性强，叶腋内的芽可抽生侧枝，侧芽也可生长新的侧枝及开花结果。

(3)叶　叶互生，不规则羽状复叶，叶长 15～45 cm，有小叶 5～9 片。其大小、形状、颜色等视品种及环境而异。番茄的茎叶上密被腺毛，分泌汁液，散发特殊气味，对某些昆虫，尤其是蚜虫，有驱避作用，所以这种腺毛的多少，与害虫危害的程度有一定的关系。

(4)花　普通番茄为聚伞花序，小型番茄为总状花序或复总状花序，如图 4-1-1 所示。第一花序位于第 6～9 节间，其后每隔 1～3 叶着生一花序。完全花，花冠黄色，自花授粉。在低温下形成的花，花瓣数目多，柱头粗扁，容易形成畸形花及畸形果。

聚伞花序

总状花序

图 4-1-1　番茄的花序

(5)果实　果实为多汁的浆果，食用部分包括果皮及胎座组织。果形有圆球形、扁圆形、椭圆形及洋梨形等。成熟果实呈红色、粉红色或黄色。番茄的红色，是由于果实含有大量茄红素。黄色的果实不含茄红素，而只含有各种胡萝卜素。

(6)种子　种皮扁平、肾形，表面生银灰色茸毛，有胚乳。种子在果实中有一层胶质包围，这是和茄子及辣椒的种子不同的地方。种子比果实成熟早，授粉后 35 d 具有发芽力，50～60 d 完熟，种子的发芽年限可达 3～4 年，千粒重 2.7～3.3 g。

(二)生长发育周期

1. 发芽期

由种子萌发到第1片真叶出现,一般为6～9 d。最适条件为温度25～30℃,要求土壤水分充足,含氧量10%左右。

2. 幼苗期

从真叶出现到第1花序现蕾,需60 d。此期又可细分营养生长阶段和花芽分化阶段。

(1)营养生长阶段　从第1片真叶出现至幼苗具有2～3片真叶为营养生长阶段,需25～30 d,此期间根系生长快,形成大量侧根。

(2)花芽分化阶段　3叶期后进入花芽分化阶段,此时营养生长和生殖生长同时进行。番茄花芽分化的特点是早而快,并具有连续性。每2～3 d分化1个花朵,每10 d分化1个花序,第1花序分化未结束时即开始分化第2花序,第1花序现大蕾时,第3花序已分化完毕。花芽分化的早晚、质量和数量与环境条件有关,日温20～25℃,夜温15～17℃条件下,花芽分化节位低,小花多,质量好。

3. 开花结果期

从第1花序现蕾到果实采收完毕。此期又可分为:

(1)开花坐果期　从第1花序现蕾到坐果,这是番茄由以营养生长为主向生殖生长为主的过渡阶段,须适当控制茎叶生长,促进第1花序坐果。开花前后对环境条件反映比较敏感,温度低于15℃或高于35℃都不利于花器官的正常发育,易导致落花落果或出现畸形果。

(2)开花结果盛期　从第1花序坐果到果实采收完毕。此期茎叶生长与开花坐果同时进行,开始转向以开花坐果为主,是产量形成的主要时期,如图4-1-2所示。此期既要防止营养生长过剩造成疯长,又要防止生殖生长过旺而赘秧,主要任务是调节秧果关系。一般从开花授粉到成熟需要40～50 d。

图4-1-2　番茄开花结果盛期

(三)对环境条件的要求

1. 温度

番茄喜温暖,不耐炎热,对温度有较强的适应能力,能在10～30℃温度下生长,生长适宜温度为20～25℃,15℃以下不能开花,10℃时生长停止,－1℃时植株受冻而死亡,如长期处于35℃以上的高温,植株停止生长并衰亡。

不同生育阶段对温度的要求和反应不同。种子萌发的最适温度20～30℃,发芽的最低温度是11℃;幼苗期适宜日温是20～25℃,夜温10～15℃,苗期相对较低的夜温有利于花芽分化;开花期的最适日温是20～30℃,夜温15～20℃,低于15℃或高于35℃时不利于花的发育和结实。结果盛期要求日温24～27℃,夜温12～15℃,低于15℃导致落花落果,低于12℃着色不良,低于10℃生长缓慢,5℃停止生长;高于30℃影响养分积累,35℃以上受精不良,坐果数减少,并容易出现高温逼熟现象或形成空洞果,40℃以上停止生长。

适宜地温为20～23℃，在适温范围内提高地温可以促进根系发育。

2.光照

番茄为喜光植物，生长发育要求充足的光照，其光饱和点为70 klx，光补偿点为2 klx。光照不足，易造成植株徒长，落花和落果，还使各种生理障碍和病害增多。番茄为中光性植株，日照长短要求不严格，只要在温度适宜的条件下，一年四季都可栽培。

3.水分

番茄植株长势强，结果数多，所以需水量大。不同生长发育时期对水分的要求不同。幼苗期适宜土壤湿度为60%，结果期为80%，果实成熟时，若土壤水分过多和干湿变化剧烈，易引起裂果，降低商品价值。所以番茄在结果期时应经常保持土壤湿润，防止忽干忽湿。番茄不耐涝，田间积水24 h，易使根部缺氧，窒息死亡，所以应深沟高畦，防止田间积水。

番茄要求比较干燥的气候，空气湿度宜保持在45%～50%。空气相对湿度过大，植株生长细弱，发育延迟，阻碍正常授粉，而且在高温、高湿下病害发生严重。所以番茄设施栽培，应特别注意通风换气，防止湿度过大，导致病害发生。

4.土壤营养

番茄对土壤的适应能力较强，但以土层较厚、排水良好、富含有机质的肥沃壤土或沙壤土为宜，土壤pH 6.0～7.0为宜。番茄栽培在沙壤土中早熟性较好，在黏壤土中栽培则产量较高，但不宜栽培在黏土或低洼地中。

番茄生长期长，需肥量大，尤其对钾肥需要量大。施肥原则是前期重施氮、磷肥，中后期增施钾肥和微量元素，三要素的配合比例应为1∶1∶2。此外，番茄对钙的吸收量也很大，缺钙则番茄易得脐腐病及引起生长点坏死。

二、品种类型

(一)按植株生长习性分

(1)有限生长型　主茎生长6～8片真叶后，开始着生第一个花序，此后每隔1～2片叶着生一花序。主茎着生2～4个花序后，其顶芽分化成花序，茎不再延伸，出现封顶现象。因此，植株矮小，开花结果早而集中，供应期较短，早期产量较高，适于作早熟栽培。

(2)无限生长型　主茎生长7～9片叶后，开始着生第一个花序，以后每隔2～3片叶着生一花序，主茎顶端可以继续向上生长。由叶腋抽生的侧枝亦能同样发生花序。因此，这一类型的植株高大，在主茎上可生到7～8个或更多的花序，结7～8穗果实。开花结果期长，总产量高。

(二)按果实大小或颜色分

(1)按果形分　可分为大果型(150 g以上)、中果型(100～149 g)、小果型(100 g以下)。

(2)按果色分　可分为大红(火红)果、粉红果、黄色果(橙黄、金黄、黄、淡黄)。

三、栽培季节与茬次安排

设施番茄栽培类型较多，各种类型的栽培季节和所利用的设施，因不同地区的气候条件和栽培习惯而异。南方多采用塑料大棚和小拱棚进行春早熟栽培，北方则多利用塑料大棚、日光温室进行提前、延后和越冬栽培。塑料大棚秋延后栽培一般于6～7月份育苗，7月上旬至8月上旬定植，9月下旬开始采收，直到11月中下旬，外界气温降低，大棚生产结束。

四、塑料大棚番茄秋延后栽培

大棚秋延后番茄是夏播秋收栽培，苗期正处于高温、多雨、干旱、强光和虫源（主要是蚜虫和白粉虱）多的季节，不仅对幼苗生育不利，而且极易发生病毒病，特别是在移栽定植过程中，往往容易造成机械损伤，给病毒病等一些病害的发生流行创造机会。另外，后期的低温寡照对果实的膨大和转色也十分不利，若遇寒流很容易出现冻害。所以，在生产上有一定的难度。

（一）选择适宜品种

根据秋番茄生长期的气候条件，应选择既耐热又耐低温、抗病毒病、丰产、耐贮的中晚熟品种，如毛粉802、毛粉803、L402、双抗2号、中杂4号、中蔬4号、百利、以色列R-144、FA-189、FA-516等。

（二）播种育苗

大棚秋番茄的适宜播期应根据当地早霜来临时间确定，一般单层塑料薄膜覆盖棚以霜前110 d为播种适期。为防病毒病的发生，播前可将种子用10%的磷酸三钠溶液浸泡20 min。苗床应设在地势高燥的地方，四周搭起1 m高的小棚架，上覆旧塑料薄膜和遮阳网，起到避雨、遮光、降温作用。苗床周围要求通风良好，防止夜温过高，引起幼苗徒长。为防止伤根，需采用营养钵护根育苗，2片子叶展开后及时分苗。苗期水分管理始终保持见干见湿，满足幼苗对水分的要求，不要过分控水，否则易引起病毒病发生。为防止徒长，可在幼苗2～3片真叶展开时，喷施100 mg/L的矮壮素或100 mg/L的多效唑溶液1～2次。蚜虫是传播病毒病的主要媒介，秋番茄的育苗床周围可挂银灰色塑料条，驱避蚜虫，发现少数有蚜虫危害的植株应及时拔除深埋，同时根据蚜虫发生情况，定期喷药防治。秋番茄日历苗龄20～25 d，具4片叶，株高15～20 cm时即可定植。

（三）整地定植

（1）扣棚遮阳　大棚秋延后番茄定植时仍处于高温、强光、多雨季节，故要做好遮阳防雨准备。及时修补棚膜破损处，棚顶挂遮阳网或在膜上喷泥浆，平时保持棚顶遮阳，四周通风，形成一个凉爽的遮阳棚。

（2）整地做畦　定植前清除残株杂草，每667 m^2 撒施优质农家肥4 000～5 000 kg，沟施过磷酸钙30 kg，深翻细耙，做成高垄或高畦。

（3）定植　选阴雨天或傍晚温度较低时定植。定植时按行距50 cm开沟摆苗，株距33 cm，667 m^2 保苗3 800株左右。株间点施磷酸二铵，每667 m^2 施25 kg，肥土混合均匀，逐沟灌大水，水渗下后合垄。

(四)田间管理

1. 生长前期

定植后的高温时段，要尽量加大通风量，遮阳网白天覆盖，夜间揭去，控制白天棚温不高于30℃，夜间不高于20℃。降雨时要盖薄膜防雨水淋入棚内。随着外界天气逐渐由暖转凉，撤除遮阳网，冲洗棚膜。当夜间气温降至15～12℃时，要把大棚四周盖严。

定植水浇足后，及时中耕松土，不旱不浇水，进行蹲苗。第一穗果达核桃大小时，每667 m^2 随水冲施磷酸二铵15 kg，硫酸钾10 kg，同时叶面喷施0.3%磷酸二氢钾。前期浇水可在傍晚时进行，有利于加大昼夜温差，防止植株徒长。发现植株有徒长现象时，可喷施100 mg/L的矮壮素，7 d左右喷1次，可有效地控制茎叶徒长。

秋番茄前期生长速度快，需及时插架、绑蔓。可用细竹竿插架，每株番茄插1根竹竿单排立架，中间用2道横杆连成整体，两排架之间再用横杆连成一体。随着植株的生长，采用“8”字形绑缚法将植株固定在架杆上(图4-1-3)。也可采用尼龙绳吊蔓。大棚秋番茄多采用单干整枝，生长过程中及时摘除基部侧枝。发现病毒病、晚疫病植株及时拔除，用肥皂水洗手后再进行整枝打杈等田间作业，以减少病毒病的传播。

2. 生长后期

(1)温度管理　后期棚内夜温降到10℃时，要关闭风口保温，使棚温白天保持24～28℃，夜间不低于10℃。以后为促进果实着色，白天棚温应保持20～25℃，夜间保持不低于5℃。

(2)植株调整　大棚秋番茄多采用单干整枝，即主干上留3穗果，其余侧枝摘除，第三穗果开花后，花序前留2片叶摘心，如图4-1-4所示。植株调整工作应在晴天进行，不能在雨天进行，也不能在露水尚未干时进行，否则容易诱发病害。生长后期还要将底部的老叶、黄叶及病叶及时摘除，可防止消耗养分和改善通风透光条件，有利于光合作用。

图4-1-3　“8”字形绑缚

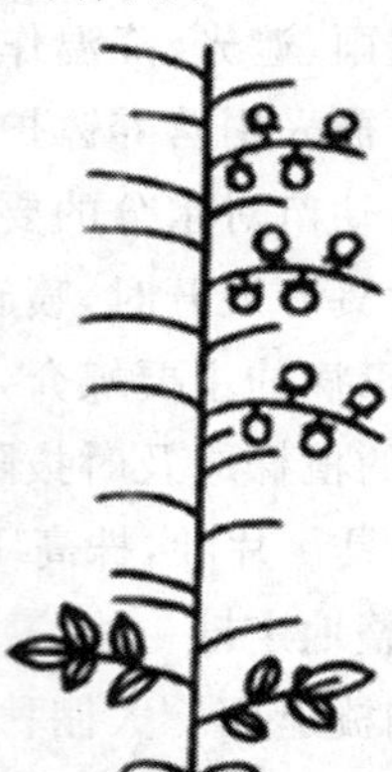

图4-1-4　番茄“单干整枝”示意图

(3)保花保果　大棚秋延后番茄开花坐果期正值高温季节，昼夜温差小，易出现落花落果现象。为提高坐果率，可选用安全的植物生长调节剂作保花处理。具体做法是当每穗花开放 2～4 朵时，于每天上午用浓度为 30～40 mg/L 的番茄灵或浓度 30～40 mg/L 的番茄丰产剂处理液蘸花或喷花。处理液在处理前配以红色颜料，以便处理后留下标记，避免重复处理。为防止空洞果，可加 10 mg/L 的赤霉素一同处理。有机番茄栽培可采用熊蜂授粉或番茄授粉器(图 4-1-5)进行震荡授粉来提高坐果率。

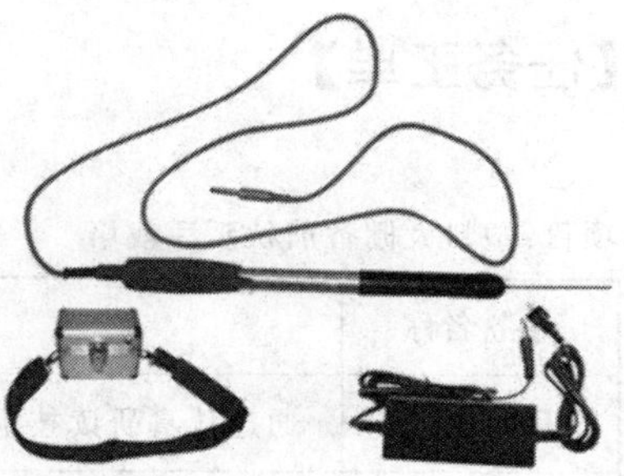

图 4-1-5　番茄授粉器

(4)果实管理　为提高大果率，将先端多余的小花疏去，利于集中营养。每穗果坐住后选留 3～4 个果形好的大果，多余的花果全部摘除，此外还要摘除商品价值低的畸形果，保证每株留果不超过 12 个，促优质果成长。

(5)水肥管理　两穗果定型后及膨果中期各追 1 次膨果肥，一般每次每 667 m^2 施三元复合肥 10～15 kg。盛果期每 667 m^2 冲施磷酸二铵 15 kg，硫酸钾 1 kg。结合追肥进行灌水，水量以透而不渍为宜，并在追肥灌水后及时通风换气，以防止高温、高湿而发病。以后每隔 7～10 d 浇 1 次水，保持土壤湿润，浇水后要加强通风排湿，当植株每穗果均坐住后应减少浇水，以促进果实成熟。番茄对土壤水分的要求严格，尤其是结果盛期，蒸腾旺盛，需水量大，要及时灌溉，保持土壤湿润，防止忽干忽湿的水分管理，以免引起裂果。

五、采收和贮藏

番茄果实的成熟分为 6 个阶段，即绿熟期、白熟期、转色期、粉红期、亮红期、红熟期。进入绿熟期以后，直到成熟，果实重量和大小的变化就非常小，远运的番茄应在绿熟期到白熟期采收，近运的番茄应在转色期到粉果期采收，待到达目的地时，番茄可达到市场要求的红熟期；就地销售的番茄可以在亮红果期采收。番茄果实 3/4 面积呈红色时营养价值最高，是作为鲜食的采收适期。

大棚秋延后番茄果实转色以后要陆续采收上市，要力争入冬前采收上市，在果实不受冻害的情况下，可尽量延长采收期，当棚内温度下降到 2℃时，要全部采收，进行贮藏。

【工作流程】

信息采集(独立完成) → 制订生产计划(小组合作) → 完善计划(师生合作) → 计划实施(小组合作) → 考核评价(师生合作)

【任务工单】

信息采集单

项目：塑料大棚番茄秋延后栽培　　　　　　姓名：　　　　　　　　　　时间：

任务名称	塑料大棚番茄秋延后栽培信息采集
目的要求	通过认真研读技术资料，收集信息，了解番茄的生长发育特点及常见品种类型。
问题一　番茄的生长发育周期是怎样划分的？每个生育期有什么特点？	
问题二　番茄生长发育过程中对温光水肥有什么要求？	
问题三　番茄有哪几种类型？各有何特点？	

指导教师签字：

工作计划单

项目:塑料大棚番茄秋延后栽培　　　　　　　　姓名:　　　　　　　　时间:

任务名称	制订塑料大棚番茄秋延后生产计划
目的要求	根据当地的气候条件、设施性能,确定番茄栽培的播种期、定植期和收获期,制定生产作业历。并考虑销售地的消费习惯,选择耐热、耐寒的番茄品种。列出所需生产资料清单并进行预算。制定生产技术路线。

1. 根据实际情况,制定塑料大棚番茄秋延后栽培作业历。

栽培茬次	播种期	定植期	开花结果期	收获期

2. 品种选择。

3. 材料用具及预算。

4. 用简图绘制塑料大棚番茄秋延后栽培生产的技术路线。

指导教师签字:

生产实训技能单

项目：塑料大棚番茄秋延后栽培　　　　　　姓名：　　　　　　　　　　时间：

<table>
<tr><td>任务名称</td><td colspan="3">塑料大棚秋延后番茄植株调整和果实管理</td></tr>
<tr><td>目的要求</td><td colspan="3">通过实际操作学会大棚番茄整枝打杈、保花保果和疏花疏果等基本技能。</td></tr>
<tr><td>材料用具</td><td colspan="3">大棚番茄植株，吊绳，植物生长调节剂等。</td></tr>
<tr><td colspan="3">方法步骤</td><td>注意事项</td></tr>
<tr><td colspan="3">1. 番茄整枝打杈
(1)单干整枝(绘图说明)
(2)打杈
(3)摘叶</td><td></td></tr>
<tr><td colspan="3">2. 番茄保花保果
(1)植物生长调节剂处理
(2)其他方法</td><td></td></tr>
<tr><td colspan="3">3. 番茄疏花疏果
(1)疏花
(2)疏果</td><td></td></tr>
<tr><td rowspan="6">考核标准</td><td>考核项目</td><td>分值</td><td>得分</td></tr>
<tr><td>按要求完成番茄搭架绑蔓(吊蔓缠蔓)工作任务</td><td>20 分</td><td></td></tr>
<tr><td>按要求完成番茄单干整枝工作任务</td><td>30 分</td><td></td></tr>
<tr><td>按要求完成番茄保花保果工作任务</td><td>30 分</td><td></td></tr>
<tr><td>按要求完成番茄疏花疏果工作任务</td><td>20 分</td><td></td></tr>
<tr><td>合　　计</td><td>100 分</td><td></td></tr>
<tr><td colspan="4">备注：可根据生产周期连续考核</td></tr>
</table>

指导教师签字：

田间调查作业单 1

项目:塑料大棚番茄秋延后栽培　　　　　　　姓名:　　　　　　　　　　时间:

项目名称	番茄的形态特征调查	
目的要求	调查了解番茄植株的形态特征,掌握其特征特性与栽培的关系。提供番茄各器官的手机图片。	
材料用具	番茄植株。	
调查内容	特征特性	与栽培的关系
根		
茎叶		
花		
果实		
种子		

指导教师签字:

田间调查作业单 2

项目:塑料大棚番茄秋延后栽培　　　　姓名:　　　　时间:

项目名称	番茄生长发育周期调查		
目的要求	跟踪调查并记录番茄生长发育周期,了解不同时期的生育特性,掌握不同时期的栽培技术要点。提供番茄不同生育期的手机图片。		
材料用具	不同生育时期的番茄植株。		
调查记录:			
生育时期	起止日期(天数)	生育特性	栽培要点
发芽期			
幼苗期			
开花期			
结果期			
采收期		产量估算:	

指导教师签字:

拓展学习作业单

项目：塑料大棚番茄秋延后栽培　　　　　　　　姓名：　　　　　　　　　　时间：

任务名称	小型番茄设施栽培技术方案
目的要求	根据所学番茄栽培的知识和技能，查阅相关资料，制定小型番茄设施栽培技术方案。
1. 小型番茄栽培情况如何？	
2. 制定当地小型番茄设施栽培作业历。	
3. 番茄露地栽培应准备哪些材料用具？大致生产投入是多少？	
4. 写出小型番茄设施栽培的技术路线。	

指导教师签字：

【项目评价】

项目完成情况综合评价表

学生姓名：　　　　　　　　　　　　　　　　　　　　　　　　　　评价时间：

项目名称	塑料大棚番茄秋延后栽培			
评价内容	评分标准	分数	得分	备注
信息采集	信息全面、可靠，条理清晰	10		教师评价
生产计划制订	计划合理，可操作性强	20		教师评价
计划实施	操作规范、熟练	50		教师评价
工作态度	态度端正，积极热情	10		自我评价
团结协作	擅于与他人合作	10		组内互评
合　计		100		

【课外阅读】

番茄果实贮藏方法

采摘要求：采摘前 5 d 用 50% 多菌灵 500 倍液喷果，以减少贮藏期间烂果。

室内消毒：在绿熟果入室前，可用硫黄熏蒸消毒，也可用百菌清对室内进行全方位消毒。

果实分选：挑选无病虫害、无伤口的绿熟果，按其成熟程度分开贮藏。

贮藏方法：一般在地面平铺稻草，然后平行堆码 3～4 层果，覆盖草帘，切记不要用塑料薄膜盖。贮藏期间掌握温度 10～12℃，不低于 8℃，不高于 15℃，相对湿度 70%～80% 为宜。每周翻倒 1 次，剔除病果烂果，挑选红熟果陆续上市。

Project 2

项目二

日光温室芹菜秋冬茬栽培

知识点

芹菜的生物学特性；芹菜设施栽培茬次安排。

技能点

夏秋季芹菜育苗；温室内整地施基肥、做畦，定植；温室内环境调控；追肥灌水；收获。

【技术资料】

芹菜，别名芹、旱芹、药芹等，为伞形花科芹属中形成肥嫩叶柄的二年生草本植物。起源于地中海沿岸的湿润地区，古希腊人早在 2 000 年前已种植芹菜。起初仅作药用，后作辛香蔬菜。芹菜在我国广泛栽培，历史悠久，河北宣化、河南开封、山东潍坊等地都是著名芹菜产区。芹菜适应性广泛，结合设施栽培，可做到周年供应，是春、秋、冬季的主要蔬菜之一。

芹菜营养丰富，每 100 g 新鲜芹菜含水分约 93.1 g、碳水化合物约 3.3 g、蛋白质 1.2 g、膳食纤维 1.2 g，此外还含有多种矿物质和维生素。芹菜含挥发性芳香油，具特殊的芳香气味，可增进食欲。此外，芹菜有降血压，健脑和清肠利便作用，可炒食、凉拌和做馅等，是优良的保健蔬菜。

一、生物学特性

(一)形态特征

芹菜根系为浅根性蔬菜，根系主要分布在 15～30 cm 的土层内，以 7～10 cm 表层土壤中根系最为密集。芹菜主根受伤后可产生大量侧根，是耐移植蔬菜。芹菜的茎营养生长期为短缩茎，当茎端分化花芽后抽生花薹。叶为二回奇数羽状复叶，轮生在短缩茎上，由小复叶和叶柄组成。每片小复叶又由 2～3 对小叶及一个顶端小叶组成(图 4-2-1a)。叶柄发达，是主要食用部位，重量占全株重的 70%～80%。芹菜的叶柄有空心和实心之分(图 4-2-1b)，叶柄空心或实心是由品种特性决定的，在高温干旱、肥水不良等条件下实心品种也会出现空心叶柄。花为复伞形花序。果实为双悬果，果皮革质，透水性差，果实含有挥发油。种子细小，千粒重 0.4 g 左右。新采收种子有 4～6 个月休眠期，当年播种发芽率仅 60%左右。

a. 二回奇数羽状复叶

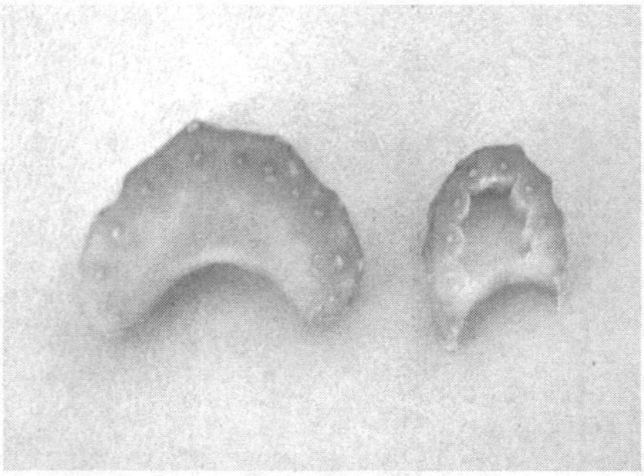

b. 实心和空心叶柄切面

图 4-2-1　芹菜叶片

(二)生长发育周期

芹菜的整个生育周期包括营养生长期和生殖生长期。中国芹菜生育周期较西芹短。

1. 营养生长期

(1)发芽期　从播种到子叶展开，真叶露心，15～20℃条件下需 12～18 d。

(2)幼苗期　从子叶展开到4～5片真叶为幼苗期，需要45～60 d。幼苗期分化生长很缓慢，根系浅，叶片分化速度慢，在初期的15 d内仅分化2～3片叶。

(3)外叶生长期　从4～5片真叶定植到心叶开始直立生长(8～9片真叶)，需要20～40 d。此期芹菜容易感受低温通过春化，在超过10 d 5℃以下的低温条件下，植株便通过春化阶段。

(4)心叶肥大期　从8～9片叶到11～12片叶，需25～30 d，叶片由倾斜生长逐渐转向直立生长，称之为立心，立心是产品叶片迅速生长的形态标志(图4-2-2)。此期芹菜由外叶生长转入心叶肥大生长，应保证肥水供应促进生长，旺盛生长时约2 d可分化1片叶，每天可长2～3 cm，很快达到采收标准。

图4-2-2　芹菜心叶肥大期

(5)休眠期　采种株在低温下越冬，进入被迫休眠。

2. 生殖生长期

芹菜是绿体春化型蔬菜，当苗龄达30 d以上，幼苗分化约15片叶，苗粗0.5 cm以上就可在2～5℃低温条件下感受低温，通过春化。春季在长日照和20℃条件下抽薹，开花结实。从开始抽薹至种子全部成熟，需2～3个月。

(三)对环境条件的要求

(1)温度　芹菜喜冷凉气候条件。种子在4℃时开始萌发，发芽适宜温度15～20℃。25℃以上发芽能力迅速降低，30℃以上几乎不发芽。幼苗适应能力较强，可耐－4℃左右的低温。成株生长适温为15～25℃，低于10℃生长缓慢，超过25℃时生长不良。

(2)光照　芹菜属弱光照作物，光照强度在30～50 klx植株生长正常。弱光照条件下植株食用纤维减少，叶柄挺立，品质脆嫩；光照过强不利于生长，植株颜色变浓，植株老化。

(3)水分　芹菜原产沼泽地带，性喜湿润，在整个生育期中要求有均匀而充足的水分供应，特别是采收前1个月左右，植株生长迅速，需水量更大，一般田间持水量应保持在60%～80%。

(4)土壤和营养　芹菜在中性微酸土壤生长良好，pH 5.6～6.8最适宜芹菜生长，富含有机质、保水保肥力强的壤土和黏壤土有利于芹菜生长。土壤干旱或氮、钾用量过大，芹菜对钙的吸收容易受抑制，钙不足容易发生心腐病。硼对芹菜有特殊生理意义，温度过高或过低、土壤干旱均能使硼的吸收受抑制，缺硼叶柄则易开裂。

二、品种类型

1. 本芹

又叫中国芹菜，其特点是生育期较短，叶柄细长，纤维较多、辛香味浓重，春季不易抽薹，主要供炒食或调味用。依叶柄颜色分为青芹、白芹和紫柄芹菜三类。依叶柄是否充实分为实心芹和空心芹两种类型。代表品种有北京实心芹菜、铁杆芹菜、津南实芹、白庙芹菜等。如图4-2-3a所示。

2. 西芹

又叫西洋芹，从欧美等国引进。其特点是生育期较长、叶柄肥厚，叶片肥大、多为实心，纤维少，肉质脆，香味淡，耐热性不及本芹。可炒食、制汁或加工罐头。依叶柄色泽分为绿色、黄色、白色及杂型四类。主要优良品种有犹他 52-70、意大利冬芹、荷兰西芹、美国西芹、佛罗里达 683、晶嫩西芹等。如图 4-2-3b 所示。

a. 本芹

b. 西芹

图 4-2-3　芹菜的品种类型

此外，还有由西芹和本芹杂交选育的品种，如"开封玻璃脆"是从西芹与"实杆青芹"天然杂交后代中选育的。因其叶柄不易老化，色如碧玉，透明发亮，故而得名。

三、栽培季节与茬次安排

芹菜在冷凉条件下生长良好，多数地区均可利用塑料棚或日光温室达到周年生产。南方地区大棚栽培，以秋冬茬栽培和冬春茬栽培为主。秋冬茬栽培可在 5 月底、6 月初至 9 月分批播种，5～6 月份播种的可在 11 月份至翌年 2 月份采收；冬春茬在 9 月播种，翌年 3～4 月份植株抽薹前采收。北方地区利用日光温室栽培，秋冬茬可在 7 月下旬至 8 月上旬播种，9 月下旬至 10 月上旬定植，翌年 1～2 月份陆续收获上市；9 月上旬播种，11 月上旬定植，翌年 3～4 月份收获。

四、日光温室芹菜秋冬茬栽培

(一)品种选择

优良品种是获得高产优质农产品的基础。一般选用优质、抗病、适应性广、纤维少、实心和品质嫩脆的西芹品种，可选用美国西芹文图拉、加州王、高优它、佛罗里达 683、圣地亚哥等品种。

(二)播种育苗

1. 种子处理与催芽

芹菜种子细小，种皮革质坚硬，透水透气性差，又含有挥发油，种子发芽较困难，尤其夏季高温下发芽，需将种子进行低温催芽处理。常用方法是先将种子晾晒 2～3 d，然后在清水中浸泡 24～48 h，浸种过程中需反复搓洗几遍，以利于种子吸水。将浸泡过的种子捞出，控净水分，用干净纱布包好，再用湿毛巾覆盖，放在 15～20℃条件下培养箱催芽。也可利用地下室或吊于井中距水面 30 cm 处催芽。催芽过程中，每天洒水保湿并翻动 1～2 次，经过 4～6 d，待种子 60%左右露白时即可播种。

2. 苗床准备

由于日光温室栽培秋冬茬芹菜播种时间在 7 月下旬至 8 月上旬，正值炎热季节。应选择地势高、排灌方便、土壤肥沃、保水保肥性好的地块，按温室栽培面积的 1/10～1/8 做成宽 1.2～1.5 m 的高畦。苗床上搭建遮阳棚，棚顶盖旧棚膜，膜上加盖草帘或遮阳网，棚四周通风，防高温、强光、暴雨等极端天气。

3. 播种

播种时整平畦面，然后浇足底水，待水下渗后，用过筛细土将畦面铺平即可播种。芹菜种子小，为方便播种，把催过芽的种子掺入 3～5 倍的细沙，均匀撒播，播后覆过筛细土 0.5～0.6 cm。每 667 m^2 播种 75～150 g。

4. 苗期管理

播种后要保持苗床土壤湿润，当幼芽顶土时，可轻浇一次水。晴天白天光照强时盖上遮阳网，傍晚和阴雨天则应揭除遮阳网。

在幼苗 1～2 片真叶时，进行 1～2 次间苗或分苗，苗距 8 cm 见方，以扩大营养面积，保证秧苗健壮生长，并结合间苗或分苗进行除草。在芹菜苗期一般不追肥。如发现缺肥长势弱时，在 3～4 片真叶时可随水追施硫酸铵，每 667 m^2 施用 5 kg。当芹菜长到 5～6 片叶时，根系比较发达，应适当控制水分，防止徒长，并注意防止蚜虫危害。一般本芹苗龄 50 d 左右，西芹的苗龄为 60～70 d，幼苗长至 10～12 cm 时，即可定植。

(三)整地定植

定植前必须重施基肥，封闭温室利用夏季高温或药剂熏蒸杀灭部分病菌。一般每 667 m^2 需施优质腐熟有机肥 5 000 kg，磷酸二铵 15 kg，硼砂 1 kg，硫酸钾 8 kg，将肥料与土壤充分混匀，耙平耙细做畦。一般采用 1.5 m 宽的平畦，南北走向。定植前 1～2 d 灌水起苗，大小苗要分开移栽，淘汰弱苗，栽植深度以不露根、不埋心为宜。行株距为 10 cm 左右。

(四)田间管理

1. 外叶生长期

(1)温光调节　定植初期以遮阳降温为主，霜冻前后，当白天气温降到 10℃左右，夜间低于 5℃时，应进行扣膜覆盖，以防止植株受冻。扣膜初期温度较高，光照强，卷起前底脚围裙，昼夜放风。日温控制在 18～20℃，超过 25℃应及时通风。夜温 13～18℃，土温 15～20℃，促进地上部及地下部同时迅速生长。

(2)水肥管理　从定植到缓苗约 15 d，需小水勤浇，保持土壤湿润，注意遮阳，防止烈日曝晒。缓苗后及时控制浇水，中耕松土，蹲苗 7～10 d，促进根系发育。

2. 心叶肥大期

(1)温光调节　当外界出现霜冻，室内夜间温度降到 5℃以下时，夜间应覆盖草苫。北方日光温室 10 月中旬就要覆盖薄膜，11 月中旬就要覆盖草苫，控制棚室内温度，白天 20～25℃，夜间 10～15℃，最低不低于 5℃。

芹菜在营养生长期对光照要求不太严格，适宜的光照度为 30～50 klx，此期温室光照条件可满足芹菜生长的需求。

(2)水肥管理　当心叶开始直立向上生长，地下长出大量根系时，标志着植株已进入旺盛生长时期，应结束蹲苗。加强肥水管理，结合浇水每 667 m^2 追施尿素 10 kg。当内层叶开始旺盛生长时，应追肥 2～3 次，每次每 667 m^2 追施饼肥 100 kg 或尿素 10 kg，硫酸钾 5 kg，生长期间保持土壤湿润。本芹擗收后 1 周之内不浇水，以利伤口愈合。以后心叶开始生长，伤口已经愈合时，再进行施肥灌水。收获前 20 d 禁止施用速效氮肥，以免叶柄中硝酸盐含量超标。

入冬后，浇水应在晴天上午 10—11 时进行，并注意加强通风降湿，以防叶斑病等病害发生。

(五)采收

本芹可在叶柄高 50～60 cm 时开始擗收。分次擗收，一般每 20～30 d 擗收 1 次。每次收获 1～3 片，留 2～3 片。如果一株上摘掉的叶片太多，则复原慢，影响生长。整个冬季，一般每株可连续收 3～5 次，采收期达 100 d 左右。西芹一般在植株高度达 70 cm 左右，单株重 1 kg 以上时一次性收获。一般已长成的西芹收获不可过晚，否则，养分易向根部输送，叶柄易空心，造成产量、品质下降。采收、包装、运输过程中所用工具要清洁、卫生、无污染。如图 4-2-4 所示。

图 4-2-4　本芹产品

【工作流程】

信息采集(独立完成) → 制订生产计划(小组合作) → 完善计划(师生合作) → 计划实施(小组合作) → 考核评价(师生合作)

【任务工单】

信息采集单

项目：日光温室芹菜秋冬茬栽培　　　　　　　姓名：　　　　　　　　　时间：

任务名称	日光温室芹菜秋冬茬栽培信息采集
目的要求	通过认真研读技术资料，收集信息，了解芹菜的生物学特征及常见品种类型。
问题一　芹菜的生长发育周期是怎样划分的？每个生育期有什么特点？	
问题二　芹菜生长发育过程中对温光水肥有什么要求？	
问题三　芹菜有哪几种类型？各有何特点？	

指导教师签字：

工作计划单

项目：日光温室芹菜秋冬茬栽培　　姓名：　　时间：

任务名称	制订日光温室芹菜秋冬茬生产计划
目的要求	根据当地的气候条件、设施性能，确定芹菜栽培的播种期、定植期和收获期，制定生产作业历。并考虑销售地的消费习惯，选择优良品种。列出所需生产资料清单并进行预算。制定生产技术路线。

1.根据实际情况，制定日光温室秋冬茬芹菜栽培作业历。

栽培茬次	播种期	定植期	收获期

2.品种选择。

3.材料用具及预算。

4.用简图绘制日光温室芹菜秋冬茬栽培的技术路线。

指导教师签字：

生产实训技能单

项目：日光温室秋冬茬芹菜栽培　　　　　　姓名：　　　　　　　　　　时间：

<table>
<tr><td>任务名称</td><td colspan="4">日光温室秋冬茬芹菜定植</td></tr>
<tr><td>目的要求</td><td colspan="4">通过实际操作学会日光温室秋冬茬芹菜整地、定植等基本技能。</td></tr>
<tr><td>材料用具</td><td colspan="4">移植铲、芹菜幼苗等。</td></tr>
<tr><td colspan="3">方法步骤</td><td colspan="2">注意事项</td></tr>
<tr><td colspan="3">1. 整地做畦
(1)整地施肥

(2)做畦</td><td colspan="2"></td></tr>
<tr><td colspan="3">2.芹菜苗床管理
(1)浇水

(2)起苗</td><td colspan="2"></td></tr>
<tr><td colspan="3">3.芹菜定植
(1)定植株行距

(2)栽苗</td><td colspan="2"></td></tr>
<tr><td rowspan="6">考核标准</td><td colspan="2">考核项目</td><td>分值</td><td>得分</td></tr>
<tr><td colspan="2">按要求完成整地施肥和做畦工作任务</td><td>30 分</td><td></td></tr>
<tr><td colspan="2">正确起苗、分级</td><td>20 分</td><td></td></tr>
<tr><td colspan="2">按要求完成芹菜定植工作任务</td><td>30 分</td><td></td></tr>
<tr><td colspan="2">定植成活率达 90%</td><td>20 分</td><td></td></tr>
<tr><td colspan="2">合计</td><td>100 分</td><td></td></tr>
<tr><td colspan="5">备注：可根据生产周期连续考核</td></tr>
</table>

指导教师签字：

田间调查作业单 1

项目：日光温室芹菜秋冬茬栽培　　　　姓名：　　　　时间：

项目名称	芹菜的形态特征调查	
目的要求	调查了解芹菜植株的形态特征，掌握其特征特性与栽培的关系。提供芹菜各器官的手机图片。	
材料用具	芹菜植株	
调查内容	特征特性	与栽培的关系
根		
茎		
叶		
花		
果实种子		

指导教师签字：

田间调查作业单 2

项目：日光温室芹菜秋冬茬栽培　　　　姓名：　　　　时间：

项目名称	芹菜生长发育周期调查
目的要求	跟踪调查并记录芹菜生长发育周期，了解不同时期的生育特性，掌握不同时期的栽培技术要点。提供芹菜不同生育期的手机图片。
材料用具	不同生育时期的芹菜植株。

调查记录：

生育时期	起止日期(天数)	生育特性	栽培要点
发芽期			
幼苗期			
外叶生长期			
心叶肥大期			
采收期		产量估算：	
生殖生长期			

指导教师签字：

【项目评价】

项目完成情况综合评价表

学生姓名： 评价时间：

项目名称	日光温室芹菜秋冬茬栽培			
评价内容	评分标准	分数	得分	备注
信息采集	信息全面、可靠，条理清晰	10		教师评价
生产计划制订	计划合理，可操作性强	20		教师评价
计划实施	操作规范、熟练	50		教师评价
工作态度	态度端正，积极热情	10		自我评价
团结协作	擅于与他人合作	10		组内互评
合　　计		100		

【课外阅读】

根芹菜

根芹，又叫根洋芹、球根塘蒿等，为伞形花科芹属中的一个变种，由叶芹菜演变而来，能形成肥大肉质根的二年生草本植物(图 4-2-5)。以脆嫩肉质根和叶柄供食用，可凉拌，炒食或煮食，亦可榨汁药用，具有降压、镇静、利尿，促进食欲等保健功效。与叶芹菜相比，它具有较淡的芹菜香味，但粗纤维含量远低于叶芹菜，尤适老年人食用。根芹菜营养价值也较叶芹菜高，据测定，每 100 g 食用部分含蛋白质 1.5 g，脂肪 0.3 g，糖类 3.5 g，维生素 B_1 0.05 mg，维生素 B_2 0.06 mg，维生素 C 8 mg，钙 43 mg，磷 115 mg，铁 0.7 mg。根芹主要分布在欧洲地区，我国近年来引进，仅有少量种植。

图 4-2-5　根芹植株

Project 3

项目三

日光温室韭菜秋冬季栽培

知识点

韭菜的生物学特性；韭菜设施栽培茬次安排。

技能点

露地养根韭菜田整地、施基肥；播种；追肥灌水、中耕除草；越夏期防倒伏；扒土晒根；秋季管理；越冬前管理；温室内整地施基肥、做畦；定植；温室内环境调控；追肥灌水；收割包装。

【技术资料】

韭菜，百合科葱属多年生草本植物，又称草钟乳、扁菜，洗肠草，长生草，起阳草，壮阳草等。以叶片和韭菜薹为主要食用部分，韭菜花和韭菜根经加工也能食用。韭菜的营养价值很高，除了含有维生素 C、维生素 B_1、维生素 B_2、尼克酸、胡萝卜素、碳水化合物及矿物质，韭菜还含有挥发性的硫化丙烯，因此具有辛辣味，能增进食欲。韭菜除食用外，还有良好的药用价值，能活血散瘀，理气降逆，温肾壮阳，韭汁对痢疾杆菌，伤寒杆菌，大肠杆菌，葡萄球菌均有抑制作用，是一种食药兼用的保健蔬菜。

一、生物学特性

(一)形态特征

(1)根　韭菜的根为弦状须根，根毛较少，着生于盘状茎的周围，其根系分布深，寿命长，吸收能力强，还具有贮藏功能。韭菜是多年生作物，新发生的分蘖高于原有植株，生根的位置不断上移，逐渐接近地面，俗称“跳根”。

(2)茎　韭菜茎分为茎盘、根茎和花茎。茎盘是由一二年生的茎短缩呈盘状而得名(图 4-3-1)；根茎的形成是随着植株的生长，根茎不断地向地表延伸，形成根状的杈状分枝。根茎的生活年限为 2～3 年，老根茎会逐渐腐烂解体。花茎是随着生殖生长，顶芽变成花芽，抽出花薹，花茎顶端着生伞形花序而开花结实。

(3)叶　韭菜叶由叶片和叶鞘组成，簇生于根茎顶端，叶片为带状，扁平实心，叶片是光合作用器官，叶片生长到最大限度，品质最佳时为商品收割；叶鞘筒状，层层抱合，俗称“韭白”或“假茎”，假茎内部叶鞘呈白色，最外层叶鞘颜色因品种、光照条件而不同，假茎横断面的形状有圆形和扁圆形，面积大小随品种和栽培密度、水肥条件而有差异。

(4)花　着生于花茎顶端，未开放前由总苞包裹，内含小花 20～30 朵，最多 170 朵，开花后形成伞状花序，异花授粉，两性虫媒花，雄蕊 6 枚，子房上位，3 室。花苞有绿色、浅红色，花色有白、灰白和粉红。一株的开花期较长，所以种子的成熟度不整齐。如图 4-3-2 所示。

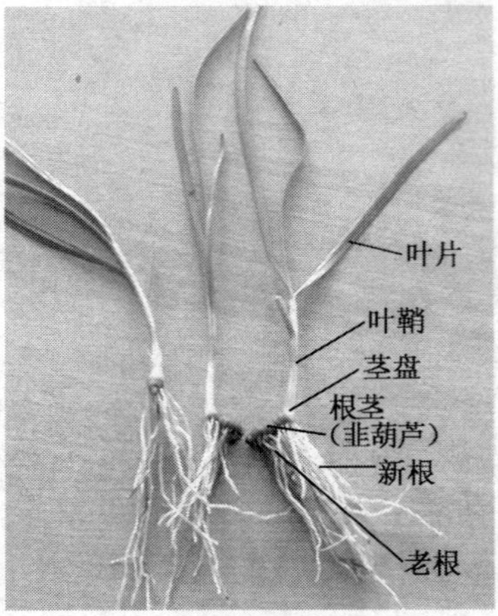

图 4-3-1　韭菜植株

图 4-3-2　韭菜的花

(5)果实　果实为蒴果，三棱形，3 室，每室 3 粒种子，可成熟 1～3 粒，果实成熟时开裂，种子散落，采收种子必须及时。

(6)种子　种子扁平盾形，黑色，千粒重 3～5 g，种子表面皱纹多少和深浅略有不同。韭菜种子的寿命较短，秋天采收的种子，第二年内发芽率较高，第三年发芽率极低。新种子颜色漆黑，有光泽，发亮，种子脐部有小点，陈种子颜色黯淡发乌，无光泽，脐部呈黄褐色。

(二)生长发育周期

韭菜是一次播种多年收割的蔬菜。在冬季气温达 5℃以上的地区，可以周年生产，四季常青；气温低于 5℃，甚至 0℃以下的地区，以休眠状态度过低温时期。休眠后重新萌发。韭菜的生育周期可分为营养生长阶段和生殖生长阶段。当年播种的韭菜，一般只有营养生长阶段，而无生殖生长阶段。两年以上的韭菜，两个阶段交替进行。

1. 营养生长阶段

(1)发芽期　从种子萌动到第一片真叶显露为发芽期，一般需 10～15 d，温度低时间延长。韭菜种子出苗，单子叶依靠贮藏在胚乳的养分，出土缓慢，刚出土时单子叶呈钩状，称“顶鼻”；全部出土时子叶伸直称“直钩”。如图 4-3-3 所示。在土壤疏松，水分充足情况下，顺利完成发芽期。

(2)幼苗期　从第一片真叶露出到 5～7 片叶，具有分株能力的时期为幼苗期，需 60～80 d。第四片叶前应促进幼苗迅速生长，第四片叶以后要控水蹲苗，促进根系发育，控制地上部分生长。5～7 片叶即为成苗。

(3)分蘖生长期　分蘖是韭菜一个很重要的生育特性，也是韭菜更新复壮的主要方式。分蘖属于营养生长范畴。首先在靠近生长点上位叶腋处形成蘖芽，分蘖初期，蘖芽和原有植株被包在同一叶鞘中，后来由于分蘖的增粗，胀破叶鞘而发育成新的植株(图 4-3-4)。春播一年生韭菜，植株长出 5～6 片叶时，便可发生分蘖，以后逐年进行。每年分蘖 1～3 次，以春秋两季为主。每次分蘖以 2 株最多，也有一次分 1 株或 3 株的，分蘖达一定密度，株数不再增加，甚至逐渐减少，因密度大，营养不良，逐年死掉。到一定株龄以后，植株的新生和死亡达到动态平衡。分蘖的多少与品种、株龄、植株的营养状况和管理水平有关。叶片稍窄的品种分蘖能力强，正处于播后 2～4 年的壮龄期，密度适宜，肥水供应充足，病虫危害少，收获次数适宜，则分蘖多。

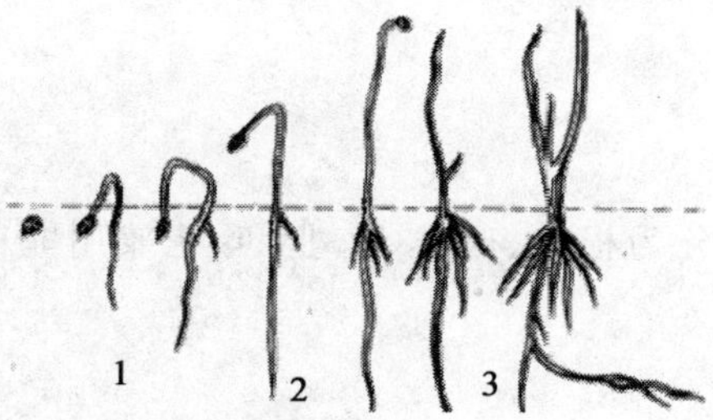

图 4-3-3　韭菜的发芽过程

1. 顶鼻　2. 伸腰　3. 真叶出现

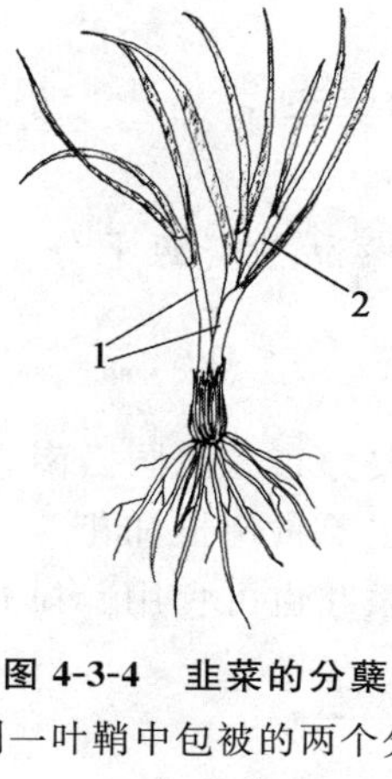

图 4-3-4　韭菜的分蘖

1. 同一叶鞘中包被的两个分蘖

2. 新分蘖

(4)休眠期　韭菜不同的品种休眠方式也不同，一般分为以下三种休眠方式：

①根茎休眠　当气温下降至－5～－7℃时，地上部分全部干枯，就进入了休眠状态，到第二年春天，气温回升，土壤化冻，解除休眠，重新萌发生长。

②假茎休眠　植株生长期间，当日平均温度降到7～10℃时，生长趋于停滞状态，并有少量叶片干枯，整株还表现青绿，收割后经过整理仍有商品价值。

③整株休眠　在休眠时茎叶不干枯，养分也留在植株体内的各部分，只是在遇到低温时，生长暂时有所停滞或减缓，再遇到适宜温度便很快恢复生长。

2. 生殖生长阶段

韭菜是绿体春化型作物，需要在有一定生长量的基础上，经低温和长日照后在夏季才能进行花芽分化。因此，北方地区4月份播种的韭菜，当年很少抽薹开花，直到翌年5月份分化花芽，7～8月份抽薹开花，9月份种子成熟。第二年之后，只要满足低温和长日照条件，每年均能抽薹开花。

(三)对环境条件的要求

(1)温度　韭菜在7～30℃范围内均能生长，适宜温度为13～20℃，在露地条件下，气温超过24℃，生长缓慢，尤其在高温强光下，叶片的纤维素增多，叶片粗糙，品质变劣，甚至不堪食用。在不同阶段对温度的要求也不同，发芽的最低温度为2～3℃，20℃左右发芽最快；幼苗出土适温为13～20℃；地下鳞茎、根茎中贮存的养分在3～5℃时即可运转供给叶片生长，所以春天萌发较早。

(2)光照　不同时期光照要求不相同，在养根、抽薹、开花阶段需要光照充足，但作为商品生产中光照过强则品质下降。韭菜的花芽分化，必须经过低温长日照的诱导，否则不能够抽薹开花。

(3)湿度　韭菜耐旱，幼苗期水多容易徒长，干旱影响根系发育，土壤相对含水量70%～80%为宜，在叶片旺盛生长期80%～90%为宜。

(4)土壤营养　韭菜对土壤适应能力较强，以壤土和沙壤土为宜。韭菜喜肥、耐肥。生产上应施足有机肥，营养生长盛期要加强追肥，整个生育期对肥料的需求以氮肥为主，适量配合磷、钾肥。

二、品种类型

我国韭菜品种资源十分丰富，按食用部分可分为根韭、叶韭、花韭、叶花兼用韭四种类型。

1. 根韭

根韭主要分布在我国云南、贵州、四川、西藏等地，又名苤韭、宽叶韭、大叶韭、山韭菜、鸡脚韭菜等。主要食用根和花薹。根系粗壮，肉质化，有辛香味，可加工腌渍或煮食。花薹肥嫩，可炒食，嫩叶也可食用。根韭以无性繁殖为主，分蘖力强，生长势旺，易栽培。以秋季收刨为主。

2. 叶韭

叶韭的叶片宽厚、柔嫩，抽薹率低，虽然在生殖生长阶段也能抽薹供食，但主要以叶片、叶鞘供食用。我国各地普遍栽培。软化栽培时主要利用此类。

3.花韭

花韭专以收获韭菜花薹部分供食。它的叶片短小,质地粗硬,分蘖力强,抽薹率高。花薹高而粗,品质脆嫩,形似蒜薹,风味优美。我国甘肃兰州、台湾栽培较多。近年来,山东等地也有零星引种栽培。

4.叶花兼用韭

叶花兼用韭的叶片、花薹发育良好,均可食用。目前国内栽培的韭菜品种多数为这一类型。该类型也可用于软化栽培。

在生产中,按韭菜叶片的宽度可分为宽叶韭和窄叶韭两类。宽叶韭叶片宽厚,叶鞘粗壮,品质柔嫩,香味稍淡,易倒伏,适于设施栽培或软化栽培。窄叶韭叶片窄长,叶色较深,叶鞘细高,纤维含量稍多,直立性强,不易倒伏,适于露地栽培。

三、栽培季节与茬次安排

韭菜北方地区露地常规生产是最原始栽培方式,主要在无霜期内,气候条件适宜时生长,在产品质量和产量最佳时收割。韭菜一般当年不收割,养一年根,第二年开始收割。收割会影响养分的积累,延迟第二年收割期,产量降低。

中、小拱棚覆盖韭菜,主要在早春进行,一次播种或移栽,可连续生产多年,当韭菜长势已衰弱或将更换品种时,才进行秋季覆盖栽培。

韭菜日光温室秋冬茬栽培,如利用起源于北方的根茎休眠品种,需待其地上茎叶干枯后,清茬扣膜生产,收割4～5次后撤膜转入露地养根,为下年度生产打下基础;如利用起源于长江以南的假茎休眠或整株休眠韭菜品种,在当地严霜到来之前收割一刀,直接转入温室生产,一个月收一刀,连收4～5刀,可满足北方地区秋末初冬市场对鲜韭的需求。

四、日光温室韭菜秋冬季栽培

(一)品种选择

日光温室秋冬茬栽培应选择叶片宽厚,叶色浓绿,叶丛直立,休眠期短,商品性好,生长较快,抗病性强的品种。根茎休眠的北方品种有汉中冬韭、大金钩韭、豫韭1号、津韭1号、平韭2号等。

整株休眠或假茎休眠的南方品种有杭州雪韭、四川犀浦韭、河南791、平研1号、宇韭8号、赛青、韭宝F1、平丰6号、寒松等。

(二)露地养根

1.整地施肥

头年秋季前茬作物收获后,深耕晒土,每667 m^2 施优质腐熟农家肥8 000 kg以上,过磷酸钙100 kg,磷酸二铵25 kg,灌足底水。

2. 播种育苗

韭菜播种可以直播，也可以育苗移栽，以直播为主。当年播种，当年扣棚，当年收割，均为夏秋养根，冬春覆盖生产，1～3年后可换根重种。一般在4月下旬播种，每667 m^2 用种量4～5 kg，如种子发芽率低时，应相应增加播种量。直播者播于温室内，育苗移栽者播于露地育苗田。

3. 浸种催芽

由于韭菜种子小，种皮坚硬，吸水困难，种子要用上年收获的新种，播前4～5 d进行浸种催芽，先在40℃温水中浸泡，除去浮在上面的秕籽，然后浸泡24 h，取出放在干净瓦盆中，盖上湿纱布，放在15～20℃的地方催芽，每天用清水洗一次，当70%种子露白，即可播种。如在夏秋播种，由于温度高，韭菜多采用干籽直播。

4. 播种

韭菜播种分条播和撒播，育苗多用平畦撒播或条播；直播时多采用宽幅沟条播，即在做好畦内开沟，沟深6～7 cm，沟底宽10～15 cm，沟距25 cm。不论是育苗还是直播，凡是经催芽的种子，必须采取湿播法，即先起出畦内部分表土，准备播后覆土，然后整平畦面或开沟，顺畦或顺沟灌足底水，水渗后播种，上覆1～1.5 cm厚细土，为了防止土壤板结，也可以采用两次覆土的方法，在第一次覆土返潮后，再进行第二次覆土，以利保墒。不经催芽的种子可采取干播法，即整平畦面或开沟后，先播种，覆土踩实后浇水，出苗前，根据墒情浇1～3次小水，保持畦面湿润，以利出苗。

5. 苗期管理

(1)浇水　韭菜出苗以后，秧苗生长很缓慢，需水量不大，因此，应少浇水、轻浇水，防止苗子生长过嫩。出苗前2～3 d浇一水，苗齐后5～6 d浇一水，当株高达到13～16 cm以后，减少浇水，防止倒伏烂苗。

(2)施肥　当苗子长到13～16 cm高时，每667 m^2 可追施尿素5～8 kg，或稀豆饼水500～750 kg，追肥后浇水。

(3)除草　韭菜出土慢，而杂草生长速度快，因此，除草是韭菜苗期管理的一项重要工作，应掌握除小，除早、连续除、彻底除的原则，出苗前可浅锄。

6. 整地定植

(1)定植时期　韭菜的定植时期应根据播种期和菜苗大小确定，春播的夏秋定植，苗龄60～90 d，苗高18～22 cm，6片叶子左右。夏秋播种的第二年春季定植，苗龄270～290 d。秋天定植不能过晚，应保证在休眠以前有2个月的生长期，以便植株能积累一定的养分和安全过冬。

(2)整地施肥　利用温室生产韭菜，在定植时应注意将苗子定植在事先规划好的场地里。定植前应先施肥做畦，一般掌握每667 m^2 施腐熟粪肥6 000 kg以上，肥土混匀后，整平畦面，准备定植。

(3)定植方法　韭菜可平畦栽，也可沟栽，定植的株行距有宽行大撮和窄行小撮。宽行大撮栽培的行距30～35 cm，撮距15～20 cm，每撮30多株，适于生产软化韭菜。窄行小撮的行距13～17 cm，撮距10～13 cm，每撮10～15株，适于生产青韭。定植时，为了便于定植和减少水分蒸发，可将苗留根长 6～10 cm，留叶长 10 cm，将其余的根叶剪掉，按行距开沟，沟深 10～13 cm，将每撮根茎对齐，按撮距埋入沟内，一般以叶鞘部分埋入土中为宜，过深影响分蘖，过浅容易散撮。栽后立即浇水，以利成活。

7. 定植后的管理

(1)定植初期　韭菜在定植 2～3 d 后，应及时浇一次缓苗水，待表土稍干连续中耕 2～3 次，蹲苗保墒。约经半个月，秧苗开始生长，结合浇水，可 667 m^2 随水追施尿素 10 kg。幼苗期保持表土见干见湿，3 片叶时浇一次大水，并结合间苗或补苗。表土干湿适宜时及时松土。如土壤肥力不足，叶色浅绿，长势弱，可以结合灌水每 667 m^2 追磷酸二铵 10 kg。

(2)越夏期

①除草　夏季高温多雨，有利杂草滋生，影响韭菜生长，应及时进行人工除草。

②摘花薹　由于韭菜开花结实时，大量消耗养分，影响植株生长、分蘖和营养物质的积累，从而影响产量。因此，应在花薹幼嫩时，及时摘除，以利植株培养。

③防病治虫　韭菜在夏季高温的情况下，尤其是大雨之后，再遇烈日暴晒，在接近地面处，易发生高温伤害，严重时全株枯死。因此，夏季要注意排水防涝，暴雨之后，用井水浅灌，降低地温并摘除地面黄叶，使行间通风良好，减轻危害。夏季韭蛆发生也很严重，一般在夏初用 90％敌百虫防治韭蛆。到 7～8 月份，高温多雨季节，雨后要注意排水，一般不追肥，根据墒情适度浇水，及时清除杂草，防止株丛倒伏和腐烂。

④防倒伏　夏季天气炎热多雨，二年生以上的韭菜，夏季如不割，株高叶茂易倒伏，严重影响通风透光，易发病。在与韭菜垄的垂直方向，距畦面高度 30～35 cm，按照垄的长度平均拉三道铁丝，再在韭菜垄的两侧顺菜垄向分别搭架一根与垄的长度一致的竹竿，并加以固定，将韭菜叶片支撑在两根竹竿中间，避免叶片倒伏腐烂，如图 4-3-5 所示。

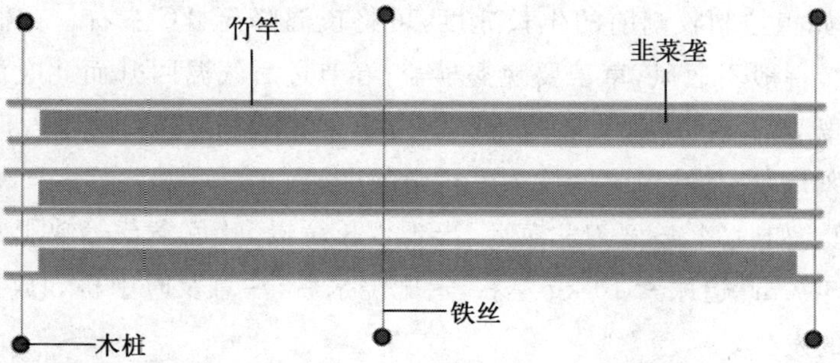

图 4-3-5　韭菜搭架防倒伏

(3)秋季管理　入秋以后，气温开始逐渐下降，昼夜温差加大，光照充足，温度适宜，是韭菜生长的最佳时期，应加强肥水管理。当平均气温降到 25℃左右时，每 667 m^2 追磷酸二铵 20 kg，有条件的也可追施 200 kg 饼肥或 2 000 kg 腐熟有机肥，追肥后每 7 d 左右灌一次水。当平均气温降至 18～20℃时结合灌水再追一次速效肥料，以后气温下降，为防止贪青，应适当控制灌水，促营养向根运输。地表即将封冻时要及时灌封冻水，最好结合追腐熟粪稀或复合肥，灌水量不可过大或过小。

(三)扣膜及扣膜后管理

1.扣膜前的准备

根茎休眠的韭菜扣棚的适期是在当地初霜后最低气温降至−5℃以前,在秋末韭菜休眠前,首先将日光温室骨架建造好,韭菜回根后,其地上部已全部枯萎,要及时清理枯叶,进行扒土晒根,即将畦内行间起土 2～3 cm,露出根茎,然后剪除枯叶,晒根 3～5 d,可打破休眠,使出苗整齐,还可冻死部分韭蛆。经 3～5 d 后,灌药治韭蛆。然后再行间施肥,每 667 m^2 施入腐熟干鸡粪 1 000 kg(即“蒙头肥”),填土与韭墩平,随即浇水。等土沉实后再上一次细土,埋住韭墩。

对河南 791 等无休眠期的或休眠期短的品种,在叶子枯萎前后均可扣膜,也可提前 10 d 左右先割一刀韭菜,再行扣膜。过早扣膜,生长迅速,产量高,易早衰,经济效益低,扣得晚会使韭菜转入被动休眠,导致扣棚后生长缓慢。

2.扣膜后的管理

(1)生长前期　扣膜后温度增高,土壤很快化冻,要及时清除枯叶、松土露出鳞茎晒根,韭菜萌发后搂平畦面,在萌发阶段密闭温室不放风,尽量提高温度,最高可达 30℃;出土后及时放风,降低室温,最高室温不超过 23℃,一般室温白天维持在 18～22℃,夜间最低温度 8～12℃。

温室韭菜的生长,主要依靠露地育苗期间积累的养分以及扣棚前浇水追肥土壤中积存的水分和养分进行生长,一般不再大量追肥灌水。

(2)生长中后期

①温度管理　每次收割后,为加速韭菜萌发生长室温应提高,可达 30℃左右。收割前室温应适当降低,促叶片生长健壮。为调节供应期,如想加快韭菜生产速度,可将夜间温度提高到 15℃左右,如想控制收割前的生长速度,可将夜温降至 8℃左右。在低温季节,日光温室应以保温为主,一般不通风,草苫要晚揭早盖;春节过后气温回升而此时温度不稳定,室内温度变化剧烈,既要注意防寒,又要防止高温危害,当室温达 25℃时要及时放风,应先放顶风,逐渐加大放风口,严禁冷风直接吹入室内危害韭菜。

②水肥管理　如收割 1～2 刀韭菜后,出现生长缓慢,叶色发黄等缺肥水现象,应适时追肥和浇水,一般 667 m^2 追尿素 10 kg 左右,追肥浇水后,注意及时中耕和放风排湿,降低室内湿度,防止病害的发生。

③培土　韭菜根系每年都要“跳根”上移,形成肥大的根茎——韭葫芦。根节越肥大,所贮存的养分就越多,所以第二年韭菜发根早,产量高。因此,对韭菜进行培土培肥,可以促进韭菜新根的生长发育,延长韭菜植株寿命。每刀韭菜株高达 10 cm 左右时,在韭菜行间培土,以优质的堆肥为好,也可用沙壤土或旧育苗床土,同时也可以起到对韭菜进行追肥的作用。培土厚度随跳根高度而定,每次培土厚度 1～2 cm,以不超过叶子分杈处为宜,共培土 2～3 次,最后培成高 5～6 cm 的小垄。培土的好处一是软化假茎优化品质;二是利于沟灌,水不泄漏;三是防叶下披,直立生长,防止倒伏;四是可使叶丛聚于垄中,有利于通风透光,提高地温,减少病害,使植株健壮,收割方便。

(四)收割

第一刀韭菜的收割期与品种、根株的强弱、温室性能及当年气候情况来决定，如温室保温性能好，根株壮，休眠期较短的韭菜品种，一般在温室扣膜后 30～35 d 即可收割第一刀，以后根据生长情况及市场需求进行收割，根据韭菜地上与地下养分运转关系，收割时两刀之间间隔时间应以 1 个月左右为宜，植株达到 4～5 个叶片时是最佳收割期。若收割间隔期太短，会使韭菜长势衰退，造成减产，严重时会死亡。温室韭菜最多可割 4～5 刀，对即将淘汰换根的韭菜，可多割 1～2 刀。

收割宜在早晚进行，以早晨未揭草苫前收割最好，韭菜鲜嫩，不萎蔫，包装后不易发热变黄。收割时要用锋利韭镰平茬收割，留茬过低，影响下茬的长势和产量；留茬过高，降低当茬的产量。一般掌握，头刀距鳞茎 4～5 cm 处下刀，割茬呈黄白色为宜，呈绿白色则太浅，呈白色则太深，如带上马蹄状就会伤到韭根。以后每刀抬高 1 cm，最后 1 次收割，因割完刨除韭根，可尽量深割。

(五)多年生韭菜的管理

温室韭菜收割结束后，4 月中旬可揭膜转入露地管理，继续培养根株，4～6 月份结合浇水追肥 2 次，每次 667 m^2 施尿素或磷酸二铵 20 kg，夏季还可采收韭薹，但不宜收割青韭，特别要重视秋季养根，为翌年覆盖生产打好基础。一般连续生产 3 年左右就需换根。

【工作流程】

信息采集（独立完成）→ 制订生产计划（小组合作）→ 完善计划（师生合作）→ 计划实施（小组合作）→ 考核评价（师生合作）

【任务工单】

信息采集单

项目：日光温室韭菜秋冬季栽培　　　　姓名：　　　　时间：

任务名称	日光温室韭菜秋冬季栽培信息采集
目的要求	通过认真研读技术资料，收集信息，了解韭菜的生长发育特点及常见品种类型。
问题一　韭菜的生长发育周期是怎样划分的？每个生育期有什么特点？	
问题二　韭菜生长发育过程中对温光水肥有什么要求？	
问题三　韭菜有哪几种类型？各有何特点？	

指导教师签字：

工作计划单

项目：日光温室韭菜秋冬季栽培　　　　　　　　姓名：　　　　　　　　　　　时间：

任务名称	制订日光温室韭菜秋冬季栽培生产计划
目的要求	根据当地的气候条件、设施性能，确定韭菜栽培的播种期、定植期和收获期，制定生产作业历。并考虑销售地的消费习惯，选择韭菜品种。列出所需生产资料清单并进行预算。制定生产技术路线。

1. 根据实际情况，制定日光温室韭菜秋冬季栽培作业历。

栽培茬次	播种期	定植期	扣膜期	收获期

2. 品种选择。

3. 材料用具及预算。

4. 用简图绘制日光温室韭菜秋冬季生产的技术路线。

指导教师签字：

生产实训技能单

项目：日光温室韭菜秋冬季栽培　　　　姓名：　　　　时间：

任务名称	日光温室韭菜越夏期管理		
目的要求	通过实际操作学会韭菜越夏期的管理。		
材料用具	韭菜植株，铲、铁丝，竹竿、木桩、撕裂膜等。		
方法步骤			注意事项
1.除草			
2.摘除花薹			
3.防病治虫			
4.防倒伏			
考核标准	考核项目	分值	得分
	按要求完成清除杂草工作任务	30分	
	按要求完成摘除花薹工作任务	20分	
	按要求及时有效地防病治虫	20分	
	按要求搭架，防倒伏效果好	30分	
	合计	100分	
备注：可根据生产周期连续考核			

指导教师签字：

田间调查作业单 1

项目：日光温室韭菜秋冬季栽培　　　　　　姓名：　　　　　　　　　　时间：

项目名称	韭菜的形态特征调查	
目的要求	调查了解韭菜植株的形态特征，掌握其特征特性与栽培的关系。提供韭菜各器官的手机图片。	
材料用具	韭菜植株。	
调查内容	特征特性	与栽培的关系
根		
茎		
叶		
花		
果实		
种子		

指导教师签字：

田间调查作业单 2

项目：日光温室韭菜秋冬季栽培　　　　　　姓名：　　　　　　时间：

项目名称	韭菜生长发育周期调查		
目的要求	跟踪调查并记录韭菜生长发育周期，了解不同时期的生育特性，掌握不同时期的栽培技术要点。提供韭菜不同生育期的手机图片。		
材料用具	不同生育时期的韭菜植株。		
调查记录：			
生育时期	起止日期(天数)	生育特性	栽培要点
发芽期			
幼苗期			
分蘖生长期			
采收期		产量估算：	
休眠期			
生殖生长期			

指导教师签字：

拓展学习作业单

项目：日光温室韭菜秋冬季栽培　　　　　　　　姓名：　　　　　　　　　　时间：

任务名称	韭菜软化栽培技术方案
目的要求	根据所学韭菜栽培的知识和技能，查阅相关资料，制定韭菜软化栽培技术方案。
1. 制定当地韭菜软化栽培作业历。	
2. 韭菜软化栽培应准备哪些材料用具？大致生产投入是多少？	
3. 写出韭菜软化栽培的技术路线。	

指导教师签字：

【项目评价】

项目完成情况综合评价表

学生姓名：　　　　　　　　　　　　　　　　　　　　　　评价时间：

项目名称	日光温室韭菜秋冬季栽培			
评价内容	评分标准	分数	得分	备注
信息采集	信息全面、可靠，条理清晰	10		教师评价
生产计划制订	计划合理，可操作性强	20		教师评价
计划实施	操作规范、熟练	50		教师评价
工作态度	态度端正，积极热情	10		自我评价
团结协作	擅于与他人合作	10		组内互评
合　　计		100		

【课外阅读】

韭菜食用禁忌

韭菜虽然对人体有很多好处，但也不是多多益善。韭菜的粗纤维较多，不易消化吸收，一次吃太多往往引起腹泻，最好控制在一顿100～200 g，不能超过400 g。另外，阴虚火旺者（症状：心烦，颧骨潮红，口干不想喝水，舌红少苔，盗汗等），患疮疡目疾者忌食韭菜。不喜欢吃辣味的人不宜吃，易引起过敏的人也不宜吃。

Project 4

项目四

芽苗蔬菜设施栽培

知识点

芽苗菜蔬菜的定义、种类及特点，生产环境条件及设施设备。

技能点

香椿的催芽，播种，幼苗管理，适时采收。

【技术资料】

一、芽苗蔬菜的定义、种类及特点

凡利用植物种子或其他营养贮存器官，在黑暗或弱光条件下直接生长出可供食用的芽苗、芽球、嫩芽、嫩茎、嫩梢，均称为芽苗类蔬菜。

芽苗菜依据其生长利用的营养来源不同，可分为种芽菜和体芽菜两大类。种芽菜是利用种子内贮藏的养分直接培育成幼嫩的芽或芽苗，如黄豆、萝卜、豌豆、香椿、花生等种子生成的芽苗菜（图 4-4-1）。体芽菜是利用二年生或多年生的宿根、肉质根、根茎或枝条中贮藏的养分，培育成芽球、嫩茎、嫩芽、嫩梢等，如用肉质直根培育的菊苣芽球，宿根培育的蒲公英芽，根茎培育的芦笋、姜芽，枝条培育的香椿芽、刺嫩芽（图 4-4-2）等。

图 4-4-1　豌豆芽苗

图 4-4-2　枝条培育的刺嫩芽

此外，根据芽苗菜产品销售方式的不同，可分为离体芽苗菜和活体芽苗菜两类。根据芽苗菜食用部位的不同，可分为芽菜和苗菜两大类。

芽苗菜以其种类繁多、生产周期短、投入少、生产受外界环境条件制约较少，并且其风味独特、营养丰富、保健、无公害等特点，深受广大消费者喜爱，是一类很有发展前途的新型蔬菜。

二、芽苗菜生产的环境和设施设备

芽苗菜种类繁多，生产方式、栽培设施多样，现以种芽菜的生产为例，简要阐述芽苗菜生产的环境条件、设施设备。

（一）芽苗菜生产的环境条件

（1）温度　芽苗菜生产对温度的要求比较严格，应具备能经常保持催芽室 20～25℃，栽培室白天 20℃以上，夜晚不低于 16℃的温度调控能力。因此生产上多采用设施栽培，如在日光温室、塑料大棚、厂房内等进行栽培。设施内气温过高或过低时，应增设降温、加温等设施。

(2)光照　光照的强弱与芽菜的质地、色泽等有密切关系。有的芽菜是以粗壮、质脆、洁白为上乘，如绿豆芽等，其生产过程需在遮光的条件下进行。但是香椿芽、萝卜芽、花生苗，不仅要求质脆鲜嫩，而且要求带有鲜艳的绿色，需要见光，室内保持 2～5 klx 的光照强度即可。

(3)通气性　为保证芽苗菜生产场地空气清新、洁净和 60%～90%空气相对湿度，其生产过程需要及时通风换气，调控芽苗菜生长对水分和养分需求。在通风过程中，不论是自然通风或强制通风，都不能让风直接吹到幼苗。

(4)水分　芽苗菜生产需要大量的水分。因此，生产场地应有充足而优质的水源供应。生产场地要有自来水并备有蓄水设备，保证生产水质清洁无污染。场地内外还应有配套的排水系统。

(二)芽苗菜生产的设施设备

1. 设施

用于芽苗菜生产的设施主要包括日光温室、塑料大棚、厂房等。此外，芽苗菜生产还需要种子贮藏室、催芽室、穴盘清洗室、消毒室、冷藏室、包装室等配套设施。

2. 设备

种植芽苗菜所需的设备应遵照因陋就简、就地取材、注重实效的原则。利用塑料大棚进行生产所用设备大致如下。

(1)栽培架与展示架　为提高生产场地利用率，充分利用空间，便于进行立体栽培，应制作栽培架(图 4-4-3)。栽培架可用角铁、竹竿、木棍等焊接或钉制而成，架高 2 m 左右，宽 50～60 cm，长 1～2 m。一般分 5～6 层，最底层距地面 15～20 cm，以上每层高 30～40 cm。有条件时，可在栽培床下安设车轮，以便搬运育苗盘和管理。另外，在饭店、宾馆为美化环境、吸引顾客，设计制作美观小巧的展示架，更好地展示芽苗菜，促进销售。

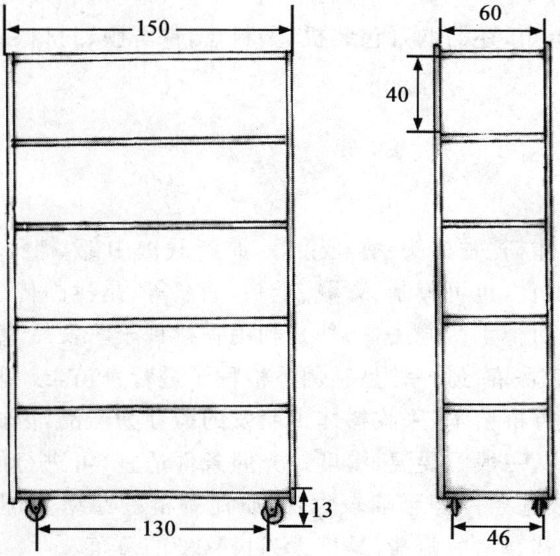

图 4-4-3　栽培架示意图(单位：cm)

(2)育苗盘　栽培容器是芽苗菜生长发育的场所。一般选用轻质的生胶塑料、底部带孔的育苗盘，规格为长 60 cm，宽 24 cm，高 5 cm(图 4-4-4)，也可用木板、铝皮、铁皮等做成同样大的盘代用(制作时应在底部留有足够的小孔以利于排水)。要求苗盘大小适当，底面平整，形状规范，坚固实用。

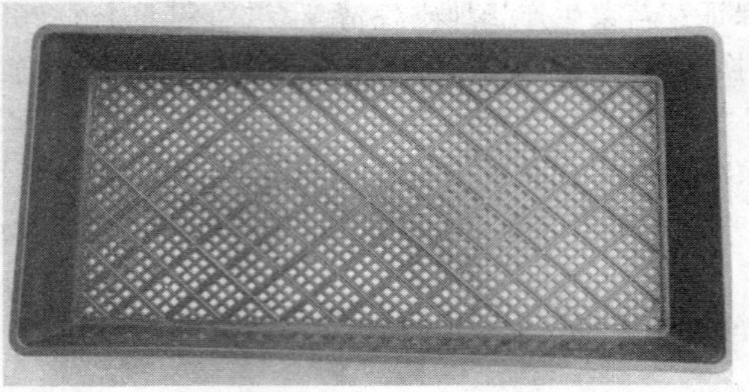

图 4-4-4　育苗盘

(3)栽培基质　芽苗菜的栽培基质很多，一般有白棉布、无纺布、珍珠岩、河沙、吸水纸等，只要是洁净、无毒、质轻、吸水持水力强，使用后残留物易处理，不污染环境即可。由于无纺布无污染，价格不高又可反复利用，规格较好裁定，生产中应用较多。

(4)浇水设备　规模化生产多采用自动化浇水，安装微喷装置及定时器，设定时间自动喷水。目前生产上为降低生产成本，多采用人工浇水，方法是把胶皮管的一端接通自来水，另一端安装上一个喷头，手执胶皮管，从苗盘的上层逐一向下浇水，比用喷壶喷水，既方便又节省时间。

(5)其他　为避免强光加速芽苗菜老化，保证产品的鲜嫩，应使用遮阳网等遮光设施；购买一定数量的高锰酸钾、甲醛、硫黄等消毒剂，用来对生产场地和栽培架、塑料育苗盘等栽培用具消毒；为方便包装上市，还需购置包装机、塑料盒、保鲜膜、封口袋，大规模生产还需运输工具等。

三、香椿芽苗菜生产

香椿，别名红椿、椿甜树、香椿头、香椿芽等，原产我国中部，楝科楝属多年生落叶乔木。以嫩芽为食用部分，可鲜食，也可腌制、罐藏、干制、糖渍等，是我国传统的木本蔬菜。

香椿芽苗菜主要有两种生产方法，一种是利用香椿种子萌发后直接形成香椿芽，又叫香椿芽苗、香椿种芽或籽芽香椿；另一种是利用香椿种子进行育苗，或利用无性繁殖育苗，再定植到大田或设施内培育香椿苗木，采收树体上萌发的嫩芽为产品，因此称为香椿体芽。香椿种芽生长周期短，见效快，一般只要温、湿度及光照条件适宜，可进行周年生产。体芽生产受气候条件、土壤条件及设施条件等影响较大，品质比香椿种芽略差，但产量高。香椿苗的营养丰富，香味浓郁，可凉拌、炒食、腌渍，是广大人民喜爱的蔬菜。

(一)香椿籽芽苗生产

1.品种选择

用于生产香椿苗的主要品种是红香椿。香椿种子不耐贮藏，必须选用当年的香椿新种子(图 4-4-5)，要求籽粒饱满，颜色新鲜，红黄色种皮，淡黄色种仁，净度在 98%以上。生产上必须淘汰陈种子、受热走油的种子、霉烂变质的种子和破残瘪蛀的种子。如果发现种子特别干燥，用手抓如同抓粮食一样，这样的种子也不宜使用。香椿种子的使用年限 7～8 个月，保存的种子必须放在阴凉通风处，并且要带着种子的翅翼保管。

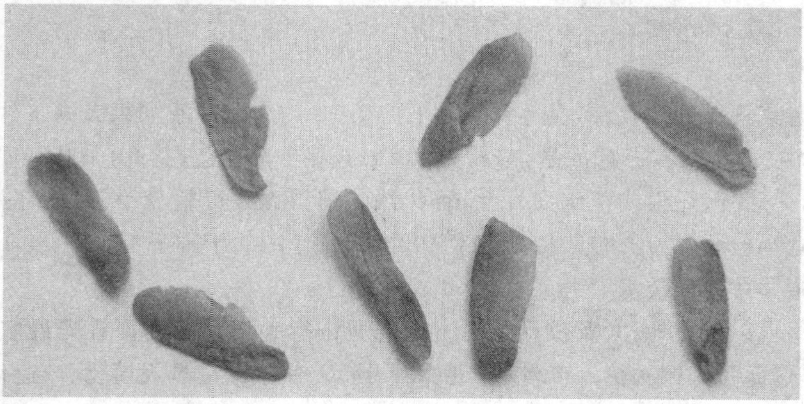

图 4-4-5　香椿种子

2. 设备消毒

采用架式栽培时，因栽培的密度大，设施、设备的重复利用率高，容易感染病菌并会迅速蔓延造成损失，因此应注意对设施和设备进行消毒处理。

(1)设施消毒　密闭设施，用 1 g/m^2 的纯硫黄，点燃熏蒸 4～12 h 后打开门窗通风换气。或用 0.4%甲醛溶液进行喷雾，并关闭门窗进行闷熏 2～3 d 后通风换气。

(2)设备消毒　栽培容器、基质等可在日光下暴晒 3～5 d，或用 80℃以上的热水浸泡 15～30 min，或用 0.2%的漂白粉溶液或 0.1%的甲醛溶液浸泡，然后用清水冲洗 2～3 次后再使用。

3. 浸种催芽

当年采收的种子，揉搓去翅翼，筛除果梗、果壳等杂物，把种子放入盛有 55℃温水的盆中，水量相当于种子体积的 3～5 倍，不断搅拌并保持 55℃水温 10 min，当水温降到 20～30℃时停止搅拌，继续浸种 12～24 h，一般冬季稍长，夏季稍短。注意浸种时切忌用铁质器皿。

在达到种子最大吸水量(其最大吸水量占干种子重量的 123%)95%左右时结束浸种，停止浸种后再淘洗种子 2～3 遍，洗净附着在种皮上的黏液，注意不要损坏种皮，然后捞出种子，沥去多余的水分催芽。香椿种子发芽的最适温度为 20～23℃，催芽期间，每天用清水冲洗 1～2 次。2～3 d 露白时(芽长 1～2 mm)播种。

4. 播种

播种基质可为珍珠岩、细土混农家肥(1∶1)、锯末细土(1∶1)。基质选定后，按 5/1 000 的比例加入适量三元复合肥，此外，在播种前 10～15 d，用多菌灵 6～8 g/m^2 或代森锰锌 8～10 g/m^2 进行基质消毒。将已消过毒的塑料育苗盘用清水湿润，平铺 2 cm 厚基质，浇透水后，将催出芽的种子均匀撒到上面，覆土 1～1.5 cm。每育苗盘播种量为 50～60 g(指干种子质量)。另外也可在塑料育苗盘内铺上一层裁剪适中且浸透水的无纺布，直接均匀撒播。

5. 播种后管理

播种后，育苗盘叠放在栽培室内，出苗后或待香椿芽苗齐苗盘高度时放在栽培架上。栽培室中保持20～23℃的气温，有4～5 klx的散射光，注意及时通风换气。每天喷水3～4次，使空气相对湿度保持在80%左右。播种后5 d胚根即可深入基质层，10 d后下胚轴即可长到8～10 cm，0.1 cm粗。

6. 采收与包装

香椿芽苗菜从播种到收获，在适宜条件下需要15～18 d，冬季如果大棚条件较差则需要20～25 d。优良的香椿芽苗标准是：苗高8～12 cm，芽苗浓绿色，整齐，子叶平展，充分肥大，心叶未伸出，无烂种、烂根或猝倒病发生，香味浓。销售方式可整盘销售，或连根拔起，用透明塑料袋或盒小包装上市。一般每盘产量400～450 g，1 kg干种子可生产14 kg产品。

（二）香椿体芽生产技术

香椿体芽可以在露地、大棚或日光温室等场所进行生产。特别是日光温室高密度生产香椿芽，使单位面积大棚香椿芽产量和产值大大提高，使生产更具规模化、产业化和高效益。

1. 苗木培育

香椿苗木（图4-4-6）可用种子繁殖，也可利用扦插繁殖或根蘖繁殖。温室栽培时，用苗量大，无性繁殖数量有限，因此，多采用种子繁殖。

（1）播种育苗　播种时应选择土壤疏松肥沃、保水性能良好、排水方便的田块作苗床。在日平均温度稳定在10℃以上，终霜期后，即可播种。播种时顺畦开3～4 cm深的沟，沟距25～30 cm，将沟内浇足底水，待水渗后播种。为便于撒播，播种时可将催出芽的种子用草木灰或细沙拌匀播种。播后覆土1～1.5 cm，然后覆盖地膜，保温保湿，一般10～15 d出苗，出苗后及时揭去地膜。当幼苗具有4～5片真叶时进行分苗，苗距20 cm左右，每667 m^2留苗1.2万株左右。每667 m^2用种子2～4 kg。

（2）苗期管理　加强肥水管理，连续浇水2～3次，尤其进入夏季高温季节后，应保证水分供应，同时结合浇水，适当追施薄肥，每667 m^2施尿素10～15 kg，促进幼苗木质化。同时由于香椿苗极不耐涝，进入雨季应注意排除积水。8月以后停止施肥，以防徒长。

图 4-4-6　香椿苗木

为了适应设施生产，应对香椿苗进行矮化处理，具体方法是香椿苗主干高达到 50 cm 左右时开始摘心，分枝则留 2～3 片复叶，进行摘心；也可利用多效唑或矮壮素进行化学处理，可于 7 月中下旬每隔 10～15 d 喷 1 次 15％多效唑 200～400 倍液，连喷 2～3 次，也可起到矮化效果。通过矮化处理，香椿苗当年即可形成苗高 0.6～1.0 m，茎粗 1.0 cm 以上，顶芽饱满、基部有 7～8 个侧枝、须根较多的健壮苗木。

(3)苗木休眠　当日均温下降至 5℃时，苗木进入休眠状态，下霜后叶片自然脱落，这时叶部的养分回流到根茎部。5℃以下，经 17～20 d 休眠基本结束。一些地区气温偏高又计划赶到春节前椿芽上市，还可用乙烯利喷洒 1～2 次，促使落叶，强迫其休眠。

2. 香椿体芽生产

(1)整地定植　移栽前先温室或大棚消毒，土壤深翻至 25～30 cm，耙细，整成南北走向，宽 1.6 m 的畦，然后将休眠过程完成的矮化香椿苗移入。移栽时，开成 20～25 cm 深的沟，按行距 25～30 cm，株距 10～15 cm，将苗木呈 75°～80°顺沟向北倾斜摆放整齐，苗根部培少量土，顺沟灌小水，水渗下后，再覆 2～3 cm 细土，防止露根。移栽后夜间盖草苫保温，白天揭草苫。白天温度保证在 18℃以上，晚间不低于 10℃，使苗木尽快打破休眠。

(2)定植后管理

①温光调节　扣膜后 10～15 d 为缓苗期，应以提高气温为主，以气温带地温，促进根系发育。日温保持 20～25℃，夜温 12～14℃，白天最高不超过 28℃，夜间不超过 18℃。经15 d 即可发芽。顶芽萌动后日温降至 15～25℃，夜温 10℃。采芽期日温最好控制在 18～25℃，温度过高椿芽着色不好。香椿生长期以保持 2.0～3.0 klx 光照条件，椿芽呈红褐色，外观美，品质好。立春后光照增强，应适当遮光。

②水肥管理　定植初期要保持较高的土壤湿度和空气湿度，除定植时要浇透水外，定植后应视土壤干湿情况补充水分。空气相对湿度保持在 85％以上，定植后 10 d 起，每隔 3～5 d 向枝干喷清水。椿苗萌芽后，室内相对湿度宜降至 70％左右。如湿度过大不仅发芽迟缓，且风味下降。自顶芽萌动后，每隔 10～15 d 进行一次根外追肥，用 0.2％尿素或磷酸二氢钾交替喷施。每次采后应追肥浇水，每 667 m^2 可追施尿素 15 kg 和适量草木灰。

(3)采收　栽入大棚经过 30～35 d，矮化苗依靠体内贮藏的营养，开始萌动，当嫩芽长到 15～20 cm，即可采收，采椿芽时不能用手掰，要用剪刀剪。以免伤损木质部，影响第二茬发芽。

【工作流程】

信息采集（独立完成）→ 制订生产计划（小组合作）→ 完善计划（师生合作）→ 计划实施（小组合作）→ 考核评价（师生合作）

【任务工单】

信息采集单

项目:香椿芽苗菜设施栽培　　　　　　　　　姓名:　　　　　　　　　　时间:

任务名称	芽苗菜设施栽培信息采集
目的要求	通过认真研读技术资料,收集信息,掌握芽苗蔬菜的定义、种类、对环境和设施设备的要求等基础知识。
问题一　什么是芽苗蔬菜?包括哪几种类型?有什么特点?	
问题二　种芽菜生产对环境条件有什么要求?	
问题三　生产芽苗蔬菜需要哪些设施设备?	

指导教师签字:

工作计划单

项目：芽苗蔬菜设施栽培　　　　　　　　　　姓名：　　　　　　　　　　　时间：

任务名称	制订香椿芽苗菜生产计划
目的要求	根据当地的市场情况、消费习惯、设施性能，制定香椿种芽菜和体芽菜的生产作业历。列出所需生产资料清单并进行预算。制定生产技术路线。

1. 根据实际情况，制定香椿芽苗菜生产作业历。

生产类型	播种期	定植期	扣膜期	收获期
种芽菜				
体芽菜				

2. 品种选择。

3. 材料用具及预算。

4. 用简图绘制香椿种芽菜和体芽菜生产的技术路线。

指导教师签字：

生产实训技能单

项目：芽苗蔬菜设施栽培　　　　　　　　姓名：　　　　　　　　时间：

任务名称	香椿种芽菜生产		
目的要求	通过实际操作学会香椿种芽菜生产管理的基本技能。		
材料用具	恒温箱、温度计、育苗穴盘、无纺布、水盆等，生产温室等。		
方法步骤			注意事项
1. 设施设备消毒 (1)设施消毒 (2)设备消毒			
2. 播种 (1)浸种催芽 (2)基质准备 (3)播种			
3. 播后管理 (1)环境调控 (2)采收包装			
考核标准	考核项目	分值	得分
	按要求完成设施设备消毒工作任务	30 分	
	按要求完成播前准备工作任务	30 分	
	按要求完成播种工作任务	20 分	
	按要求完成播后管理任务，得到合格芽菜产品	20 分	
	合计	100 分	
备注：可根据生产周期连续考核			

指导教师签字：

田间调查作业单

项目：芽苗蔬菜设施栽培　　　　　　　　　　姓名：　　　　　　　　　　时间：

项目名称	香椿的形态特征调查	
目的要求	调查了解香椿植株的形态特征，掌握其特征特性与栽培的关系。提供香椿各器官的手机图片。	
材料用具	香椿植株。	
调查内容	特征特性	与栽培的关系
根		
茎		
叶		
花		
果实		
种子		

指导教师签字：

拓展学习作业单

项目：芽苗蔬菜设施栽培　　　　姓名：　　　　时间：

任务名称	菊苣芽球软化栽培
目的要求	根据所学芽苗蔬菜栽培的知识和技能，查阅相关资料，制定菊苣芽球软化栽培技术方案。
1. 简述菊苣的生物学特性。	
2. 菊苣芽球软化栽培应准备哪些材料用具？大致生产投入是多少？	
3. 写出菊苣芽球软化栽培的技术路线。	

指导教师签字：

【项目评价】

项目完成情况综合评价表

学生姓名：　　　　　　　　　　　　　　　　　　　　　　　　　　　　评价时间：

项目名称	香椿芽苗菜设施栽培			
评价内容	评分标准	分数	得分	备注
信息采集	信息全面、可靠，条理清晰	10		教师评价
生产计划制订	计划合理，可操作性强	20		教师评价
计划实施	操作规范、熟练	50		教师评价
工作态度	态度端正，积极热情	10		自我评价
团结协作	擅于与他人合作	10		组内互评
合　计		100		

【课外阅读】

几种芽苗蔬菜的营养价值

萝卜芽中含有芥子油，它能促进胃肠道蠕动，排出肠道中的有害物质，可以预防消化道发生癌变。萝卜芽中的消化酵素，能够吞噬、抑制甚至杀死癌细胞。萝卜芽富含维生素和纤维素，有利于帮助胃肠吸收和蠕动。常吃萝卜芽具有一定降血脂、软化血管和稳定血压的功能。

荞麦芽除含有丰富的叶绿素、膳食纤维、黄酮类物质、维生素和矿物质外，还含有丰富的芦丁，芦丁能够维持毛细血管的抵抗力，降低其通透性及脆性，促进细胞增生，防止血细胞的凝集，还有降血脂、扩张冠状动脉、增强冠状动脉血流量等功效，对高血压和心血管病患者具有很好的食疗作用。

花生芽中含蛋白质、钙及泛酸、维生素E等，其蛋白质是一种完全蛋白质，含人体所必需的多种氨基酸、生物碱及各种甾醇，对提高智力、防衰老、降低胆固醇、降低血压、维持有机体的正常生长及生理功能等有重要作用。

苜蓿芽苗中富含蛋白质、维生素A、维生素D、维生素E及维生素B_1、维生素B_2、烟酸等。它含有大量的维生素E，具有防止老化、美化肌肤之功效。苜蓿芽中含有丰富的膳食纤维，热量非常低，是一种最佳的高纤低卡的减肥食品。

模块五　设施蔬菜冬春栽培

项目一　日光温室黄瓜越冬茬栽培

项目二　日光温室茄子越冬茬栽培

项目三　日光温室菜豆冬春茬栽培

项目四　日光温室结球甘蓝春早熟栽培

Project 1

项目一

日光温室黄瓜越冬茬栽培

知识点

黄瓜的生物学特性；黄瓜设施栽培茬次安排。

技能点

黄瓜嫁接育苗；秸秆生物反应堆技术；定植覆膜；温室内环境调控；追肥灌水；整枝落蔓；采收。

【技术资料】

黄瓜,别名胡瓜、王瓜,葫芦科黄瓜属一年生草本蔓生攀缘植物。原产于喜马拉雅山南麓的热带雨林地区。其果实含有丰富的胡萝卜素、维生素 C 及其他对人体有益的矿物质。黄瓜食用方便,适作鲜食、凉拌、熟食、泡菜等。黄瓜一年内可以多茬栽培,供应时间长,是北方寒冷地区设施越冬种植的最主要的蔬菜之一。

一、生物学特性

(一)形态特征

(1)根　黄瓜为浅根性作物,大部分根系分布于 20 cm 表层土壤中,且木栓化时间早,程度强。

(2)茎　茎蔓生,6～7 片叶后节间伸长生长迅速,或匍匐生长,或攀缘于其他支撑物上,不能直立生长。茎为无限生长,只要环境条件适宜,茎不断持续生长。茎基部近地面处有形成不定根能力,尤其幼苗生不定根能力强,如图 5-1-1 所示。

图 5-1-1　黄瓜茎基部发生不定根

(3)叶　叶片呈掌状五角形,叶缘浅裂具锯齿状。叶片的上下表面均具表皮毛。叶腋着生侧枝、卷须和花器官。卷须在自然生长状态下起攀缘作用,但在设施栽培时往往将卷须掐去减少营养消耗。

(4)花　黄瓜多为雌雄同株异花,偶尔出现两性完全花,植株上只有雌花而无雄花的为雌性型。一般情况下雌花单生(北欧温室型黄瓜一节可着生 2～3 朵雌花),雄花簇生。

(5)果实　果实为瓠果,果实的性状因品种而异。果形为筒形至长棒状,果色有深绿、浅绿、黄绿甚至白色,果面光滑或有棱、瘤、刺,刺色有黑、褐、白之分。黄瓜有单性结实能力,即不授粉时也能形成正常果实。这是因为黄瓜子房中生长素含量较高,能控制自身养分分配所致。

(6)种子　种子扁平椭圆形,黄白色。种子千粒重 22～42 g,种子发芽年限 4～5 年。

(二)生长发育周期

黄瓜整个生育周期可分为发芽期、幼苗期、初花期和结果期四个时期。其生育期的长短主要取决于栽培茬口和栽培条件,如露地栽培黄瓜全生育期 90～120 d,而日光温室越冬栽培黄瓜生育期可长达 8 个月以上。

(1)发芽期　黄瓜由种子萌动到幼苗破心,即幼苗第一片真叶显露为发芽期,需 5～6 d。

(2)幼苗期　由真叶显露到 4 片真叶展平为幼苗期,约需 20 d。幼苗期苗端分化速度快,一般第 1 片真叶展开时,叶芽已分化 12 节,花芽已分化到第 9 节,但花的性型尚未确定;第 2 片真叶展开时,叶芽已分化 14～16 节,花芽已分化到第 11～13 节,同时第 3～5 节的性型已确定。黄瓜花的性型是可塑的,最初分化出花的原始体,具有雌蕊和雄蕊两性原基。当环境条件适于雌蕊原基发育时,雄蕊原基退化,雌蕊原基发育,形成雌花;环境条件适于雄蕊原基发育时,雌蕊原基退化,雄蕊原基发育就形成雄花。环境条件和栽培措施可影响黄瓜花芽的性型分化。通常 13～15℃的低夜温和 8 h 左右的短日照有利于雌花分化,不但雌花数多,着花节位也低;较高的空气湿度、土壤含水量、土壤有机质含量和二氧化碳浓度等均有利于雌花分化;此外,花的性型受激素控制,乙烯多增加雌花,赤霉素多增加雄花。因此,苗期可采取适当的技术措施对黄瓜的花进行性型调控,以降低雌花节位,增加雌花数量,达到早熟、高产的目的。

(3)初花期　从幼苗团棵至第一雌花开放为初花期,也叫伸蔓期。此时幼苗已进入蔓性生长。植株在此期由营养生长为主过渡到生殖生长为主。

(4)开花结果期　从第一雌花开放到拉秧为止称为开花结果期。结果期的长短与栽培季节有关,如春黄瓜为 50～60 d,秋黄瓜一般为 40～50 d,日光温室越冬栽培则长达 6～8 个月。开花结果期植株的茎叶和果实生长量都很大,特别是采收盛期生长量更大,因此开花结果期必须及时补充植株所需养分、水分。

(三)对环境条件的要求

(1)温度　黄瓜喜温但不耐高温。45℃时叶片褪绿,超过 46℃时,黄瓜植株出现致死的高温障碍,顶端枯萎,叶片黄化。温度低至 10～13℃能引起生理紊乱,4℃受冷害,0℃及以下则引起冻害。不同生长期的适宜温度不同,种子发芽的适宜温度为 27～29℃;幼苗期日温 22～25℃,夜温 15～18℃;开花结果期日温 25～29℃,夜温 18～22℃。温度过高或过低都影响植株的生长发育,高于 35℃时生理失调,易形成苦味瓜。

(2)光照　黄瓜是果菜中相对比较耐弱光的蔬菜,它的光饱和点是 55 klx,光补偿点是 1.5～2.0 klx。提高光照强度有利于光合速率的提高,因此日光温室黄瓜栽培,应注意改善光照条件。黄瓜对日照长短要求因生态环境不同而有差异。一般华南系品种对短日照较为敏感,而华北系品种对日照长短要求不严格,但大多数品种 8～11 h 的短日照能促进雌花形成。

(3)水分　黄瓜根系浅,叶片大,消耗水分多,故喜湿不耐旱。适宜的空气湿度为 70%～90%,但长期高湿易导致病害发生。

(4)土壤营养　黄瓜对土壤适应范围比较广,在 pH 5.5～7.2 范围内均能适应,但最适宜的是富含有机质的肥沃壤土,pH 6.5 为宜。黄瓜喜肥,但不耐高浓度肥料,土壤溶液浓度过高或肥料不腐熟易发生烧根现象。黄瓜生长迅速,进入结果期早,产量高,故耗肥量较大,因此黄瓜的施肥原则是“少量多餐”。黄瓜整个生育期间要求钾最多,依次为氮、钙、磷,施肥依据氮∶磷∶钾比例为(2～3)∶1∶4 较为合适。

二、品种类型

黄瓜的品种类型较多,目前我国普遍栽培的主要有华北型、华南型和北欧温室型三种类型,如图 5-1-2 所示。此外,还有欧美型露地黄瓜、南亚型黄瓜和小型黄瓜等栽培类型。

华北型

华南型

北欧温室型

图 5-1-2　黄瓜的品种类型

(1)华北型　俗称"水黄瓜",分布于中国黄河流域以北及朝鲜、日本等地。植株生长势中等,喜土壤湿润、天气晴朗的气候条件,对日照长短要求不严。该类型黄瓜茎节和叶柄较长,叶片大而薄,果实细长,绿色,刺瘤密,白刺。代表品种有长春密刺、新泰密刺、山东密刺、津春 3 号、津春 4 号等。

(2)华南型　俗称"旱黄瓜",分布于中国长江以南及日本各地。该类型黄瓜茎叶繁茂,茎粗,节间短,叶片肥大,耐湿热,要求短日照。果实短粗,果皮硬,果皮绿、绿白、黄白色,刺瘤稀,黑刺。代表品种有早叶三、九月青、广州二青、武汉青鱼等。

(3)北欧温室型　俗称"无刺黄瓜",黄瓜原产于英国、荷兰。植株茎叶繁茂,耐低温弱光,对日照长短要求不严。果面光滑无刺,绿色,多为雌性系,种子少或单性结果。代表品种有以色列的萨瑞格,荷兰的戴多星、康德等。

三、栽培季节与茬次安排

(一)塑料拱棚栽培

(1)小拱棚早熟栽培　一般在春季进行,属于短期覆盖,可比露地黄瓜提早 15 d 左右定植,近年来采用地膜加小拱棚的双膜覆盖,效果更好。

(2)大棚春早熟栽培　华北地区一般在 1 月下旬至 2 月上旬于温室播种育苗,3 月上中旬定植,4 月中旬至 6 月中下旬供应市场,比露地提早 30 d 左右。

(3)大棚秋延后栽培　华北地区一般是 7 月中下旬至 8 月上旬播种,8 月中下旬定植,9 月底10 月初供应市场,比露地延后 30 d 左右。

(二)日光温室栽培

(1)早春茬　早春茬黄瓜上市期比大棚黄瓜上市期提早 45～60 d。一般 12 月下旬至翌年 1 月上旬播种,2 月上中旬定植,3 月上中旬开始采收,6 月下旬拉秧。

(2)秋冬茬　栽培的目的在于解决深秋、初冬淡季问题,比大棚秋延后黄瓜供应期长

30～45 d。一般8月下旬至9月上旬播种，9月下旬定植，10月中旬始收，新年前后拉秧。

(3)越冬茬　9月份播种育苗，10月上中旬定植，11月下旬开始采收，翌年7月中旬拉秧，采收期跨越冬、春、夏三个季节，整个生育期长达10个月，是设施黄瓜栽培技术难度最大、效益最高的茬口。

四、日光温室黄瓜越冬茬栽培

(一)品种选择

日光温室冬春茬生长期内将经历较长时间的低温、弱光环境，因此，必须选用耐低温、耐弱光、雌花节位低、节成性好、抗病性强、生长势强、品质好、产量高的品种。适合日光温室冬春茬栽培的品种有津优35号、津优36号、博耐系列、中农21号、中农26号等品种。

(二)嫁接育苗

嫁接育苗是日光温室越冬茬黄瓜高产栽培的主要技术措施之一。生产中常用嫁接砧木有黑籽南瓜和白籽南瓜。黑籽南瓜抗寒性、抗病性及生长势均优于白籽南瓜，但白籽南瓜具备脱蜡粉能力，嫁接后的黄瓜果面油亮，无蜡粉。因此，如果温室的保温性能好，为提高黄瓜的外观商品性，选择白籽南瓜作嫁接砧木。如果温室保温性能一般，则应选择黑籽南瓜嫁接，以保证黄瓜正常生长并获得高产。黄瓜的嫁接方法和嫁接苗管理可参照西瓜嫁接育苗。

(三)秸秆生物反应堆技术的应用

日光温室越冬茬黄瓜生产的突出问题是地温低、二氧化碳气体亏缺、土传病害严重及土壤性状变劣。秸秆生物反应堆恰恰解决了这几个问题。秸秆生物反应堆技术是将作物秸秆整捆铺于黄瓜栽培畦下，使秸秆在微生物(纤维分解菌)的作用下发酵分解，产生二氧化碳、热量、抗病孢子、有机和无机肥料，从而改善黄瓜生长的土壤环境和气体环境，使植株生长健壮，产量提高。

秸秆生物反应堆分为外置反应堆和内置反应堆两种。其中内置反应堆适用于日光温室黄瓜越冬栽培。具体应用方法如下：

1. 施肥备料

温室清园后，普施充分腐熟的有机肥作基肥，越冬茬黄瓜生长期长、产量高，需肥量大，通常每667 m^2 施入有机肥10 000 kg。耕翻后整平，使粪土混合均匀。秸秆生物反应堆可促进养分分解，但不能取代施肥。建造秸秆生物反应堆需要准备菌种、麦麸和秸秆三种反应物。其比例(重量比)为菌种：麦麸：秸秆＝1：20：500。通常每667 m^2 需要准备作物秸秆4 000～5 000 kg，秸秆可以使用玉米秸、稻草、麦秸、稻糠、豆秸、花生秧等。目前市场上用于秸秆生物反应堆的菌种较多，如沃丰宝生物菌剂、卢博士生物肥、爱益康秸秆腐熟剂专用菌种等，每667 m^2 用量8～10 kg，同时需准备麦麸子160～200 kg，为菌种繁殖活动提供养分。

2. 挖沟铺秸秆

日光温室越冬茬黄瓜为了加大行间通风透光，促进根系生长，增强光合作用，采用南北行向、大小行，垄作地膜覆盖栽培。挖沟时按照温室早春茬黄瓜的整地方式，按照大小行的距离在定植行正下方开沟，沟宽80 cm，深20～25 cm，长度同定植行。挖出的土堆放在沟的两侧。沟挖好后将秸秆平铺到沟内，踏实、踩平，秸秆厚度30 cm左右，南北两端各露出

10 cm，以利于散热、透气。

3. 撒菌种

菌种使用前必须进行预处理。方法是用 1 kg 菌种和 20 kg 干麦麸拌匀，再用喷壶喷水，水量 16 kg。秋季和初冬（8～11 月份）温度较高，菌种现拌现用，也可当天晚上拌好第 2 天用；晚冬和早春季节要提前 3～5 d 拌好菌种备用。拌好的菌种一般摊薄 10 cm 存放，冬季注意防冻。麦麸也可用饼类、谷糠替代，但其数量应为麦麸的 3 倍，加水量应视不同用料的吸水量确定（以手轻握不滴水为宜）。施用菌种前先在秸秆上均匀撒施饼肥，每 667 m^2 用量 100～200 kg，然后再把处理好的菌种撒在秸秆上，并用铁锹轻拍使菌种渗漏至下层一部分。如不施饼肥，也可在菌种内拌入尿素，用量为 1 kg 菌种加 50 g 尿素，目的是调节碳氮比，促进微生物分解。撒好菌种后，向沟内浇大水湿透秸秆。

4. 起垄定植

将沟两边的土回填于秸秆上，秸秆上土层厚度保持 20 cm 左右。做成底宽 80 cm，顶宽 70 cm 的大垄，垄中央开一道浅沟，形成小行距 50 cm，大行距 80 cm 的黄瓜栽培畦。7 d 后在垄上开沟，沟内 10 cm，沟底要平，选整齐一致的秧苗，按平均株距 35 cm 将苗坨摆入沟中（南侧株距适当缩小，北侧株距适当加大），每 667 m^2 保苗 3 000～3 500 株。秧苗在沟中要摆成一条线，高矮一致，株间点施磷酸二铵或者复合肥，每 667 m^2 用量 25 kg，与土混拌均匀。苗摆好后，向沟内浇足定植水，在底墒充足的情况下，每株苗浇水 1.5 L 左右。

5. 合垄覆膜

3 d 后大部分幼苗缓苗后，开始合垄。黄瓜栽苗深度以合完垄苗坨表面与地表面平齐为宜，要千万注意嫁接苗不要埋过接口处。定植完毕后，用小木板把垄台、垄帮刮平。在行间铺设滴灌管，然后覆地膜。日光温室越冬茬黄瓜定植时，气温、地温均较高。因此适合先定植，后盖地膜，这种方式有利于提高定植质量和浇足定植水，还能避免定植处膜孔过大，影响地膜的增温保墒效果。在行距 50 cm 的两小行上覆地膜，如图 5-1-3 所示。最后在每株秧苗处开纵口，把秧苗引出膜外，并固定好地膜，用湿土封严定植口。

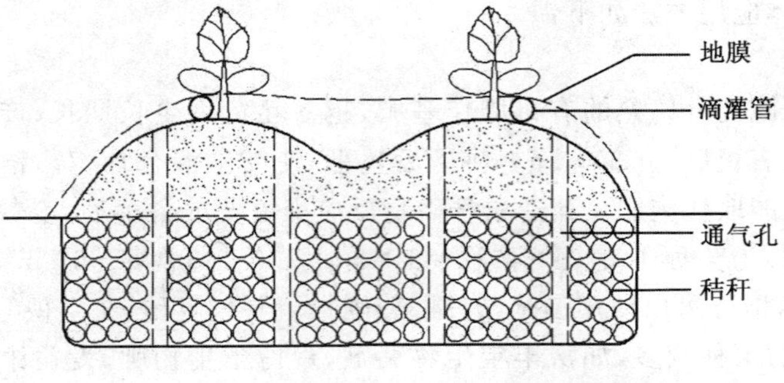

图 5-1-3　定植行下内置式生物反应堆示意图

6. 畦上打孔

最后按 20 cm 见方，用 14 号钢筋做成的钎子在定植行上打孔，孔深以穿透秸秆层为准，以保证微生物的正常活动。

应用内置式秸秆生物反应堆技术，在第一次浇水湿透秸秆的情况下，平时管理要减少浇水次数，且不能浇大水。每次浇水后，都必须重新打孔，以保证氧气的供应和二氧化碳的释放。反应前两个月，浇水时不能冲施化肥、农药，以避免降低反应堆菌种的活性。但叶面喷药不受限制。

(四)田间管理

1.缓苗期及初花期

(1)温度管理　定植初期尽量给予较高温度，促进植株生长。此阶段温室内温光条件优越，可根据日光温室本身环境的日变化，结合黄瓜在一昼夜中不同时段的生理活动中心来进行温度环境的管理，即“四段式变温管理”。上午是黄瓜一天中光合作用最强阶段，温度控制在(28±2)℃；下午控制在(22±2)℃；前半夜为促进养分转化，温度控制在(17±2)℃；后半夜为抑制呼吸，温度控制在(12±2)℃。放风时温度应控制在(30±2)℃(晴天)，当温室内温度下降到17℃时应盖草苫，早晨揭苫时室内温度保持在8～10℃。

(2)水肥管理　黄瓜初花期要控制水分，防止地上部徒长，促进根系发育，为结果期打下好基础。定植后3～5 d，发现水分不足应在膜下沟内灌1次缓苗水，水量要充足，并且要在晴天上午进行，避免严寒季节频繁浇水，降低地温。抽蔓期以保水保温、控秧促根为主要目标，如果定植水和缓苗水浇透，土壤不严重缺水，在根瓜形成前不追肥灌水，采用蹲苗的方式以促进植株由“以营养生长为中心”向“以生殖生长为中心”转化。

(3)吊蔓整枝　吊绳上端固定在铁丝上，下端无须固定，只需用吊秧夹将主蔓夹住固定吊绳上。注意夹子要夹在叶节处，以后随着植株的生长，要不断将夹子夹在上部叶节处，如图5-1-4所示。吊蔓时最好在午后进行，以防茎蔓损伤。越冬茬黄瓜以主蔓结瓜为主，因此要及时摘除叶腋处发生的侧枝和砧木发出的萌蘖。叶腋间着生的卷须是黄瓜叶的变态器官，具有攀缘功能，但温室吊蔓栽培不需其攀缘，为防止养分消耗，需及时摘除。同时可顺便摘除雄花、化瓜和畸形瓜，以减少养分消耗。

图5-1-4　黄瓜吊蔓

2.结果期

(1)温度管理　越冬茬黄瓜结果初期处于低温弱光期，温度管理上可参照初花期的四段变温管理。开春后随着日照时数增加，光照由弱转强，室温可适当提高，上午保持28～30℃，下午22～24℃，前半夜17～19℃，后半夜12～14℃。温度高于32℃，黄瓜植株开始生长不良，高于35℃时生理失调，植株迅速衰败。因此，在生育后期应加强通风，避免室温过高。

(2)光照调节　冬季日光温室的弱光照是限制黄瓜产量和品质的重要环境因子之一，因此光照调节的原则是增光补光。可通过清洁棚膜，在保证室内温度前提下尽量早揭、晚盖草苫(保温被)，在北墙和两个山墙张挂镀铝反光膜，及时整枝摘老叶等方式来改善温室内的通风透光条件。

(3)水肥管理　通常当大部分植株根瓜长到15 cm左右时，进行第1次浇水追肥，并于午前浇完。应采用膜下沟灌或滴灌，结合浇水每667 m^2 施三元复合肥15 kg。中午温室不通风，使温室内气温升高到30℃以上，以带动地温的升高。此时由于刚浇过水，室内空气湿度较大，植株不会因温度过高而萎蔫。午后打开顶风口，通风10～30 min排除湿气。低温季节尽量控制浇水，一般10～20 d灌1次水，每次要浇透，以免频繁浇水降低地温。隔1水追1次肥，磷酸二铵、硫酸钾和三元复合肥、饼肥、鸡粪等交替使用。

进入结果盛期后，外温高，通风量大，土壤水分蒸发快，需5～7 d灌1次水，10～15 d追1次肥。盛果期开始在明沟追肥，可先松土，然后灌水追肥，并与暗沟交替进行。叶面喷肥从定植至生产结束可每15 d喷施1次，肥料可选用磷酸二氢钾及多种商品叶面肥。

如果采用秸秆生物反应堆技术，温室内的CO_2每天都可以得到补充，可以解决日光温室冬季通风量小，导致CO_2亏缺的问题，不必再施用CO_2气肥。

(4)整枝落蔓　日光温室冬春茬黄瓜以主蔓结瓜为主，整个生育期一般不摘心，主蔓可高达6～7 m。因此在生长过程中，为改善室内的光照条件，可随着下部果实的采收，随时落蔓，使植株高度始终保持1.5 m左右。落蔓前打掉下部老叶，把吊秧夹解开，手提黄瓜植株使其自然下落至一定的高度，为龙头生长留出空间，然后将夹子重新夹好。使用吊秧夹可大大减轻落蔓和拉秧时的工作量。落下的蔓盘卧在地膜上，注意避免与土壤接触，如图5-1-5所示。

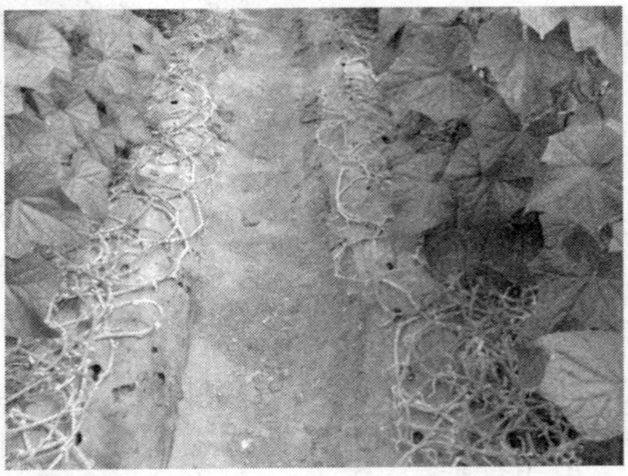

图 5-1-5　黄瓜落蔓

(5)保花保果　黄瓜具有单性结实能力，因此，越冬茬栽培无须人工授粉或植物生长调节剂处理可以正常结瓜。低温季节可通过蜜蜂或熊蜂辅助授粉来提高坐果率。

(五)采收

黄瓜属于嫩果采收，采收期的掌握对产量和品质影响很大。从播种至采收一般为50～60 d。黄瓜必须适时采收，采摘太早，果实保水能力弱，货架寿命短；采摘太迟，则果实老化，品质差，而且大量消耗植株养分，造成植株生长失去平衡，后续果实畸形或化瓜。一般根瓜应及早采收，结瓜初期2～3 d采收1次，结瓜盛期1～2 d采收1次。采收后及时分级装箱，防止相互摩擦影响商品质量。

【工作流程】

信息采集（独立完成）→ 制订生产计划（小组合作）→ 完善计划（师生合作）→ 计划实施（小组合作）→ 考核评价（师生合作）

【任务工单】

信息采集单

项目：日光温室黄瓜越冬茬黄瓜栽培　　姓名：　　时间：

任务名称	日光温室黄瓜越冬茬黄瓜栽培信息采集
目的要求	通过认真研读技术资料，收集信息，了解黄瓜的生物学特征及常见品种类型。
问题一　黄瓜的生长发育周期是怎样划分的？每个生育期有什么特点？	
问题二　黄瓜生长发育过程中对温光水肥有什么要求？	
问题三　黄瓜有哪几种类型？各有何特点？	

指导教师签字：

工作计划单

项目：日光温室黄瓜越冬茬黄瓜栽培　　姓名：　　时间：

任务名称	制订日光温室黄瓜越冬茬黄瓜生产计划
目的要求	根据当地的气候条件、设施性能，确定黄瓜栽培的播种期、定植期和收获期，制定生产作业历。并考虑销售地的消费习惯，选择耐低温、弱光的黄瓜品种。列出所需生产资料清单并进行预算。制定生产技术路线。

1. 根据实际情况，制定日光温室越冬茬黄瓜栽培作业历。

栽培茬次	播种期	定植期	开花结果期	收获期

2. 品种选择。

3. 材料用具及预算。

4. 用简图绘制日光温室越冬茬黄瓜生产的技术路线。

指导教师签字：

生产实训技能单

项目：日光温室黄瓜越冬茬黄瓜栽培　　　　姓名：　　　　　　时间：

任务名称	日光温室黄瓜越冬茬黄瓜植株调整和采收
目的要求	通过实际操作学会黄瓜吊蔓整枝、落蔓、采收等基本技能。
材料用具	黄瓜植株，吊秧夹等。

方法步骤	注意事项
1. 吊蔓整枝 (1)吊蔓 (2)摘除侧枝、卷须	
2. 落蔓 (1)打底叶 (2)落蔓	
3. 采收 (1)采收标准 (2)采收方法	

	考核项目	分值	得分
考核标准	按要求完成吊蔓整枝工作任务	30 分	
	按要求完成多次落蔓工作任务	50 分	
	根据采收标准，正确完成采收工作任务	10 分	
	植株调整和采收过程中对植株无损伤	10 分	
	合计	100 分	
备注：可根据生产周期连续考核			

指导教师签字：

田间调查作业单 1

项目：日光温室黄瓜越冬茬黄瓜栽培　　　　姓名：　　　　　　　　时间：

项目名称	黄瓜的形态特征及生育周期调查	
目的要求	调查了解黄瓜植株的形态特征，掌握其特征特性与栽培的关系。提供黄瓜各器官的手机图片。	
材料用具	黄瓜植株。	
调查内容	特征特性	与栽培的关系
根		
茎叶		
花		
果实		
种子		

指导教师签字：

田间调查作业单 2

项目：日光温室黄瓜越冬茬黄瓜栽培　　　　姓名：　　　　时间：

项目名称	黄瓜生长发育周期调查		
目的要求	跟踪调查并记录黄瓜生长发育周期，了解不同时期的生育特性，掌握不同时期的栽培技术要点。提供黄瓜不同生育期的手机图片。		
材料用具	不同生育时期的黄瓜植株。		
调查记录：			
生育时期	起止日期（天数）	生育特性	栽培要点
发芽期			
幼苗期			
甩条发棵期			
开花期			
结果期			
采收期		产量估算：	

指导教师签字：

模块五　设施蔬菜冬春栽培

【项目评价】

项目完成情况综合评价表

学生姓名：　　　　　　　　　　　　　　　　　　　　　　　　　　　　　评价时间：

项目名称	日光温室冬春茬黄瓜栽培			
评价内容	评分标准	分数	得分	备注
信息采集	信息全面、可靠，条理清晰	10		教师评价
生产计划制订	计划合理，可操作性强	20		教师评价
计划实施	操作规范、熟练	50		教师评价
工作态度	态度端正，积极热情	10		自我评价
团结协作	擅于与他人合作	10		组内互评
合　　计		100		

【课外阅读】

厨房里的美容剂——黄瓜

黄瓜不但是人们喜食的蔬菜，也是十分有效的天然美容护肤品。鲜黄瓜中所含的黄瓜酶是一种有很强生物活性的生物酶，能有效地促进机体的新陈代谢，扩张皮肤毛细血管，促进血液循环，增强皮肤的氧化还原作用，有令人惊异的润肤美容效果。用新鲜的黄瓜片或黄瓜汁外擦皮肤，可以舒展、延缓面部皱纹，治疗面部黑斑，还能清洁和保护皮肤。这种黄瓜美容在国外早已盛行，目前国内也有不少女性应用，因此黄瓜被称为“厨房里的美容剂”。

Project 2

项目二

日光温室茄子越冬茬栽培

知识点

茄子的生物学特性；茄子设施栽培茬次安排。

技能点

茄子嫁接育苗；温室内整地施基肥、做畦；定植覆膜；温室内环境调控；追肥灌水；植株调整；保花保果；采收。

【技术资料】

茄子,茄科茄属以浆果为产品一年生草本植物,在热带为多年生灌木,古称酪酥、昆仑瓜等。原产于东印度,公元 3—4 世纪传入我国,在我国已有 1 000 多年栽培历史,通常认为我国是茄子的第二起源地。茄子以食用嫩果为主,可炒、煮、煎食,还可加工,干制、盐渍、酱制均宜。茄子适应性强,栽培容易,产量高,营养丰富,又适于加工,在我国南北方普遍栽培。近年来北方地区利用高效节能日光温室进行茄子越冬长季节栽培,取得了较高的经济效益。

一、生物学特性

(一)形态特征

1. 根

茄子根系发达,由主根和侧根构成。主根粗壮,垂直伸长,深度可达 1.3～1.7 m,分生大量的 1 级侧根,再分生 2 级、3 级侧根。水平侧根在地表下 5～10 cm 处,主要根群分布在 30 cm 内的土层中。茄子根系木质化较早,发生不定根能力较弱。因此,不宜多次移植。育苗移栽时应尽量减少伤根,栽培时应注意深栽。

2. 茎

茄子的茎为圆形。在幼苗时期木质化程度低,成苗以后便逐渐木质化,形成粗壮且直立性较强的茎。有些茄子品种茎上有刺,栽培茄子通常株高在 60～100 cm,日光温室长季节嫁接栽培的株高可达 1.5～2.0 m,需采取吊秧栽培防止倒伏。

茄子为假二杈分枝,分枝结果很有规律。早熟种 6～8 片叶,晚熟种 8～9 片叶时,顶芽变成花芽,紧接的腋芽抽生两个长势相当的侧枝代替主枝呈"Y"状延伸生长。以后每隔一定叶位顶芽又形成一个花芽,侧枝以同样方式分枝一次。这样,先后在第 1、第 2、第 3、第 4 的分枝处的花形成的果实,分别被称为门茄、对茄、四母斗、八面风,以后植株向上的分杈和开花数目增加,结果数较难统计被称为满天星。只要条件适宜,以后仍按同样规律不断地自下而上地分枝、开花、结果,其数目的增加都为几何级数的增加。需要注意的是,茄子与辣椒不同,茄子的花不是着生在分杈处,而是着生在其中一条分枝的基部,如图 5-2-1 所示。

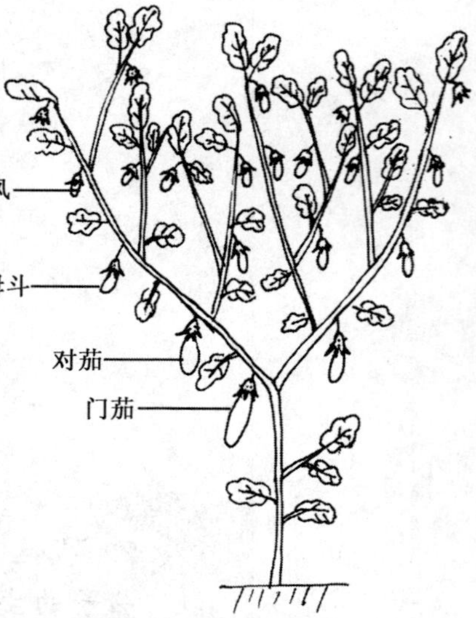

图 5-2-1　茄子分枝结果习性

3. 叶

单叶互生,绿色或墨绿色,叶片肥大,卵圆形或长卵圆形,有长叶柄,叶面粗糙而有茸毛,叶脉和叶柄有刺毛。生产过程中要适当摘除下部叶龄超过 35 d 以上的衰老叶片,减少养分消耗,促进通风透光。

4. 花

茄子的花为两性花，一般单生，但也有2～4朵簇生的。花由花萼、花冠、雄蕊、雌蕊四部分组成。花瓣为5～6片，基部合成筒状，白色或紫色。开花时花药顶孔开裂散出花粉。自花授粉，环境适宜时晴天早晨5时左右开花，7时左右开药，花期可持续3～4 d，开花前1 d和花后3 d都有受精能力，开花当天授粉的结果率最高，环境条件不适时可采用激素处理促进坐果，激素处理应在开花当天进行。

茄子花根据花柱的长短，可分为长柱花、中柱花和短柱花，如图5-2-2所示。长柱花的花柱高出花药，花大色深，为健全花，能正常授粉，有结果能力。短柱花的花柱低于花药或退化，花小、色淡、花梗细，为不健全花，授粉率低，一般不能正常结果。中柱花的授粉率介于二者之间。花柱长短受环境与栽培条件，特别是育苗条件的影响。

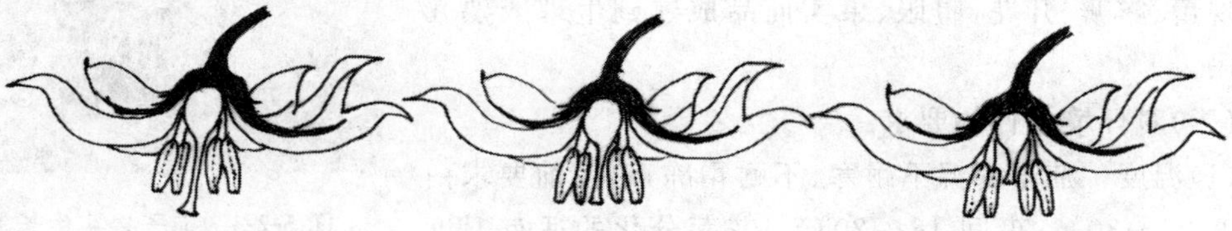

图5-2-2　茄子的不同花型

5. 果实

茄子的果实为浆果，果实的形状有圆形、卵形、长形等多种果形。一般圆茄品种的果肉比较致密，果实较硬；长茄品种果肉细胞排列呈松散结构，质地细腻，果实较软。果实的颜色有白色、白绿色、绿色、紫色、紫红色、黑紫色等。老熟后的果实为黄褐色。茄子是以嫩果为食用器官，单果重小的20 g左右，大的可达到800 g左右，在种子尚未开始硬化之前采收，一般开花后15～20 d即可采收。采收过晚会影响品质。

6. 种子

茄子的种子较小，种皮光滑、有蜡质，肾形，千粒重一般为4～5 g，小的甚至为1～2 g，发芽较慢。种子比果实成熟晚，开花后40 d即有发芽能力，50～60 d才能完全成熟。因此，经后熟的种子成熟效果更明显。刚刚采收的种子，有轻度休眠，所以发芽率较低。种子的寿命为4～5年，使用年限2～3年。

(二)生长发育周期

茄子根据其生长发育特性，可将生长发育周期分为以下几个时期。

(1)发芽期　从种子萌发到第一片真叶出现为发芽期。茄子发芽期较长，一般需要10～12 d。发芽期能否顺利完成，主要决定于温度、湿度、通气状况及覆土厚度等。播种后尤其注意要提高地温，保证土壤湿度，防止土壤板结，覆土厚度适宜。

(2)幼苗期　由第一片真叶出现至开始现大蕾为幼苗期，需要50～60 d。

(3)开花着果期　从门茄现蕾至门茄“瞪眼”，需10～15 d。茄子果实基部近萼片处生长较快，此处的果实表面开始因萼片遮光不见光照呈白色，等长出萼片外见光2～3 d后着色。其白色部分越宽，表示果实生长越快，这一部分称“茄眼睛”(图5-2-3)。在开始出现白色部分时即为“瞪眼”开始，当白色部分很少时，表明果实已达到商品成熟期了。开花着果期为营养生长为主向生殖生长为主的过渡期，此期适当控制水分，可促进果实发育。

(4)结果期　从门茄“瞪眼”到拉秧为结果期。门茄“瞪眼”以后，茎叶和果实同时生长，光合产物主要向果实输送，茎叶得到的同化物很少。这时要注意加强肥水管理，促进茎叶生长和果实膨大；对茄与“四母斗”结果期，植株处于旺盛生长期，对产量影响很大，尤其是设施栽培，这一时期是产量和产值的主要形成期；“八面风”结果期，果数多，但较小，产量开始下降。每层果实发育过程中都要经历现蕾、露瓣、开花、瞪眼、果实商品成熟到生理成熟几个阶段。

图 5-2-3　茄子果实生长期

(三)对环境条件的要求

(1)温度　茄子喜温不耐寒、不耐霜冻，出苗前要求白天温度 25～30℃，夜间 16～20℃。花芽分化的适宜温度白天为 20～25℃，夜间为 15～20℃，温度偏低时，花芽分化延迟，但长柱花多；反之，在温度偏高条件下，花芽分化提早，但中柱花和短柱花比例增加，尤其高夜温短柱花更多。生长发育期间的适宜温度为 13～35℃，一般白天为 25～30℃，夜间 15～20℃，地温18～20℃。当温度低于 15℃时果实生长缓慢，低于 10℃时生长停顿，5℃以下就会受冻害。高于 35～40℃时，茎叶虽能正常生长，但花器发育受阻，果实畸形或落花落果。

(2)光照　茄子对光周期的反应不敏感，要求中等强度的光照。在弱光照条件下，光合产物少，生长细弱，而且受精能力低，容易落花。在强光照和 9～12 h 短日照条件下，幼苗发育快，花芽出现早。光照充足，果皮有光泽，皮色鲜艳：光照弱，落花率高，畸形果多，皮色暗。

(3)水分　茄子的单叶面积大，水分蒸腾多。当土壤中水分不足时，植株生长缓慢，甚至引起落花，所结果实的果皮粗糙、品质差。一般要保持 80%左右的土壤湿度。结果期需水量最大，要保证水分充足供应才能获得高产。雨季田间积水容易烂根，空气湿度大，授粉困难，落花落果严重。

(4)土壤营养　茄子对土壤适应性较广，各种土壤都能栽培，适宜土壤 pH 为 6.8～7.3。但以在疏松肥沃、保水保肥力强的壤土上生长最好。茄子生长量大，产量高，需肥量大，尤以氮肥最多，其次是钾肥和磷肥。整个生长期施肥原则是前期施氮肥和磷肥，后期施氮肥和钾肥，氮肥不足，会造成花发育不良，短柱花增多，影响产量。一般每生产 1 000 kg 茄子，需吸收氮 3.0～4.0 kg，磷 0.7～1.0 kg，钾 4.0～6.6 kg。

二、品种类型

根据茄子果形、株型的不同，可将茄子分为三种类型，即圆茄、长茄和矮茄，如图 5-2-4 所示。

圆茄

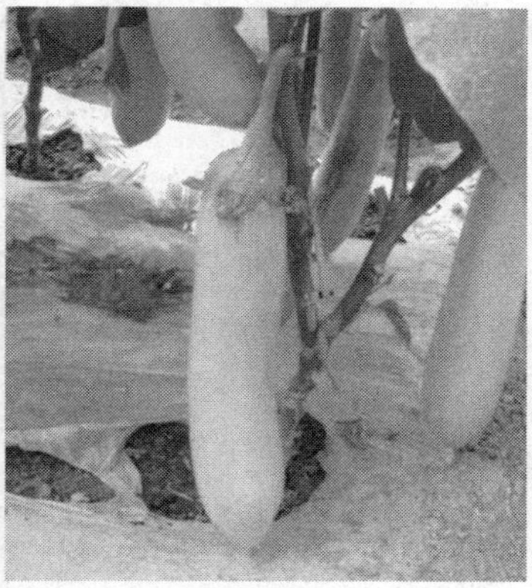

长茄

矮茄

图 5-2-4　茄子的品种类型

(1)圆茄　圆茄植株高大,茎直立粗壮,叶片大而肥厚,生长旺盛,果实为球形、扁球形或椭球形,果色有紫黑色、紫红色、绿色、白色等。多为中晚熟品种,肉质较紧密,单果质量较大。圆茄属北方生态型,适应于气候温暖干燥、阳光充足的夏季大陆性气候。多作露地栽培品种,如北京六叶茄、北京七叶茄、天津大民茄、辽茄 3 号等。

(2)长茄　长茄植株高度及长势中等,叶较小而狭长,分枝较多。果实细长棒状,有的品种可长达 30 cm 以上。果皮较薄,肉质松软,种子较少。果实有紫色、青绿色、白色等。单株结果数多,单果质量小,以中早熟品种为多,是我国茄子的主要类型。长茄属南方生态型,喜温暖湿润多阴天的气候条件,比较适合于设施栽培。优良品种较多,如龙杂茄 1 号、青选长茄、绿油茄、沈茄 1 号、茄杂 1 号、长茄一号、东方长茄、郎高、尼罗、布利塔、莫妮卡、黑珊瑚等。

(3)矮茄　矮茄又称卵茄。植株低矮,茎叶细小,分枝多,长势中等或较弱。着果节位较低,多为早熟品种,产量低。此类茄子适应性较强,露地栽培和设施栽培均可。果皮较厚,种子较多,易老,品质较差。果实小,果形多呈卵球形或灯泡形,果色有紫色、白色和绿色。如北京灯泡茄、天津牛心茄、青荷包茄、西安绿茄等。

三、栽培季节与茬次安排

普通日光温室秋延迟栽培一般在 7 月中下旬播种,8 月中下旬至 9 月上旬定植,产品主要供应秋冬季。普通日光温室早春提早栽培,一般在 11 月下旬至 12 月上中旬播种,2 月中下旬定植,塑料大棚和小拱棚春提早栽培推迟 30～50 d。利用高效节能日光温室越冬栽培,一般在 7 月下旬至 8 月中下旬播种,9 月中旬嫁接,10 月上旬定植,12 月份开始采收,产品供应元旦、春节市场及春淡季,翌年 6 月末拉秧,采收期可达 6～7 个月。

四、日光温室茄子越冬茬栽培

(一)品种选择

根据当地的消费习惯、栽培目的等选用市场畅销的主栽品种。日光温室越冬茬茄子栽培宜选择较耐寒、较耐弱光、抗病、丰产、果实商品品质好(果形、色泽符合市场需求)、食用品质好(尤其是种子少,不易老熟)的品种。目前适于日光温室越冬茬栽培的品种主要有布利塔、大龙、黑金刚、茄子9318等。

(二)嫁接育苗

茄子土传病害为害严重,日光温室越冬茬茄子必须采用嫁接育苗,并配合相应的管理措施,可显著提高茄子的抗性和长势,大幅度地提高产量和效益。

1. 砧木选择

目前生产中使用的砧木主要是从野生茄子中筛选出来的高抗或免疫品种,如托鲁巴姆、超托鲁巴姆、CRP(刺茄)、耐病FV、赤茄等,尤以托鲁巴姆应用最为广泛。

2. 播期确定

根据生产定植期确定砧木、接穗的播种期,嫁接苗从播种到定植,生长期需要70~90 d。用托鲁巴姆作砧木应比接穗提前20~30 d播种,赤茄提前5~7 d播种。

3. 种子处理

(1)砧木种子处理　野生茄先晒种6~8 h,再用55℃的热水烫种30 min,然后用30℃的温水浸种8 h。洗净种皮上的黏液,用干净纱布包好后催芽。砧木种子较难发芽,有2种催芽方法:

①恒温箱变温处理　将种子浸泡后装入布袋,放入恒温箱中,将温度调节为30℃以下8 h,20℃以下16 h,反复变温处理。每天用清水淘洗1次种子并沥干水分,8 d可出芽。

②激素处理　每千克水加100~200 mg赤霉素,将种子放入其中浸泡24 h,再用清水浸泡24 h,然后放入恒温箱中进行变温催芽处理,一般4~5 d可出芽。

(2)接穗种子处理　接穗的种子要消毒,以免接穗带有病菌,达不到嫁接目的。种子可先用55℃的温水浸泡15 min,再用0.3%的高锰酸钾浸泡30 min,然后用30℃的温水浸种8 h。洗净种皮上的黏液,用干净纱布包好后催芽,温度控制在25~30℃。每天用清水淘洗1次,7 d种子露白后即可播种。若采用变温催芽处理,可提早出芽,且发芽率高。

4. 播种

砧木、接穗播种用的育苗盘、育苗基质等都要消毒,以免带有病菌。育苗盘可用甲醛浸泡消毒,育苗基质可拌入多菌灵消毒。将催好芽的砧木种子均匀地播在装满育苗基质的育苗盘内,浇透水,盖上蛭石,再覆盖薄膜保湿,3~5 d出苗后要及时揭膜。

用育苗盘育苗方便管理,播后将苗盘放在温室或大棚中。当砧木苗长至2叶1心时,移栽至50孔穴盘或8 cm×8 cm营养钵中。接穗育苗方法同砧木育苗,当接穗苗长至2叶1心时移栽至72孔穴盘中。

5. 苗期管理

砧木、接穗苗期进行正常管理,防止徒长,适当追施磷钾肥促苗健壮。嫁接前5~7 d对接穗苗和砧木苗采取控水促壮措施,以提高嫁接成活率。对接穗苗进行适当控水,使中午前后略呈萎蔫状态;砧木苗浇水量也要适当减少,但要求苗的萎蔫程度比接穗略轻,经过此处理后的苗耐旱,嫁接时萎蔫轻,成活率高。嫁接前1 d,给砧木、接穗浇透水。

6. 嫁接方法

当砧木长到5~7片真叶,接穗长到4~6片真叶,茎粗3~5 mm,茎呈半木质化时为最佳嫁接时期。嫁接方法有劈接法、贴接法等。

(1)劈接法　此法操作方便、成活率高，是茄子嫁接最常用的方法。具体做法为：砧木从第2片真叶之上、离地面3～5 cm高处平切，去掉上部，然后在砧木茎中间垂直向下切入约1 cm深。随后取大小与砧木一致的接穗苗，在其半木质化处（即苗茎黑紫色与绿色明显相间处）去掉下端，接穗留2叶，下部削成双斜面（楔形），大小与砧木切口相当（楔面长0.6～0.8 cm），将削好的接穗插入砧木切口中，使两者紧密吻合，对齐后用塑料窄条捆上或用嫁接夹固定好，如图5-2-5所示。

图 5-2-5　茄子劈接

(2)贴接法　嫁接时砧木保留2片真叶，用刀片在第2片真叶上方的节间向上斜削，去掉顶端，形成角度为30°的斜面，斜面径长1～1.5 cm，再将接穗拔出，保留2～3片真叶，去掉下端，用刀片削成一个与砧木同样大小的斜面，然后将接穗和砧木的两个斜面贴合在一起，用夹子固定或用胶管（胶管横径0.4 cm，嫁接前把胶管剪成长0.8 cm的段）固定。

7.嫁接苗的管理

茄子嫁接后应立刻放入提前准备好的塑料小拱棚内，及时扣膜保湿，以免接穗萎蔫，夏季可用遮阳网多层覆盖降温、保湿。嫁接苗的管理主要为温度、湿度、光照等环境因素的控制。

(1)温度　茄子嫁接后伤口愈合的适宜温度为25℃左右，温度低于20℃或高于30℃均不利于伤口愈合，并影响嫁接苗成活。9月中旬气温还很高，尤其中午拱棚内温度很高，接穗易失水萎蔫，影响成活率，因此需用遮阳网覆盖遮阴降温，白天温度控制在25～28℃，不超过30℃，夜间20～22℃，不低于17℃。5～7 d后，逐步去掉遮阴物，接近自然温度。

(2)湿度　嫁接后1周内，苗床内空气相对湿度保持在90%以上，有利于嫁接伤口的愈合。及时补充水分，浇水采用向空气中喷雾的方式，注意不要喷到伤口；育苗钵内水不要过多，以免沤根。经过6～7 d接口愈合后，可揭开小拱棚少量通风，逐步降低湿度，使空气相对湿度保持在85%～90%。10 d后逐渐揭开覆盖物，增加通风时间与通风量，每天中午喷雾1～2次，直至完全成活，再转入正常的湿度管理。

(3)光照　嫁接后需遮光，遮光的方法是在小拱棚上覆盖遮阳网。嫁接后3～4 d需全遮光，以后半遮光（即早晚两侧见光），逐渐增加光照。温度低时可适当早见光，提高温度，促进伤口愈合；温度高时中午要遮光。经过约10 d去掉遮光物，恢复正常管理。

(4)及时除蘖　嫁接苗经过7～10 d伤口愈合，接穗开始生长，而砧木的侧芽生长也很迅速，如果不及时去掉，直接影响接穗的生长发育。因此，在接口愈合后，要及时、干净地除去砧木萌芽，且应在晴天上午进行，以免病菌通过伤口侵染植株。

(5)去除固定物　茄子嫁接去夹不能过早，否则易使嫁接苗从接口处折断。由于茄子茎的木质化程度较高，即使去夹晚一些，也不影响其生长，一般可延迟至定植后再解夹，这样可以防止定植时埋土超过接口。去夹的同时去掉砧木叶腋萌发的不定芽。

管理过程中及时摘除砧木侧芽、黄化叶，剔除未成活苗，将大小苗分开管理。嫁接后35～45 d可定植移栽，定植前进行炼苗。

(三)整地定植

(1)整地施肥　每667 m² 施腐熟的农家肥10 000 kg,过磷酸钙50 kg,深翻30～40 cm,翻地施肥后耙平地面,按大行距70 cm,小行距50 cm起垄,垄高10～15 cm,采用滴灌的垄可高起,采用沟灌的垄不可起太高,以10 cm为宜。

(2)定植　定植时垄上开深沟,每沟撒磷酸二铵100 g,硫酸钾100 g,肥土混合均匀。按40 cm株距摆苗,覆少量土,浇透水后合垄。栽时掌握好深度,以土坨上表面低于垄面2 cm为宜,但注意嫁接接口不要接触土面。合垄后每行铺设1根滴灌带,覆地膜并引苗出膜外。每667 m² 保苗2 000～2 200株。

(四)田间管理

1.缓苗期和开花着果期

缓苗期间一般不通风,白天棚温25～30℃,夜间17～22℃,地温不低于22℃,以促进缓苗。缓苗后适当降低棚温,白天23～28℃,夜间15～18℃。此温室内温光条件较好,可浇足缓苗水,浇水后,注意通风排湿。此后直至门茄"瞪眼"控制浇水,防止植株生长过旺而影响坐果。门茄花以下发生的侧芽应及时抹去。

2.结果期

(1)温光调节　随着外界气温的降低,逐渐减少通风量,加盖草苫等外保温覆盖物。整个越冬期间,需保持较高的棚温,白天25～30℃力求保持5 h以上。若午间棚温达到32℃,可进行通风,下午棚温降至25℃时,及时关闭通风口,夜间加强保温,严寒天气,适当增加覆盖物,保持15～20℃,最低夜温不低于12℃。

经常清洁棚膜,保持较高的透光率。阴雪天气,也要适当揭苫,令植株见散射光。2月中旬以后,随日照时数增加,适当早揭晚盖草苫,增加植株见光时间。根据天气和棚内温度变化,通过通风口的打开和关闭,控制好棚内温度。白天上午棚温27～32℃,下午22～25℃,上半夜17～22℃,下半夜15～17℃。阴雨天,白天棚温22～27℃,夜间13～17℃。

(2)水肥管理　门茄似核桃大小时,开始追肥灌水,每667 m² 随水追施磷酸二铵15 kg,硫酸钾10 kg。对茄采收后每667 m² 再追施三元复合肥20 kg。越冬期间每8～10 d浇1次水,每次浇水配合冲施腐熟的豆饼水,每667 m² 用豆饼50～60 kg,隔水追1次肥,每次每667 m² 施用尿素10～15 kg,磷酸二铵4～6 kg,硫酸钾9～10 kg。3月中旬以后,随着天气转暖,每5～6 d浇一水,每浇2次水需追肥1次。结果期可叶面喷施0.2%尿素和0.2%～0.3%磷酸二氢钾防止植株早衰。

(3)施CO_2气肥　茄子越冬期间,棚温偏低,通风少,若有机肥施用不足,棚内会发生CO_2亏缺。过去常用化学反应法,即用硫酸和碳酸氢铵发生化学反应产生CO_2气体进行施肥。现在随着设施轻简栽培技术的推广,操作简便的吊袋式CO_2逐渐取代了化学反应法。生产中可使用吊袋式CO_2气肥,每667 m² 温室均匀吊挂20袋,有效期可达30 d左右。

3.植株调整

(1)整枝　日光温室越冬茬茄子一般做"双干整枝"。门茄坐果后,保留第一侧枝形成双干,当双干上出现分枝并且对茄坐住后,保留其中一分枝,对另一分枝保留1～2片叶进行摘心,以后再出现分枝以同样的方法进行去留,始终保持双干,如图5-2-6所示。在生长过程中要把病叶、老叶、残花及时摘掉,可通风透光,防病防烂果。到后期可采用吊绳吊秧,以防止倒伏保证良好的群体结构。

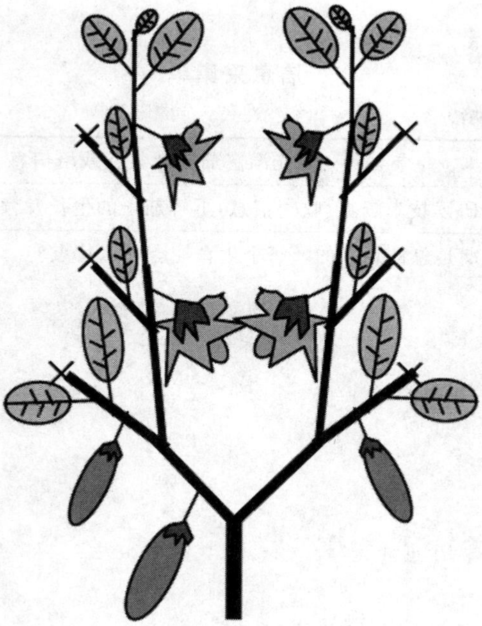

图 5-2-6　茄子双干整枝示意图

(2)保花保果

①激素处理　温室越冬茬茄子常由于花器构造缺陷,营养不良,持续低温或高温,引起授粉受精不良而产生落花。为提高坐果率可采用激素处理,在茄子开花后 1～2 d 内,用 40～50 mg/L 的番茄灵喷花,以后随气温升高要相应降低浓度。

②熊蜂授粉　熊蜂是茄果类蔬菜专用授粉蜂。茄子开花初期,将蜂群在傍晚时轻轻移入棚室中央适当位置,放置在离地面大约 50 cm 高的位置上,使蜂巢门朝向东南方向,以利于接收阳光,静置 1～2 h 后,打开蜂箱的巢门就可以了。茄子种植密度较大,花期较长,花粉量较少,无蜜腺,开花时花蕊向下,熊蜂采集花粉很不方便,放蜂量要相对多一些,每 667 m^2 放 2 箱熊蜂为宜。熊蜂进棚前15 d 及授粉期间严禁喷施农药,若病害严重必须打药时,请在傍晚移出蜂箱,待药效过后再将熊蜂放回原处。

(五)采收

门茄易坠秧,采收宜早不宜迟,否则出现坠秧现象。一般当"茄眼睛"变窄时,即可采收。植株长势弱的宜早采收,防治徒长。采收时要用剪刀剪下果实,防止撕裂枝条。

【工作流程】

信息采集(独立完成) → 制订生产计划(小组合作) → 完善计划(师生合作) → 计划实施(小组合作) → 考核评价(师生合作)

【任务工单】

信息采集单

项目：日光温室茄子越冬茬栽培　　　　　　姓名：　　　　　　　　　　时间：

任务名称	日光温室茄子越冬茬栽培信息采集
目的要求	通过认真研读技术资料，收集信息，了解茄子的生长发育特点及常见品种类型。
问题一　茄子的生长发育周期是怎样划分的？每个生育期有什么特点？	
问题二　茄子生长发育过程中对温光水肥有什么要求？	
问题三　茄子有哪几种类型？各有何特点？	

指导教师签字：

工作计划单

项目：日光温室茄子越冬茬栽培　　　　　姓名：　　　　　　　　时间：

任务名称	制订日光温室茄子越冬茬栽培生产计划
目的要求	根据当地的气候条件、设施性能，确定茄子栽培的播种期、定植期和收获期，制定生产作业历。并考虑销售地的消费习惯，选择茄子品种。列出所需生产资料清单并进行预算。制定生产技术路线。

1. 根据实际情况，制定日光温室越冬茬茄子栽培作业历。

栽培茬次	播种期	定植期	初花期	收获期

2. 品种选择。

3. 材料用具及预算。

4. 用简图绘制日光温室茄子越冬茬生产的技术路线。

指导教师签字：

生产实训技能单 1

项目：日光温室茄子越冬茬栽培　　　　姓名：　　　　时间：

任务名称	茄子嫁接育苗	
目的要求	通过实际操作学会砧木苗、茄子苗的培育、嫁接方法及接后管理等基本技能。	
材料用具	茄子接穗种子、砧木种子、刀片、嫁接夹、育苗盘、基质等。	
方法步骤		注意事项
1.砧木和接穗幼苗培育 (1)砧木苗的培育 (2)接穗苗的培育		
2.嫁接方法 (1)劈接法 (2)贴接法		
3.嫁接后管理		

考核标准	考核项目	分值	得分
	按要求培育出健壮的砧木苗和接穗苗	30 分	
	按要求完成嫁接操作过程	30 分	
	按要求完成嫁接苗的管理过程	20 分	
	嫁接成活率高达 85%以上	20 分	
	合　计	100 分	
备注：可根据生产周期连续考核			

指导教师签字：

生产实训技能单 2

项目：日光温室茄子越冬茬栽培　　　　　　姓名：　　　　　　　　　　时间：

任务名称	日光温室越冬茬茄子植株调整	
目的要求	通过实际操作学会茄子吊秧、整枝和保花保果等基本技能。	
材料用具	吊绳、剪刀、番茄灵、茄子植株等。	
方法步骤		注意事项
1. 茄子植株调整 (1)门茄下侧枝 (2)双干整枝 (3)吊秧 (4)摘老叶		
2. 茄子保花保果 (1)激素处理 (2)熊蜂授粉		

	考核项目	分值	得分
考核标准	按要求完成茄子吊秧工作任务	20 分	
	按要求完成茄子双干整枝工作任务	30 分	
	按要求完成茄子去侧枝、摘叶工作任务	20 分	
	按要求完成茄子保花保果技术操作	30 分	
	合　　计	100 分	
备注：可根据生产周期连续考核			

指导教师签字：

田间调查作业单 1

项目：日光温室茄子越冬茬栽培　　　　姓名：　　　　时间：

项目名称	茄子的形态特征调查	
目的要求	调查了解茄子植株的形态特征，掌握其特征特性与栽培的关系。提供茄子各器官的手机图片。	
材料用具	结果期的茄子植株。	
调查内容	特征特性	与栽培的关系
根		
茎叶		
花		
果实		
种子		

指导教师签字：

田间调查作业单 2

项目：日光温室茄子越冬茬栽培　　　　姓名：　　　　时间：

项目名称	茄子生长发育周期调查		
目的要求	跟踪调查并记录茄子生长发育周期，了解不同时期的生育特性，掌握不同时期的栽培技术要点。提供茄子不同生育期的手机图片。		
材料用具	不同生育时期的茄子植株。		
调查记录：			
生育时期	起止日期(天数)	生育特性	栽培要点
发芽期			
幼苗期			
开花着果期			
结果期			
采收期		产量估算：	

指导教师签字：

【项目评价】

项目完成情况综合评价表

学生姓名： 评价时间：

项目名称	日光温室茄子越冬茬栽培			
评价内容	评分标准	分数	得分	备注
信息采集	信息全面、可靠，条理清晰	10		教师评价
生产计划制订	计划合理，可操作性强	20		教师评价
计划实施	操作规范、熟练	50		教师评价
工作态度	态度端正，积极热情	10		自我评价
团结协作	擅于与他人合作	10		组内互评
合计		100		

【课外阅读】

熊　蜂

熊蜂个体大，寿命长，浑身绒毛，有较长的吻，飞行时声震强，对一些茄子的深冠管花朵的授粉特别有效。熊蜂具有旺盛的采集力，日工作时间长，对蜜粉源的利用比其他蜂更为高效。熊蜂能抵抗恶劣的环境，对低温、低光密度适应力强，即使在蜜蜂不出巢的阴冷天气，熊蜂也可以继续在田间采集。熊蜂的趋光性比较差，不会像蜜蜂那样向上飞撞棚膜，而是很温顺地在花上采集，同时熊蜂不像蜜蜂那样具有灵敏的信息交流系统，能专心地在温室内作物上采集授粉，很少从通气孔飞出去。因而，熊蜂成为温室生产比蜜蜂更为理想的授粉昆虫。此外，熊蜂采集力强，飞行距离 5 km 以上，更会利用蜜源。使用熊蜂授粉能大大减少蘸花用工投入，提高茄果类蔬菜的产量、品质，而且生产的果菜不会产生激素残留，是生产绿色安全食品的重要保证。

Project 3

项目三

日光温室菜豆早春茬栽培

知识点

菜豆的生物学特性；菜豆设施栽培茬次安排。

技能点

播种育苗；整地定植；温室内环境调控；追肥灌水；整枝理蔓；保花保果；适时采收。

【技术资料】

菜豆，豆科菜豆属一年生草本植物，又名四季豆、芸豆、豆角等。以嫩荚或豆粒供食用。原产于南美洲，16世纪末中国已有栽培，后传至日本，现广泛分布于世界各地。菜豆嫩荚约含蛋白质6%，纤维10%，糖1%～3%。干豆粒约含蛋白质22.5%，淀粉59.6%，还含有氨基酸、维生素及钙、铁等多种微量元素。鲜嫩荚可作蔬菜食用，也可脱水或制罐头。菜豆还是一种难得的高钾、高镁、低钠食品，尤其适合心脏病、动脉硬化，高血脂、低血钾症和忌盐患者食用。

一、生物学特性

(一)形态特征

(1)根　菜豆根系较发达，主根系不明显，分布范围广，吸收能力强。主要根群分布在15～40 cm土层内，结荚时主根深达60～90 cm，侧根横展半径达60～80 cm，其根瘤不甚发达，出苗后10 d长根瘤。如图5-3-1所示。

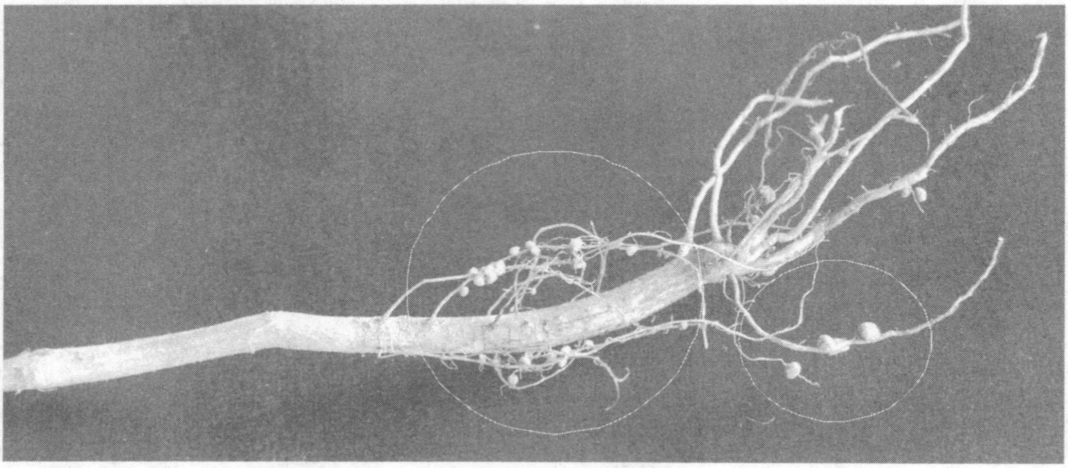

图 5-3-1　菜豆的根和根瘤

(2)茎　菜豆茎蔓细弱，据生长习性分蔓生和矮生两类。蔓生种的主茎可无限生长，长势旺盛，侧枝发生较少，自3～4节开始抽蔓，需搭架；矮生种主茎6～8节，侧枝1～5节后花序封顶，全株呈丛生状。

(3)叶　初生叶为对生单叶，心脏形。第三片以后为三出复叶，互生，其基部茎节处左右两边有2片舌状小托叶。叶面和叶柄有茸毛。

(4)花　总状花序，生花4～10朵或更多，依品种不同有白、浅红、黄、紫等花色。矮生菜豆侧枝上着生的花序较多，占全株总花序数的85%～89%，开花顺序不太规则。一般蔓生种主茎4～5节起抽生花序，下部花序先开，由下而上开放。菜豆的单花为蝶形花(图5-3-2)。

(5)果实　嫩荚多为绿色或白绿色等，棍棒状或扁条形，豆荚两边缝线处有维管束，荚壁肉质，纤维很少，为主要食用部分。

(6)种子　种子多肾形，无胚乳。由种皮、子叶、胚组成。千粒重 500 g 左右。种皮颜色多样。不同的种皮颜色、种粒大小是区别品种的重要标志。种子寿命 3～6 年，生产中多用 1～2 年的新种子。

图 5-3-2　菜豆的蝶形花

(二)生长发育周期

菜豆的整个生育期可分为发芽期、幼苗期、抽蔓期、开花结荚期。

1. 发芽期

指从种子萌动至第一对真叶(初生叶)展开为发芽期。此期需 10～15 d。在适宜的播种条件下，经过 8～10 h，种子可吸足水分，再经过 44～48 h 就可出现幼根。5～7 d 后子叶即可出土。此期主要靠种子自身(子叶)贮藏的养分分解进行生长。子叶养分被消耗掉时便枯萎脱落。而幼苗第一对真叶慢慢展开，并开始进行光合作用。因此种子质量、种子贮藏条件和贮藏年限，直接影响出苗率和出苗整齐度。

2. 幼苗期

指从第一对真叶展开至抽蔓，矮生菜豆需 20～30 d(3～5 片复叶展开)，蔓生菜豆需 30～40 d(3～4 片复叶展开)。幼苗期主要是根、茎、叶营养体的生长，同时花芽也开始分化。此期根系生长较快，而且开始木栓化，但地上部茎叶生长相对较慢，节间较短。幼苗期初生叶的好坏直接影响植株的整个生长发育过程，因此生产上一定要注意保护初生叶的完整，如果初生叶受损，幼苗生长缓慢，长势变弱。

3. 抽蔓期

指从植株甩蔓至第一花序显蕾开花，需 10～15 d，共展开 6～9 片复叶。此期地上部分和根系生长都极其旺盛，根系迅速发展并基本形成强大的根群，并着生大量根瘤菌。蔓生品种此期地上部分可达全生长期株高的一半左右，矮生种此期主茎迅速生长至最大高度，分枝也迅速增加。此期是菜豆花芽分化的主要时期，大部分可正常开放的花芽都在这一时期分化完毕。所以这一时期既要有充足的养分，又要防止营养生长过旺而影响花芽分化及花芽的发育。

4. 开花结荚期

从开始开花到结荚结束(图 5-3-3)。开花期的长短因品种、栽培条件而异，一般蔓生种为 25～44 d，矮生种为 12～19 d。菜豆开花经过 15 d 左右，豆荚基本长足；经过 25～30 d 可完成荚内种子的发育。此期植株开花、结荚和茎蔓生长同时进行，需要大量的养分和

图 5-3-3　菜豆开花结荚期

水分，以及充足的光照和适宜的温度。

菜豆的生育周期较短，从播种到开始采收需 50～70 d，采收期 30～70 d，整个生育期蔓生种类 90～130 d，矮生种类 75～90 d。

(三)对环境条件的要求

1. 温度

菜豆喜温，不耐霜冻。矮生型耐低温能力较蔓生型稍强。种子发芽适宜温度为 20～25℃，35℃以上或 10℃以下时不易发芽。幼苗生长适温 18～20℃，其生育临界地温为 13℃，低于 13℃，根少而短，不生根瘤，茎叶生长不良；2～3℃幼苗失绿，0℃受冻死亡。花芽分化最适宜温度为 20～25℃，低于 15℃或高于 27℃时花芽分化和发育不完全，会使花粉丧失生命力而落花。开花结荚的适宜温度为 18～25℃，低于 15℃或高于 30℃，易引起落花落荚，或产生畸形荚。

2. 光照

菜豆喜光，对光照强度的要求仅次于茄果类，其光饱和点为 250 klx，补偿点为 1.5 klx。菜豆对光照变化极为敏感，光照弱时，植株易徒长，落花落荚。叶片具有自动调节受光的能力，即在清晨光照弱时，叶面与光线成直角，中午光强时，则与光线平行。栽培种多为日中型，可南北互相引种。少数短日品种只适宜秋作。

3. 水分

菜豆要求土壤透气性良好，最适土壤湿度为田间最大持水量的 60%～70%，土壤过干，根系发育不良，开花结荚率降低，嫩荚生长缓慢，果皮易硬化，形成革质层，品质粗硬；土壤过湿或积水，土壤氧气不足，会引起叶片黄化脱落，甚至造成全株死亡。适宜空气相对湿度 65%～80%，相对湿度过低过高会造成严重落花落荚。

4. 土壤和营养

菜豆最适于腐殖质多、土层深厚、排水良好的土壤，此土壤有利于根系的生长和根瘤菌的活动。黏重地或低湿地，排水、通气不良，影响根的吸收机能，且易感病，甚至引起落叶减产。适宜 pH 6～7。忌连作，连作时根瘤分泌有机酸，使土壤酸化，植株生长不良。应与非豆类作物进行 2～3 年轮作。

菜豆生育期吸收氮、钾肥较多，磷较少。据报道，从土壤中吸收氮、磷、钾的比例为 2.5∶1.0∶2.0。磷肥吸收量虽不多，但缺磷时植株和根瘤菌生育不良，开花结荚少，产量低。菜豆以嫩荚供食用，根瘤菌不甚发达，供给适量氮肥，有利于增产和改进品质。硼和钼可促进根瘤活动，可提高产量、改善品质。

二、品种类型

菜豆依据其主茎的分枝习性，一般可分为以下三种类型。

(1)蔓生类型　此类型菜豆主蔓长 2.5～3.5 m，初生茎节的节间短，以后茎节的节间伸长，呈左旋性向上缠绕生长。每个茎节的腋芽可抽生侧枝或花序，侧枝和花序有相互抑制作用，在抽出侧枝节上的花芽多不发育。如白丰、碧丰、超长四季豆、双丰架豆王等。

(2)半蔓生类型　该类型植株比蔓生类型矮小，主蔓和侧枝也都是左旋攀缘生长，但较蔓生性差，主侧蔓生长到一定高度时顶端出现花芽，不再继续伸长，故形成比较短的蔓，一般主蔓长度 80～200 cm。如一点红油豆、大将军油豆、老来少芸豆等。

(3)矮生类型　植株矮而直立。一般在主茎发生 4～8 节后，茎生长点变为花芽，不再继续伸长，从主茎叶腋处抽生侧枝或花序，侧枝生长点亦为花芽。该类型品种早熟，豆荚采收期较集中，但多数地方品种产量较低，品质较差。目前，我国新引进和新育成的矮生菜豆品种在密植条件下栽培时，品质很好，产量也较高。如农友早生、五月绿 2 号、优胜者菜豆、美国供给者等。

三、栽培季节与茬次安排

设施菜豆反季节栽培可分为 5 个茬次，包括日光温室秋冬茬、越冬茬和早春茬三个栽培茬口和塑料大棚春早熟、秋延后两个茬口。日光温室秋冬茬 8 月下旬至 10 月上旬直播，宜选用蔓生或半蔓生、白花、自花授粉率高的品种；日光温室越冬茬 10 月中旬至 12 月上旬直播，宜选用蔓生或矮生、白花、自花授粉率高的品种；日光温室早春茬 1 月上旬至 2 月上旬育苗，宜选用蔓生或半蔓生、白花、自花授粉率高的中熟或早中熟品种；2 月上旬至 3 月上旬定植。塑料大棚春早熟栽培 2 月上旬至 3 月下旬直播，宜选用矮生紫花或红花，或半蔓生、白花、自花授粉的品种；秋延后茬 7 月下旬至 8 月下旬直播，宜选用蔓生、白花或矮生白花或红花、早熟或中熟品种。各地气候条件不同，设施性能有别，应根据当地自然情况和市场供应情况确定茬次安排。

四、日光温室菜豆早春茬栽培

(一)品种选择

宜选择较耐低温，对光照要求不严，抗病、丰产、品质优良的早、中熟蔓生菜豆品种，如丰收 1 号、春丰 4 号、双季豆、碧丰、芸丰、春丰 2 号、哈菜豆 2 号等，也可选用耐低温、早熟、采收集中、丰产、抗病、品质好的矮生菜豆品种，如优胜者、推广者、供给者等。

(二)播种育苗

采取育苗移栽，不仅能培育壮苗，而且定植时不伤根、发根快。既可以促进菜豆早熟，使产品提早上市，也能有效地提高棚室的利用率。

(1)种子处理　蔓生菜豆可在安全定植期前 30～35 d 播种育苗。播前选择整齐饱满、无机械损伤、无虫孔、无病斑的种子，把选好的种子先用 1%的福尔马林按 0.3%的比例浸泡 20 min，或用相当于种子重量 0.2%的多菌灵可湿性粉剂浸种 30 min，捞出后冲洗干净待播。

(2)播种　菜豆育苗时每 667 m^2 需种子 5～6 kg。将装好营养土的育苗钵在育苗畦内紧密排好，浇足底水，水温 30～40℃。为预防苗期病害，待水渗透后，每 10 m^2 苗床用特锐菌 15g 兑水喷淋苗床表面。每个育苗钵点播 3 粒种子，上覆筛过的细土 1.5～2.0 cm 厚，育苗钵上覆盖 1 层地膜，苗床上方扣小拱棚增温。出苗前苗床白天气温保持在 25～30℃，夜间 13℃，地温 15℃。

(3)苗期管理　播后 5～7 d 苗基本出齐,出苗后马上揭掉地膜,并适当降温。白天气温应保持 15～20℃,夜间不低于 10℃,地温 13℃,防止出现高脚苗。真叶开始生长后白天温度保持 22～25℃,夜温 12～15℃,地温 15℃即可。育苗期间注意保温防寒,并尽力降低空间湿度,减少病害发生。幼苗初生叶展平时倒 1 次苗,使秧苗长势平衡一致。幼苗具 3～4 片真叶(即第 1～2 片复叶)时即可定植,定植前 5～7 d 需进行低温锻炼,白天 15～18℃,夜温逐渐降低,地温 11℃,以使秧苗在定植后能忍耐较短时间的低温。

(三)整地定植

前茬蔬菜收获后,清除残枝余叶,拣净根茬后,施肥整地,667 m^2 施腐熟鸡粪 7～8m^3,复合肥 25 kg 或磷酸二铵 20 kg。深翻耙平,土肥混匀,按大行距 80～90 cm,小行距 40 cm 起垄,小行上覆盖地膜,连续晒 5～7 d,待地温升高后定植。

选晴天上午定植,定植方法采用挖穴移栽,穴距 25～30 cm,穴深 8 cm 左右,每穴移栽 2～3 株。选健壮秧苗,带坨错开栽植,土坨与畦面相平,栽后覆土浇水,浇水量不可过大,以湿透土坨为准,每 667 m^2 栽 3 500～4 500 穴,保苗 7 500～9 000 株。

(四)田间管理

1. 缓苗期至伸蔓期

(1)温光调节　定植 5～7 d 为缓苗期,此时外界气温较低,管理上以增温保温为主。日温保持在 25～30℃,夜温保持在 15～20℃。缓苗后,日温降至 20～25℃,夜温 12～15℃,防止植株徒长。伸蔓白天温度保持在 25～28℃,超过 30℃通风,低于 25℃关闭风口,夜温掌握在 12～16℃,不能低于 11℃。生长前期尽量早揭晚盖草苫,整个生长期都要保持棚膜清洁,使植株多见光。

(2)水肥管理　为防止植株徒长和落花,从定植后到开花前以控为主,土壤不过于干旱不浇水。

(3)植株调整　植株长到 30 cm 时,开始在室内吊绳,按照蔓的旋转方向,引蔓顺势上爬(图 5-3-4)。如发现植株徒长,可喷施 15 mg/L 的多效唑溶液,控制徒长。

图 5-3-4　菜豆吊蔓引蔓

2. 开花结荚期

(1)温度管理　进入开花结荚期,应适当降低白天温度,促进结荚,以日温 22～25℃,夜温 15～18℃为宜。温度高于 28℃或低于 13℃都容易引起落花落荚。进入结荚盛期,随着外界气温升高,要逐渐加大通风量,当棚外最低温度达 13℃以上时昼夜通风。

(2)水肥管理　结荚后是芸豆需肥需水的旺盛时期,为夺取优质高产,一般到拉秧,结合浇水追肥 4～6 次,肥料可选用氮磷钾复合肥,每次每 667 m^2 追施 10～15 kg。坚持"小水勤浇"的原则,保持土壤湿润,促进豆荚生长。浇水应在晴天上午进行,浇后及时放风排湿,温室内空气湿度保持在 70%～80%。生长后期,叶面喷施 0.01%～0.03%钼酸铵或 0.3%的磷酸二氢钾溶液,延缓植株衰老,促进生长,提高产量。

(3)整枝理蔓　植株接近室顶时开始打顶,促侧枝生长,尽快形成花芽,使豆荚多长快长。生长后期,摘除底部的老叶、病叶,改善通风透光条件,争取更高的产量。

(4)防落保荚　菜豆分化的花芽数很多，分化的花芽中只有20%～30%能开花，其中又只有30%～35%能结荚，落花落荚严重。落花落荚的原因是养分竞争，初花期常因营养生长和生殖生长间竞争养分而引起落花，开花结荚盛期，花序间、花与荚间也存在激烈的营养竞争，晚生的花朵和幼荚容易脱落。结荚后期受不良气候条件如高温或低温的影响，光照不足，通风不良，土壤缺水缺肥等情况，植株同化物积累不足，也易引起落花落荚。生产中可通过加强管理，适时采收等措施防止落花落荚。如落荚较重，可用10～25 mg/L的α-萘乙酸喷花序，保花保荚。

(五)适时采收

豆荚采收过早，产量低，效益差；采收过晚，纤维增加，品质变劣。豆荚发亮，豆粒略有突起时是采收的最佳时期。此时采收不仅产量高，品质好，而且还会保持豆蔓的正常生长态势，延长嫩荚采收期。

【工作流程】

【任务工单】

信息采集单

项目：日光温室菜豆早春茬栽培　　　　　　　　　姓名：　　　　　　　　　　时间：

任务名称	日光温室早春茬菜豆栽培信息采集
目的要求	通过认真研读技术资料，收集信息，了解菜豆的生长发育特点及常见品种类型。
问题一　菜豆的生长发育周期是怎样划分的？每个生育期有什么特点？	
问题二　菜豆生长发育过程中对温光水肥有什么要求？	
问题三　菜豆有哪几种类型？各有何特点？	

指导教师签字：

工作计划单

项目：日光温室菜豆早春茬栽培　　　　　　　　姓名：　　　　　　　　时间：

任务名称	制订日光温室早春茬菜豆生产计划
目的要求	根据当地的气候条件、设施性能，确定菜豆栽培的播种期、定植期和收获期，制定生产作业历。并考虑销售地的消费习惯，选择耐低温、弱光的菜豆品种。列出所需生产资料清单并进行预算。制定生产技术路线。

1. 根据实际情况，制定日光温室早春茬菜豆栽培作业历。

栽培茬次	播种期	定植期	开花结果期	收获期

2. 品种选择。

3. 材料用具及预算。

4. 用简图绘制日光温室冬春茬菜豆生产的技术路线。

指导教师签字：

生产实训技能单

项目：日光温室菜豆冬春茬栽培　　　　姓名：　　　　时间：

任务名称	日光温室冬春茬菜豆整枝理蔓	
目的要求	通过实际操作学会温室菜豆整枝理蔓方法。	
材料用具	温室菜豆植株，吊绳，剪刀等。	
方法步骤		注意事项
1. 吊蔓引蔓 (1)吊蔓 (2)引蔓 (3)控制徒长		
2. 整枝理蔓 (1)打顶 (2)摘叶		
3. 防落保荚		

考核标准	考核项目	分值	得分
	按要求完成菜豆吊蔓引蔓工作任务	30 分	
	能通过技术手段控制菜豆植株徒长	20 分	
	能按要求完成整枝理蔓工作任务	30 分	
	掌握菜豆防落保荚的基本措施	20 分	
	合　　计	100 分	

备注：可根据生产周期连续考核

指导教师签字：

田间调查作业单 1

项目：日光温室菜豆早春茬栽培　　　　　　姓名：　　　　　　　　时间：

项目名称	菜豆的形态特征调查	
目的要求	调查了解菜豆植株的形态特征，掌握其特征特性与栽培的关系。提供菜豆各器官的手机图片。	
材料用具	菜豆植株。	
调查内容	特征特性	与栽培的关系
根		
茎叶		
花		
果实		
种子		

指导教师签字：

田间调查作业单 2

项目：日光温室菜豆早春茬栽培　　　　　　　　姓名：　　　　　　　　时间：

项目名称	菜豆生长发育周期调查		
目的要求	跟踪调查并记录菜豆生长发育周期，了解不同时期的生育特性，掌握不同时期的栽培技术要点。提供菜豆不同生育期的手机图片。		
材料用具	不同生育时期的菜豆植株		
调查记录：			
生育时期	起止日期（天数）	生育特性	栽培要点
发芽期			
幼苗期			
抽蔓期			
开花期			
结果期			
采收期		产量估算：	

指导教师签字：

【项目评价】

项目完成情况综合评价表

学生姓名：　　　　　　　　　　　　　　　　　　　　　　　　　　　　评价时间：

项目名称	日光温室菜豆早春茬栽培			
评价内容	评分标准	分数	得分	备注
信息采集	信息全面、可靠，条理清晰	10		教师评价
生产计划制订	计划合理，可操作性强	20		教师评价
计划实施	操作规范、熟练	50		教师评价
工作态度	态度端正，积极热情	10		自我评价
团结协作	擅于与他人合作	10		组内互评
合　　计		100		

【课外阅读】

菜豆食用禁忌

菜豆不宜生食，夹生菜豆也不宜吃，菜豆必须煮透，才能食用。菜豆是营养丰富的食品，不过其籽粒中含有一种毒蛋白，必须在高温下才能被破坏，所以食用菜豆必须煮熟煮透，消除其毒性，更好地发挥其营养效益，否则会引起中毒。菜豆在消化吸收过程中会产生过多的气体，造成胀肚。故消化功能不良、有慢性消化道疾病的人应尽量少食。

Project 4

项目四

日光温室结球甘蓝早春茬栽培

知识点

结球甘蓝的生物学特性；结球甘蓝设施栽培茬次安排。

技能点

结球甘蓝育苗；温室内整地施基肥、做畦；定植覆膜；温室内环境调控；追肥灌水；适时采收。

【技术资料】

结球甘蓝，简称甘蓝，别名洋白菜、卷心菜、大头菜、包心菜、圆白菜，十字花科芸薹属二年生草本植物。原产于地中海沿岸，有 4 000 多年的栽培历史。结球甘蓝适应性强，产量高，易栽培，营养丰富，世界普遍栽培，基本实现周年供应。

一、生物学特性

(一)形态特征

(1)根　甘蓝的根为须根系，主根基部肥大、不发达，须根发达。其根入土不深，根系主要分布在 60 cm 以内的土层中，但以 30 cm 的耕作层最为密集。因此，抗旱能力较差，要求比较湿润的栽培环境。根的分枝性和再生能力比较强，主根受伤后，容易发生不定根，移栽后容易发生新根，适于育苗移植栽培。

(2)茎　甘蓝的茎分为短缩茎和花茎。短缩茎在整个营养生长阶段较短，又分内、外短缩茎，内短缩茎着生球叶，外短缩茎着生莲座叶。一般内短缩茎越短，叶球越紧密，品质越好。这是鉴别品种优劣的依据之一。生殖生长阶段抽出直立的主花茎。

(3)叶　甘蓝的叶有明显的“器官异态”现象，不同的生长发育时期，其形态差异很大。子叶 2 枚，肾形对生；基生叶 2 枚，对生，与子叶垂直排列成“十”字形；接着长出的是幼苗叶，卵形或椭圆形，网状叶脉，具有明显叶柄，互生在短缩茎上，一般达 8 片叶时完成幼苗阶段，也称团棵；从初生叶长出到球叶出现之前，其叶片呈莲座状，称“莲座叶”，是主要同化器官；其后长出的叶片先端向内弯曲，合抱成叶球，称为“球叶”，如图 5-4-1 所示。球叶多为黄白色。叶球形状因品种而异，有圆球形、牛心尖球形(圆锥形)和扁圆形。花茎上的叶称为茎生叶，互生，叶片较小，先端尖，基部阔，无叶柄或叶柄很短。

图 5-4-1　结球甘蓝植株

(4)花、果实和种子　总状花序，完全花，黄色。异花授粉，虫媒花，整株花期 30～40 d。长角果，授粉后 40 d 左右种子成熟。种子圆球形，黑褐色或红褐色，千粒重 3.3～4.5 g。

(二)生长发育周期

结球甘蓝是典型的二年生蔬菜，在适宜的气候条件下，它于第一年进行营养生长，在叶球内贮藏大量的同化产物，经过冬季低温完成春化，至翌年春接受长日照，进行生殖生长，形成生殖器官而开花结实，完成从播种到种子收获的生长发育全过程。生育周期一般分营养生长和生殖生长两个阶段。

1. 营养生长期

(1)发芽期　从播种到第一对基生叶展开，与子叶垂直呈十字形为发芽期，也称“拉十字”。

(2)幼苗期　从第一片真叶展开到第一叶环形成达到团棵时为幼苗期。一般早熟品种5片叶，中晚熟品种需8片叶形成第一叶环，幼苗期一般为25～30 d。

(3)莲座期　从第二叶环开始生长到形成第二、第三叶环，达到开始结球时为莲座期。早熟品种需20 d左右，晚熟品种需40 d左右，中熟品种介于两者之间。

(4)结球期　从开始结球到叶球充实。早熟品种需20～25 d，中晚熟品种需30～50 d。

(5)休眠期　广东、广西、福建、台湾等地可在露地完成休眠，从长江流域到北方，一般要经过90～180 d的冬季窖内贮藏，使甘蓝被迫休眠。休眠期感受低温通过春化。

2. 生殖生长期

(1)抽薹期　从种株萌芽到花茎长出，一般25～40 d。

(2)开花期　从始花到整株花落，依品种不同，一般需25～35 d。

(3)结荚期　从花落到角果黄熟，需40～50 d。

(三)对环境条件的要求

(1)温度　结球甘蓝喜温和冷凉的气候，但对寒冷和高温也有一定的忍耐能力。发芽适温为18～25℃，地温8℃以上才易出苗，适宜条件下2～3 d即可出苗。7～25℃适于外叶生长，结球期适温为15～20℃，抽薹开花期适温为20～25℃。甘蓝属绿体春化型蔬菜，早熟品种长到3叶，中晚熟品种长到6叶，接受10℃以下低温通过春化，在2～5℃范围内春化最快。通过春化所需的时间为早熟品种30～40 d，中熟品种40～60 d，晚熟品种60～90 d。

(2)光照　结球甘蓝为长日性蔬菜，对光照强度要求不高，结球期要求日照较短，光照较弱。所以一般春、秋栽培结球性好。

(3)水分　结球甘蓝喜土壤水分多、空气湿润的环境，不耐旱。在空气相对湿度80%～90%和土壤相对湿度70%～80%中生长良好。

(4)土壤营养　结球甘蓝对土壤的适应性较强，从沙壤土到黏壤土都能种植。以中性到微酸性(pH 5.5～6.5)的土壤中生长良好。结球甘蓝喜肥并耐肥，幼苗及莲座期对氮肥需求较多，莲座期达到高峰；叶球形成期需磷、钾、钙肥较多，缺钙易发生干烧心。

二、品种类型

甘蓝依叶球形状和颜色不同，可分为普通结球甘蓝、皱叶结球甘蓝、紫叶结球甘蓝、抱子甘蓝和羽衣甘蓝等不同类型。我国以栽培普通结球甘蓝为主。普通结球甘蓝依叶球形状不同，可分为圆球类型、扁球类型和尖头类型三个基本生态型(图5-4-2)。

(1)圆球类型　叶球圆球形或近圆球形，多为早熟或中熟品种。叶球紧实，球叶脆嫩，品质较好。冬性较弱，春季栽培易先期抽薹，抗病、耐热、抗寒性均较差，适于我国北方春季早熟栽培。如中甘11号、金早生、迎春、北京早熟、丹京早熟等。

(2)扁球类型　叶球扁圆形，也可称平头类型。外叶呈团扇形，有短叶柄。冬性介于尖头类型和圆头类型之间，但也有不少冬性强、抗病性强的品种。我国各地栽培的中熟、晚熟甘蓝，以及夏、秋甘蓝品种多属于此类型。如黑叶小平头、京丰1号、晚丰、苏晨1号等。

(3)尖头类型　叶球似牛心、鸡心形，外叶较直立、开展度较小，外叶为深绿色，叶面蜡粉较多。冬性一般较强，不易发生先期抽薹，且较抗寒，但抗病及耐热性差，多为早熟品种，在我国一般作为春季早熟甘蓝栽培。如大牛心、鸡心甘蓝、春丰等。

圆球类型　　扁球类型　　尖头类型

图 5-4-2　结球甘蓝品种类型

三、栽培季节与茬次安排

结球甘蓝适应性强，在北方除了严寒的冬季在设施内栽培，春、夏、秋季均可进行露地栽培，华南除最炎热的夏季不能栽培，其他季节均可露地栽培，而在长江流域、西南、黄淮流域一年四季均可栽培。北方地区，日光温室春甘蓝一般在 11 月上中旬播种，1 月中旬定植，3 月初开始收获，因其品质鲜嫩，栽培管理容易，经济效益较高。

四、日光温室结球甘蓝早春茬栽培

(一)品种选择

早春甘蓝栽培宜选用抗寒性和冬性均较强的圆头形早熟品种，如金早生、中甘 11 号、中甘 12 号、中甘 15 号、京甘 1 号、8398、迎春、报春、鲁甘蓝 2 号等。部分地区根据消费习惯，也可选用尖头形品种。

(二)育苗

1. 播种育苗

在温室内温光条件较好的地方做播种床和分苗床。甘蓝种子中蛋白质和脂肪的含量较高，很易吸水膨胀，萌发中需要较多的氧气。浸泡过的种子播在刚浇过透水的苗床上，缺氧加上低温，很易发生烂种，影响出苗率。因此，在苗床墒情良好的条件下，无须浸种催芽，可干籽直播。若苗床干旱，可浇小水。待水渗下后再撒一层干细土后播种。一般每平方米播种 3～4 g，播时不可过密，防止秧苗细弱。撒完种子后，覆 0.5～0.8 cm 厚的细土。畦面覆盖地膜，以保湿保温。覆土过厚会使出苗慢，消耗营养多，幼苗不壮；覆土过薄造成种子带壳出土，影响幼苗进行光合作用和生长发育。

2. 苗床管理

播种至出苗前，保持床温 20～25℃，夜间保持 15℃，5～7 d 出苗。苗出齐后通风降温，保持白天床温 15～20℃，夜间温度 8～10℃。播种后 30 d 左右，幼苗 2 叶 1 心时即可分苗，分苗密度 10 cm 见方，也可把苗分在营养钵内。分苗后立即浇水，以后苗期水分管理以见干见湿为原则。

分苗后4～5 d内畦内温度白天保持15～20℃，夜间不低于8℃，促进幼苗迅速缓苗。缓苗后降低温度，白天保持15℃，防止温度过高发生徒长；夜温8～10℃。尤其在幼苗3片真叶以后，夜温不应低于10℃。因为结球甘蓝是绿体春化型蔬菜，当幼苗长至一定大小（通常早熟品种具有3片叶）后，可以感受10℃以下的低温诱导而通过春化，导致先期抽薹，如图5-4-3所示。这种生理过程是不可逆的，一旦发生，经常导致大面积绝产绝收。定植前1周要通风降温锻炼秧苗，控制浇水，以提高幼苗的适应能力。

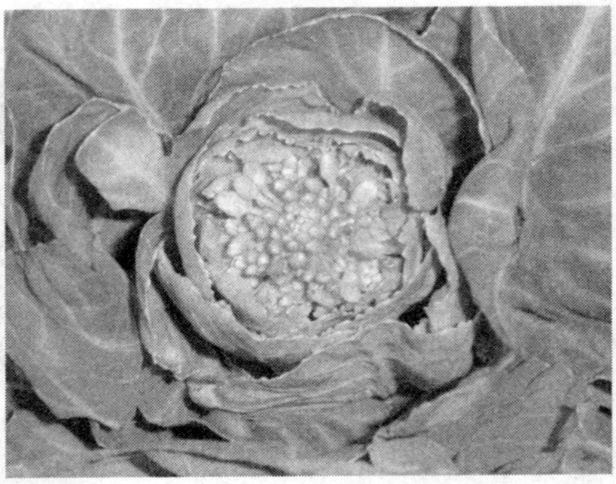

图5-4-3 结球甘蓝未熟抽薹

（三）整地定植

（1）整地做畦　定植前每667 m^2 撒施优质有机肥5 000 kg，配合施用尿素20 kg，过磷酸钙50 kg，氯化钾10 kg，深耕耙平，做成高15 cm的垄或小高畦，垄距为40 cm，畦宽80～100 cm，覆盖地膜以提高地温。

（2）定植　10 cm地温稳定在10℃以上时开穴定植，为缓苗快，起苗时应尽量避免伤根，最好带有土坨移栽。定植时株距25～30 cm开穴，打少量底水，水渗后栽苗，盖土，这样地表盖干土，既能保墒又不会因灌水降低地温。垄上栽一行，畦上栽两行，每667 m^2 可栽植5 000～6 000株。

（四）田间管理

1. 生长前期

缓苗期白天保持20～22℃，夜间12～15℃，可通过加盖草苫或内设小拱棚等措施保温。缓苗后日温降至15～20℃，夜温10～12℃。定植后4～5 d浇缓苗水，水量不宜过大，以后适当控制浇水而蹲苗。

2. 旺盛生长期

（1）温度管理　莲座期后期至结球期（图5-4-4），日温15～20℃，夜温8～10℃。当外界气温稳定在15℃时可撤去棚膜。

（2）水分管理　莲座期的控制浇水，既要保证有一定的土壤湿度，又要兼顾莲座叶有充分的同化面积。其控制的时间，早熟品种不宜过长，一般以6～10 d为宜。结球期球叶生长速度快，需要水分多，根据天气情况水分不可缺少。一般是地面见干见湿，一直到收获期，都应多灌水。

图5-4-4 日光温室春甘蓝旺盛生长期

（3）养分管理　结球甘蓝是喜肥耐肥作物，根系分布浅，需肥较多，除施充足的基肥外，还要追肥3～4次。莲座期结合浇水每667 m^2 追施尿素5 kg，同时用0.2%的硼砂液叶面喷施 1～2 次。进入结球期，追肥 2～3 次。第 1 次追肥在包心前，第 2 次和第 3 次在叶球生长期，每次追硫酸铵 10 kg，硫酸钾 10 kg，同时用 0.2%的磷酸二氢钾溶液叶面喷施 1～2 次。收获前 20 d 停止追施速效氮肥。

(五)采收

结球甘蓝采收期并不很严格，叶球坚实而不开裂，达到这一标准就应及时采收。采收太早，叶球不充实，产量低。采收偏晚，裂球较多。

【工作流程】

信息采集（独立完成）→ 制订生产计划（小组合作）→ 完善计划（师生合作）→ 计划实施（小组合作）→ 考核评价（师生合作）

【任务工单】

信息采集单

项目：日光温室结球甘蓝早春茬栽培　　　　姓名：　　　　时间：

任务名称	日光温室结球甘蓝早春茬栽培信息采集
目的要求	通过认真研读技术资料，收集信息，了解结球甘蓝的生长发育特点及栽培技术难题。
问题一　结球甘蓝各生长发育时期有何特点？	
问题二　结球甘蓝对环境条件有何要求？	
问题三　结球甘蓝有哪几种类型？各有何特点？	

指导教师签字：

工作计划单

项目：日光温室结球甘蓝早春茬栽培　　　　姓名：　　　　　　时间：

任务名称	制订日光温室结球甘蓝早春茬生产计划
目的要求	根据当地的气候条件、设施性能，确定结球甘蓝栽培的播种期、分苗期、定植期和收获期，制定生产作业历。并考虑销售地的消费习惯，选择抗寒性和冬性均较强的早熟品种。列出所需生产资料清单并进行预算。制定生产技术路线。

1. 根据实际情况，制定日光温室结球甘蓝早春茬栽培作业历。

栽培茬次	播种期	分苗期	定植期	收获期

2. 品种选择。

3. 材料用具及预算。

4. 用简图绘制日光温室结球甘蓝早春茬生产的技术路线。

指导教师签字：

生产实训技能单

项目：日光温室结球甘蓝早春茬栽培　　　　姓名：　　　　　　　　时间：

任务名称	结球甘蓝育苗
目的要求	通过实际操作掌握结球甘蓝育苗技能，并能有效解决春早熟栽培中植株通过春化，未熟抽薹现象。
材料用具	有机肥、化肥、结球甘蓝种子、纱布、地膜等。

方法步骤	注意事项
1.播种 (1)浸种催芽 (2)播种过程	
2.苗床管理 (1)播后苗前管理 (2)出苗后管理 (3)分苗 (4)分苗后管理	

	考核项目	分值	得分
考核标准	按要求完成播种和覆土任务	30分	
	播后按要求精心管理，出苗率达90%	30分	
	按要求完成分苗任务	20分	
	按要求完成成苗期管理，壮苗率达90%	20分	
	合　　计	100分	
备注：可根据生产周期连续考核			

指导教师签字：

田间调查作业单 1

项目：日光温室结球甘蓝早春茬栽培　　　　姓名：　　　　时间：

项目名称	结球甘蓝的形态特征调查	
目的要求	调查了解结球甘蓝植株的形态特征，掌握其特征特性与栽培的关系。提供结球甘蓝各器官的图片。	
材料用具	结球甘蓝植株。	
调查内容	特征特性	与栽培的关系
根		
茎		
叶		
花		
果实		
种子		

指导教师签字：

田间调查作业单2

项目:日光温室结球甘蓝早春茬栽培　　　　姓名:　　　　时间:

项目名称	结球甘蓝生长发育周期调查		
目的要求	跟踪调查并记录结球甘蓝生长发育周期,了解不同时期的生育特性,掌握不同时期的栽培技术要点。提供结球甘蓝不同生育期的图片。		
材料用具	不同生育时期的结球甘蓝植株。		
调查记录			
生育时期	起止日期(天数)	生育特性	栽培要点
发芽期			
幼苗期			
莲座期			
结球期			
采收期		产量估算:	
休眠期			
抽薹期 开花期 结荚期			

指导教师签字:

拓展学习作业单

项目：日光温室结球甘蓝早春茬栽培　　　　姓名：　　　　时间：

任务名称	结球甘蓝生理障害的调查研究
目的要求	通过实地调查和查阅资料，掌握结球甘蓝常见生理障害的种类、症状、发生原因和防止措施。以小组为单位上交演示文稿，并向同学讲解。
1. 结球甘蓝先期抽薹	
2. 结球甘蓝裂球	
3. 结球甘蓝“干烧心”	

指导教师签字：

【项目评价】

项目完成情况综合评价表

学生姓名：　　　　　　　　　　　　　　　　　　　　　　　　　　评价时间：

项目名称	日光温室结球甘蓝早春茬栽培			
评价内容	评分标准	分数	得分	备注
信息采集	信息全面、可靠，条理清晰	10		教师评价
生产计划制订	计划合理，可操作性强	20		教师评价
计划实施	操作规范、熟练	50		教师评价
工作态度	态度端正，积极热情	10		自我评价
团结协作	擅于与他人合作	10		组内互评
合　计		100		

【课外阅读】

甘蓝类蔬菜的保健作用

甘蓝具有提高人体免疫功能的作用。防止骨质疏松，有利于儿童生长发育和老年人骨骼健壮，对促进血液循环也有很大的好处。甘蓝具有美容作用，其防衰老、抗氧化的效果与芦笋、菜花同样处在较高的水平。甘蓝富含叶酸，这是甘蓝类蔬菜的一个优点。所以，怀孕的妇女、贫血患者应当多食用甘蓝。

球茎甘蓝维生素含量十分丰富，尤其是其鲜汁，对胃病有治疗作用。其所含的抗坏血酸等营养成分，有止痛生肌的功效，能促进胃与十二指肠溃疡的愈合，是胃溃疡患者的有效食品。

参考文献

[1] 国家发展改革委　农业部　全国蔬菜产业发展规划(2011—2020年).

[2] 张真和,等.我国设施蔬菜产业发展对策研究.蔬菜,2010(5):1-3.

[3]《中国蔬菜》编辑部.2012年全国各地蔬菜、西瓜、甜瓜、草莓、马铃薯播种面积和产量.中国蔬菜,2014(1):94.

[4] 农业部种植业管理司.日光温室发展的适宜地区及优型结构参数.农业工程技术(温室园艺),2014(9):1-5

[5] 周天录.马铃薯摘除花蕾能增产.湖南农业,2007(6):15.

[6] 陈杏禹.蔬菜栽培.北京:高等教育出版社,2010.

[7] 陈杏禹.园艺设施.北京:化学工业出版社,2011.

[8] 张福墁.设施园艺学.北京:中国农业大学出版社,2010.

[9] 李式军.设施园艺学.北京:中国农业出版社,2002.

[10] 张彦平.设施园艺.北京:中国农业出版社,2002.

[11] 周克强,陈先荣.蔬菜生产技术.北京:中国农业大学出版社,2011.

[12] 张丽娟.日光温室芹菜无公害栽培技术操作规程.北京农业,2012(21):39-40.

[13] 彭玲.武汉地区香椿芽苗菜简易化栽培技术.长江蔬菜,2010(13):19-20.

[14] 赵宝良.温室大棚蔬菜栽培与病虫害防治新技术.北京:中国农业科技出版社,2011.

[15] 程智慧.蔬菜栽培学各论.北京:科学出版社,2010.

[16] 袁祖华,汪端华.蔬菜高效栽培技术.湖南:中南大学出版社,2011.

[17] 陶鸿.大棚蔬菜栽培技术.安徽:安徽科学技术出版社,2010.

[18] 吴凤芝.园艺设施工程学.北京:科学出版社,2012.

[19] 刘艳华.蔬菜生产技术.北京:机械工业出版社,2013.

[20] 韩世栋.蔬菜生产技术.北京:中国农业出版社,2013.

[21] 张力飞.果树栽培学程设计.北京:中国农业大学出版社,2014.